城镇排水管渠维护技术培训系列丛书

排水管道养护与管理

朱　军　主编

章林伟　主审

中国建筑工业出版社

图书在版编目(CIP)数据

排水管道养护与管理 / 朱军主编. —北京：中国建筑工业出版社，2021.11（2022.1 重印）
（城镇排水管渠维护技术培训系列丛书）
ISBN 978-7-112-26882-5

Ⅰ.①排… Ⅱ.①朱… Ⅲ.①市政工程-排水管道-保养②市政工程-排水管道-管理 Ⅳ.①TU992.4

中国版本图书馆 CIP 数据核字(2021)第 247824 号

责任编辑：赵云波
责任校对：党　蕾

城镇排水管渠维护技术培训系列丛书
排水管道养护与管理
朱　军　主编
章林伟　主审
*
中国建筑工业出版社出版、发行(北京海淀三里河路 9 号)
各地新华书店、建筑书店经销
北京科地亚盟排版公司制版
北京圣夫亚美印刷有限公司印刷
*
开本：787 毫米×1092 毫米　1/16　印张：14　字数：335 千字
2021 年 12 月第一版　　2022 年 1 月第二次印刷
定价：**42.00** 元
ISBN 978-7-112-26882-5
(38175)

前　言

城市排水行业是人类生活不能缺失的行业，它会伴随着人们生活会永远存在，永不消失。排水管道维护业作为排水行业中担任收集和排放职能的行业，也将永远存在，管道养护和维修是永无止境的任务。随着人们对城市设施运行要求的不断提高，设施养护工作提倡预防型、安全型和友好型，排水管道养护要科学化、系统化和机械化，要完全鄙弃过去“头痛医头、脚痛医脚”的工作模式，全面推行以检测为抓手，以预防养护为主要理念，以全机械化标准作业为手段，周期性、系统性地让管道始终处在良好状态，尽力延长管道寿命。

排水管网是水环境治理的主要对象之一，而水环境治理和保持是现代城市管理的重要组成部分。改革开放在取得了巨大经济成就的同时，也带来了城市内涝、水体黑臭、路面塌陷等水环境和城市安全的恶化，造成了重大的社会和经济问题，因此，治理好水环境并且要保持其长期稳定，不断提高排水系统的运行效率和质量，将是排水工作者长期不懈的任务。尤其在近些年，从国家到地方，都已对水环境的治理达成了共识，政策给予导向，财力保证支持，市场形成氛围，需求开始旺盛。根据国外治水方面的经历，通常要使水生态好转，需要 20～30 年，若要保持其稳定不反复，还必须持续投入，循环往复加以维护。我国在这方面工作才刚刚开始，所以还有很长的路要走。

住房和城乡建设部近几年陆续颁布了《城镇排水管渠与泵站运行、维护及安全技术规程》CJJ 68—2016、《城镇排水管道检测与评估技术规程》CJJ 181—2012、《城市黑臭水体整治——排水口、管道及检查井治理技术指南（试行）》等系列技术标准和规范性文件，排水管道的养护是这些标准所涉及的关键内容之一。除了国家层面外，一些省（市）的质量技术监督或行业主管部门也相继发布了排水管道养护或养护质量考核等方面的技术规程。本书为贯彻这些标准提供非常翔实的参考，帮助从业人员更深入地理解技术规范条文。

在我国以前职业目录中，原有下水道养护工分为初、中、高三级，从事排水管道养护的人员必须经过专业培训取得上岗资质后才能上岗，但在 2017 年人社部颁布的职业目录中，取消了这一工种，原法定的职业培训也终止。在我国，排水管道养护工的职业能力普遍不高，现代化养护知识欠缺，机械化和电子化养护设备的使用生疏，随着国家对水环境治理的要求越来越高，排水管道养护从业单位和人员数量与日俱增，从事排水管道养护的企业和从业人员已达到相当高的规模，这些人员需要经过系统培训才能上岗。此外，为了迎合市场的需要，我国在一些大学和职业技术学院给排水工程技术专业开设了排水管道养护与管理方面的课程，该书可提供给这些学员学习参考。

本书是国内专门针对实操人员从事排水管道养护与管理方面的教材，紧跟当今养护技术的发展，既有传统的方法，又有现代的技术。本书涵盖内容也比较全面，结合城市排水管理的需求，从阐明排水管道养护的必要性入手，全面讲解了排水管道养护的各种设备、专用车辆原理、技术方法及作业流程，结合计算机信息化技术，介绍了基于排水 GIS 的日常养护项目管理方法，详细阐述了养护作业的安全生产和文明施工的要领。

本书分为四篇十三章，分别为一般常识、管渠设施、管道疏通清洗、管道污泥处理与封堵、降水和临时排水、潜水作业、常用养护专用车操作与保养、排水管道测绘、排水管网信息系统、养护作业信息管理平台、监测仪器运行与维护、养护项目管理、安全作业与文明施工。前两章为基础知识篇，中间 3～7 章为养护作业篇，8～11 章为测绘与信息化篇，最后两章是项目管理篇。每章结尾还为读者准备了思考题和习题。

本书由张杰（第 1～3 章）、陈益人（第 4 章）、宋小伟（第 5 章）、李通（第 6 章）、邓传宝（第 3、7 章）、陈勇（第 8 章）、郭婷（第 9、10 章）、扈震（第 9 章）、冯江（第 10、11 章）、吴宏明（第 12 章）、杨伟强（第 13 章）等编写，梁岩松、李春菊、黄诚、崔娟、申跃里、孙俊杰等参与部分章节修改；由朱军主编统稿；全书经章林伟审改。

中国城镇供水排水协会、中国城市规划协会地下管线专业委员会、上海誉帆环境科技股份有限公司、三川德青科技有限公司、北京清控人居环境研究院有限公司、武汉楷迩环保设备有限公司、自然资源部地下管线勘测工程院、武汉众智鸿图科技有限公司、广州市城市排水有限公司、青岛鑫亚环境科技有限公司、深圳市施罗德工业集团有限公司、武汉中仪物联技术股份有限公司、深圳市博铭维智能科技有限公司、道雨耐节能科技（上海）有限公司、中国地质工程集团有限公司、上海予通管道工程技术有限公司、航天建筑设计研究院有限公司、四川中水成勘院工程物探检测有限公司、浙江科特地理信息技术有限公司、厦门骏特市政工程有限公司、江西圣杰市政工程有限公司、中国市政工程中南设计研究总院有限公司、鸿粤智慧环境科技有限公司、青岛裕盛广源船舶用品有限公司、广东绘宇智能勘测科技有限公司、深圳市巍特环境科技股份有限公司、北京城市管理高级技术学校 、江西省管道疏浚行业协会等单位为本书出版提供支持和帮助，刘维婷和朱保罗为本书绘制了部分插图，在此一并表示感谢。

本书参考了大量排水管道养护方面的资料，其中的主要参考书目和文献附于书后，本书从主要参考资料中引用了很多十分经典的素材和文字材料，鸣谢这些著作的作者。

由于编写时间紧促，加之编者水平有限，各章节中难免有错误和不当之处，还恳请读者给予批评和指正。

目　　录

第1篇　基础知识

第2篇　养护作业

第3篇　测绘与信息化

第4篇 项目管理

第1篇　基础知识

第 1 章　一 般 常 识

1.1　排水系统

排水系统（Waste Water Engineering System）是指各类废水的收集、输送、处置和排放等设施以一定方式集合成的总体（图 1-1）。

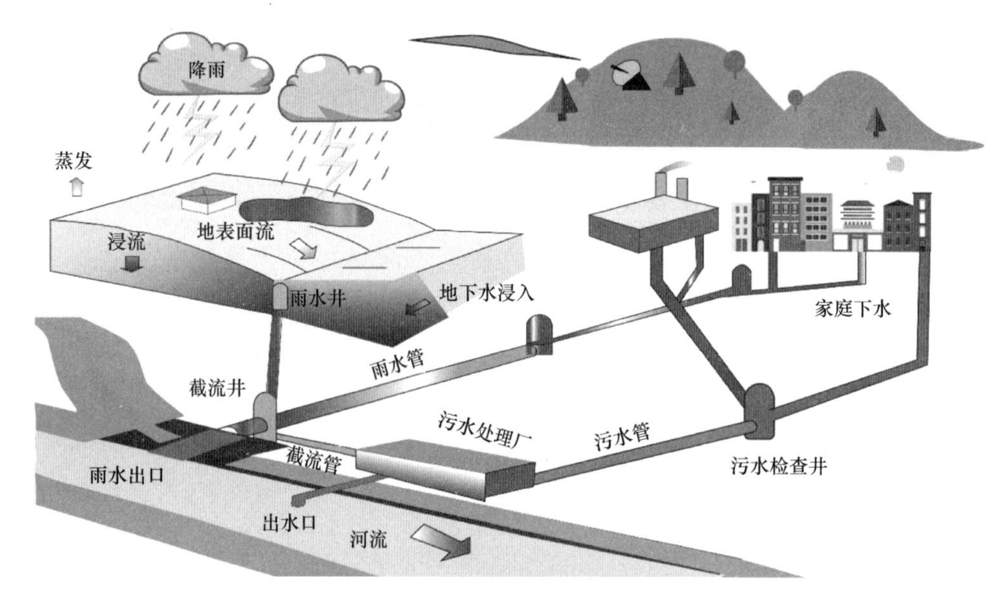

图 1-1　排水系统组成

它是城市公用设施的重要组成部分，其作用主要包括：

（1）保障人民健康：建设污水收集和处理系统，消除污水直排，能够消除肠道、皮肤、呼吸道等疾病的传播，使人民健康长寿；

（2）保护和改善环境：污水的有效收集和处置能有效消除污染，保护环境，改善城市面貌，使居民有幸福感；

（3）排涝减灾：建设雨水收集和排放系统可基本消除城市内涝或减少内涝的频次，从而保证城市在雨天的正常运行，最大程度地消除暴雨期内涝对人民生命和财产的伤害；

（4）为经济建设护航：首先，水是非常宝贵的自然资源，它在国民经济的各部门中都是不可缺少的。其次，污水的妥善处理以及雨水的及时排除，是保证工农业正常运行的必要条件之一。最后，废水能否妥善处理，对工业生产、新工艺的发展也有重要的影响；

（5）废水的利用：废水本身也有很大的经济价值，工业废水中有价值原料的回收，生活废水中有热值，处理后中水能用于城市景观和园林绿化。

排水系统输送的水质有较大差别，若解决不当，将会妨碍环境卫生、污染水体，影响工农业生产及人民生活，并对人们身体健康带来严重的危害。通常在城镇市政排水系统中，输送流体物主要包括以下5种类型：

（1）生活污水：人类在日常生活中所产生的污水来自住宅、机关、学校、医院、商店、公共场所及工厂的厕所、浴室、厨房、洗衣房等处排出的水。这类污水中含有较多的有机杂质，并带有病原微生物和寄生虫卵等；

（2）工业废水：工业生产过程中所产生的废水一般来自工厂车间或矿场等地，根据污染程度，又分为生产废水和生产污水两种。生产废水是指生产过程中，水质只受到轻微污染或仅是水温升高，可不经处理直接排放的废水，如机械设备的冷却水等。生产污水是指在生产过程中，水质受到较严重的污染，需经处理后方可排放的废水。其污染物质千差万别，有的是无机物，如发电厂的水力冲灰水；有的是有机物，如食品工厂废水；有的同时含有机物和无机物，并有毒性，如石油工业废水、化学工业废水等。废水性质随工厂类型及生产工艺过程不同而异；

（3）自然降水：地面上径流的雨水和冰雪融化水。降水径流的水质与流经表面情况有关，一般是较清洁的，但初期雨水径流却比较脏。雨水径流排除的特点是时间集中和量大；

（4）街道冲洗水：洒水车或冲洗车作业时，清洗街道所形成径流的水通过雨水收集口进入市政排水系统。通常在路面不干净的情况下，径流水污染程度较严重；

（5）其他水：地下水渗入、自然水体倒灌、山泉水渗入等。

1.2 排水体制

排水体制（Sewerage System）是指生活污水、工业废水、雨水等的收集、输送和处置的系统方式。生活污水、工业废水和雨水可以采用一套管道系统或采用两套（或两套以上）并各自独立的管道系统来排除，不同的排除方式对应不同的排水体制。排水系统通常有合流制（Combined System）和分流制（Separate System）之分。

合流制为污（废）水和雨水合一的系统。合流制又分为直排式（图1-2）和截流式（图1-3）两种形式，直排式直接收集污水排放水体，截流式即临河建造截流干管，同时在合流干管与截流干管相交前或相交处设置溢流井，并在截流干管下游设置污水处理厂，当混合污水的流量超过截流干管的输水能力后，部分污水经溢流井溢出，直接排入水体。合流制系统造价低、施工容易，但不利于污水处理和系统管理。

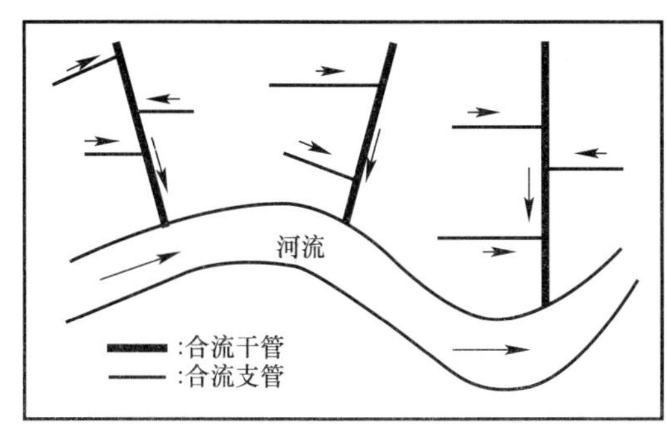

图1-2 直排式

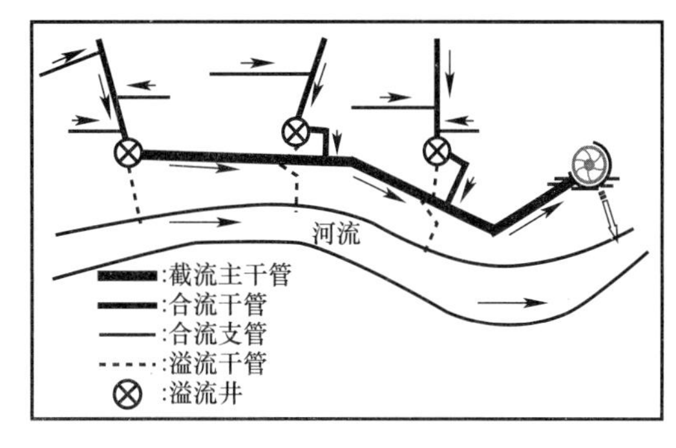

图1-3 截流式

分流制为污（废）水和雨水在两个或两个以上管渠排放的系统。分流制又分为完全分流（图 1-4）、截流式分流（图 1-5）和不完全分流三种形式。完全分流式具有污水和雨水各自完全独立的排水系统。截流式分流与完全分流式不同的是在雨水干管上设立雨水跳越井，截留初期雨水和街道地面冲洗废水进入污水管道。雨水干管流量不大时，雨水与污水一起引入污水厂处理。雨水干管流量超过截留量时，跳越截流设施排入水体。不完全分流式则未建雨水排水系统。在分流系统中还可以有污水和洁净废水的独立系统，以便于处理或回用。分流制系统造价较高，但易于维护，有利于污水处理。

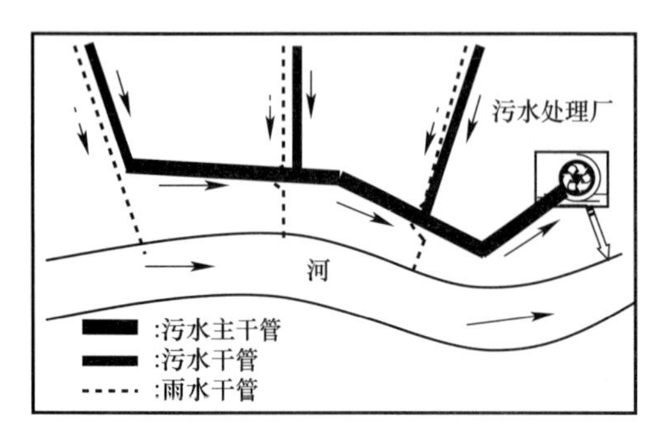

图 1-4　完全分流式

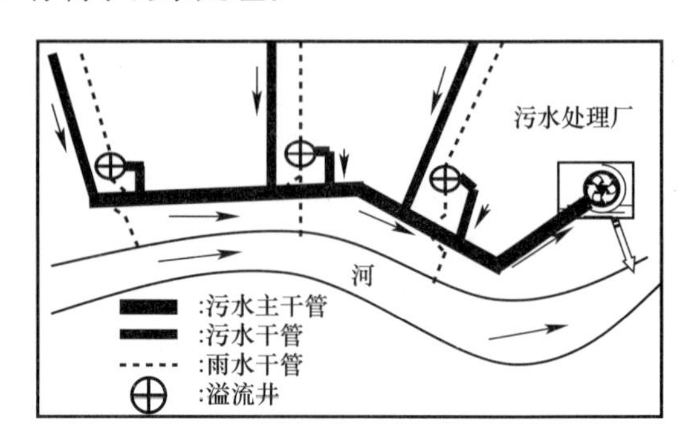

图 1-5　截流式分流

1.3　管道系统

排水管道系统（Drainpipes System）是排水系统中担负收集、输送各类废水的工程设施的集合，管道多为地下埋设方式，以重力流和泵排两种模式输送，它是城市综合管网中设施量最多的一类管线。排水管道通常又分为管道和渠道，渠道又可分为明渠和暗渠。明渠一般沿地面修筑，用来收集雨水。暗渠通常是利用原有的河道进行硬化和封闭处理或在原明渠上加盖板后，形成过水通道。由于暗渠通常因陋就简，密闭性差，检查井设置不规范，所以养护困难。

1.3.1　主要设计要素

1. 平面布置

城镇排水管道平面布置需综合考虑地形、竖向规划、污水厂的位置、土壤条件、河流情况，以及污水的种类和污染程度等因素，其布置形式及特点如下：

（1）正交式：其干管长度短、管径小，因而经济，排水迅速；

（2）截流式：减轻水体污染，改善和保护环境，适用于分流制污水收集；

（3）平行式：干管与等高线及河道基本上平行，主干管与等高线及河道呈一定斜角敷设；

（4）分区式：在地势高低相差很大的地区，当污水不能靠重力流流至污水厂时，可以采用分区式；

（5）辐射式：当城市周围有河流或城市中央部分地势高或地势向周围倾斜的地区时，各排水流域的干管常采用此种形式。

2. 充满度和流速

在我国排水工程设计中，雨水管道和合流管道是按满流计算，明渠超高不得小于0.2m，重力流污水管道必须按照非满流计算，其最大设计充满度须按照表1-1取值。

排水管渠的最大设计充满度 **表1-1**

管径或渠高（mm）	最大设计充满度
200～300	0.55
350～450	0.65
500～900	0.70
⩾1000	0.75

金属材质的排水管道最大设计流速一般为10.0m/s，非金属管道则为5.0m/s。污水管道的最小设计流速应为0.6m/s（设计充满度下），雨水或合流管道应为0.75m/s（满流时），明渠则为0.4m/s。

3. 坡度

排水设施的高程布置应根据城市的竖向规划，由控制点、最小埋深、最大埋深、泵站和跌水等条件确定。在管道设计过程中，通常中轴线应该与地面坡降线相一致，即地面坡度（I）等于管道的纵向坡度（i），这样可以避免设置跌水或泵排设施。常见的状况有以下四种（图1-6）：

（1）$I=i$：这种设置状况最佳，管道上下游埋深一致；

（2）$I<i$：越往下游，管道埋设越深，在一定位置需设置提升泵站；

（3）$I>i$：越往下游，管道埋设越浅，在一定位置需设置跌水井；

（4）地面坡升：增加大量提升泵站。

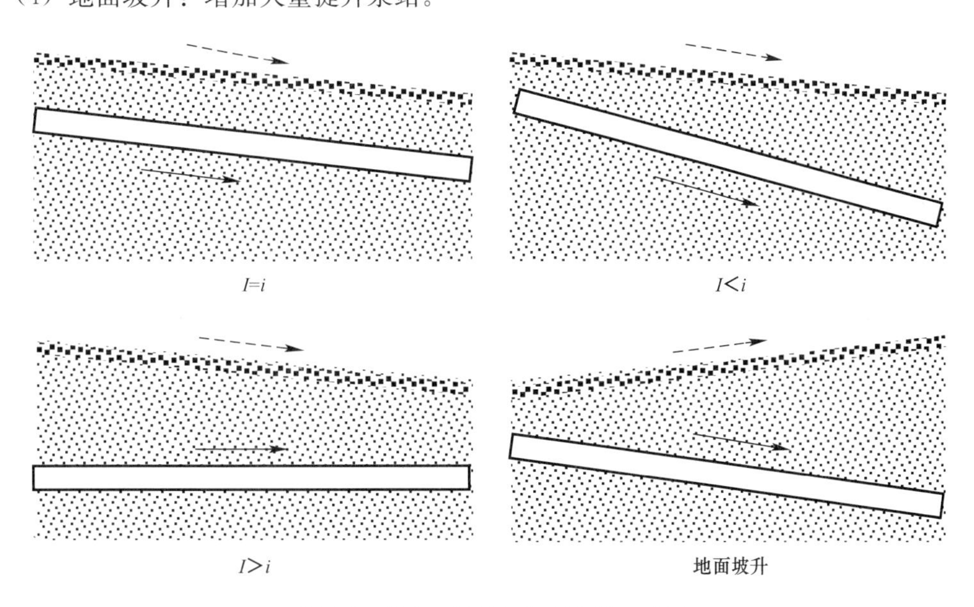

图1-6 管道中轴线与地面坡降示意图

从水力学计算公式可知，设计坡度与设计流速的平方成正比，在给定充满度的条件下，管径越大，需要的最小设计坡度值越小，管道的最小设计坡度值见表1-2。

最小管径与相应的最小设计坡度　　表 1-2

管道类别	最小管径（mm）	最小设计坡度
污水管、合流管	300	0.003
雨水管	300	塑料管 0.002，其他管 0.003
雨水口连接管	200	0.010
压力输泥管	150	
重力输泥管	200	0.010

1.3.2 主要设施

排水设施各部件的组成是由收纳水体的特性来决定的，城镇污水、工厂废水及雨水排水系统的组成存在着一定的差异（表 1-3）。

排水管道系统主要设施一览表　　表 1-3

<table>
<tr><td rowspan="4">城镇污水收集系统</td><td>房屋污水管道系统</td><td>卫生和厨房设备、存水管（水封）、支管、竖管、房屋出流管、庭院管道、连接支管、检查井等</td></tr>
<tr><td>街坊污水管道系统</td><td>房屋出流管、街坊污水管道、检查井、控制井、连接管、街道检查井、城市污水管等</td></tr>
<tr><td>市政污水管道系统</td><td>接户井、接户管、主管、干管、终点泵站、压力管道、污水处理厂、排水口、事故出水口等</td></tr>
<tr><td>污水泵站</td><td>泵房、集水池、水泵、电气设备、压力管道、止回阀等</td></tr>
<tr><td rowspan="2">工厂排水系统</td><td>车间内部管道系统</td><td>废水收集设备、支管、竖管循环装置、水质处理装置等</td></tr>
<tr><td>厂内管道系统</td><td>生产生活污水管道、特殊污染生产污水管道、生产废水管道、检查井、废水处理站、排水口等</td></tr>
<tr><td rowspan="4">雨水排水系统</td><td>房屋雨水管道系统</td><td>屋面收水槽、地漏、竖管、支管等</td></tr>
<tr><td>街坊或厂区雨水管渠系统</td><td>检查井、雨水口、雨水管道等</td></tr>
<tr><td>市政雨水管渠系统</td><td>雨水口、连管、支管、主管、接户管、接户井、检查井、跌水井、排水口、排洪沟等</td></tr>
<tr><td>雨水泵站及压力管</td><td>泵房、水泵、集水池、电气设备、压力管道、止回阀等</td></tr>
</table>

1.4 管道维护

1.4.1 目的和任务

从广义上讲，整个排水系统的运行维护是指通过运用各种管理行政手段和技术措施，实现对已有排水系统中的所有设施进行有效管理和维护，保持其良好和安全的运行状态，尽量发挥好一座城市或一个区域的排水系统功能。它囊括了城市所有废水和雨水的收集、输送和处置的全部过程，同时还要为防止内涝提供支持。排水管道的运行维护一般只关注废水或雨水输送这个环节，它通常包括对管道、渠道、检查井、雨水口以及泵站等设施的运行管理和维护保养。

像“人”这个生命体一样，城镇排水管渠（网）是一座城市“新陈代谢”必不可少的“器官”，保证它的健康运行，不出现梗阻、跑冒等异常现象，是城市生存和发展的必然要求。排水管道一旦建设完成投入运行以后，维护工作就至关重要了。一般来说，排水管渠维护是对整个排水所有设施进行管理、检查（测）养护、修理等工作的总称。正确的排水管渠维护方式，应该依据其生命周期以及不同的客观状况，循环往复地予以实施(图 1-7)。

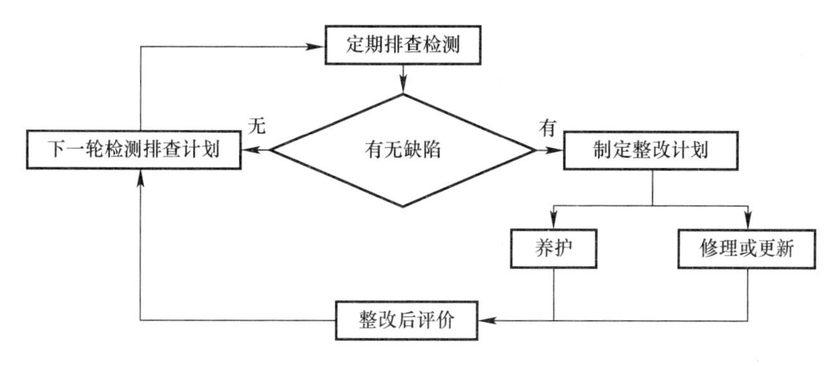

图 1-7　排水管道维护流程图

定期排查检测，既是维护工作的起点，也是整改结束后的终点，但也是下一次维护周期的起点。检测的结果是开展维护工作的基础，结构性的缺陷一般都需要修理等工程手段加以解决，而功能性缺陷往往只要通过养护手段予以消除，养护是维护中的日常化工作，它通常是指在不破坏管渠物理结构的前提下，运用疏通、清洗、清捞等手段来消除排水管渠的阻塞现象，进而完全恢复或部分恢复过水断面。缺陷消除后，就像竣工验收一样，理应对整改措施的执行度以及整改后的管渠通水能力评价。管道养护的总目标是保持管道结构基本完好和水流畅通，同时消除影响运行状态的隐患。具体应该符合《城镇排水管渠与泵站运行、维护及安全技术规程》CJJ 68—2016（以下简称《规程》）中的有关规定，如：污水重力流管渠的正常运行水位不能高于设计水位；分流制系统中，严禁雨污管道混接；严禁重力流管道采用上跨障碍物的敷设方式等。管渠、检查井和雨水口中的积泥属于正常现象，但对其动态深度有明确的要求（表 1-4）。此外，《规程》中还规定了养护频次，属于常规要求，通常根据实际淤积情况予以增加或减少。

管渠、检查井和雨水口的允许积泥深度　　表 1-4

设施类别		允许积泥深度
管渠		管内径或渠净高度的 1/5
检查井	有沉泥槽	管底以下 50mm
	无沉泥槽	主管径的 1/5
雨水口	有沉泥槽	管底以下 50mm
	无沉泥槽	管底以上 50mm

1.4.2　管道生命衰退机理

我国管材的标称使用年限通常为 30～50 年，实际上管道的生命周期不仅仅取决于管材本身，还与运行期间的维护保养程度有关。管道运行过程中的各种不良状况都会导致管道使用寿命的缩短。

1. 污泥沉积淤塞作用

排水管渠中各种污水水流含有各种固体悬浮物，在这些物质中相对密度大于1的固体物质属于可沉降固体杂质，如颗粒较大的泥沙、有机残渣、金属粉末，其沉降速度与沉降量取决于固体颗粒的相对密度与粒径的大小、水流流速与流量的大小。流速小、流量大而颗粒相对密度与粒径较大的可沉降固体，沉降速度及沉降量大，管道污泥沉积快。因为管道中的流速实际上不能保持一个不变的理想自净流速或设计流速，同时管道及其附属构筑物中存在着局部阻力变化，如管道分支、管道转向、管径断面突然扩大或缩小，这些变化越大，局部水头损失也就越大，对降低水流流速的影响越大。因此，管道污泥沉积淤塞是不可避免的，关键是沉积的时间与淤塞的程度，它取决于水流中悬浮物含量大小和流速变化情况。

2. 水流冲刷作用

水的流动将不断地冲刷排水构筑物，而一般排水工程水流是以稳定、均匀的无压流为基础的，但有时管道或某部位出现压力流动，如雨水管道瞬时出现不稳定压力流动，水头变化处的水流及养护管渠时的水流都将改变原有形态，尤其是在高速紊流情况下，水流中又会有较大悬浮物，对排水沟道及构筑物冲刷磨损更为严重。这种水动压力作用的结果，使构筑物表层松动脱落而损坏，这种损坏一般从构筑物的薄弱处，如接缝、受水流冲击部位开始而逐渐扩大。

3. 腐蚀作用

污水中各种有机物经微生物分解，在产酸细菌作用下，即酸性发酵阶段有机酸大量产生，污水呈酸性。随着二氧化碳、氨气、氮气、硫化氢产生，在甲烷细菌作用下二氧化碳与水作用生成甲烷，此时污水酸度下降，此阶段成为碱性发酵阶段。这种酸碱度变化及其所产生的有害气体腐蚀着以水泥混凝土为主要材料的排水管渠及构筑物。

4. 外载荷作用

排水管道及其构筑物强度不足，外荷载变化（如地基强度低、排水构筑物中水动压力变化而产生的水击、外部载荷的增大而引起的土压力变化）使构筑物产生变形并受到挤压而出现裂缝、松动、断裂、错口、沉陷、位移等损坏现象。

综上所述，为了延缓隐患管道生命衰退速度，应该及时维护好管道及附属设施，保持结构状态完好、排水通畅、无淤积。

1.4.3 排水受阻的主要原因

排水系统犹如一张网，具有关联性和连贯性的特点，网中的任何点或段受阻，都会影响系统的排水能力，重者会导致排水功能丧失，轻者会使排水效率下降。导致管道排水能力下降或阻塞的原因是多种多样的，先天的设计和施工缺陷，后天的养护和维修不足，都会导致排水不畅或受阻，只有找准原因，才能“对症下药”，有效治理。

1. 养护不到位

如图1-8所示，管道的长期不养护，极易造成底泥板结、硬质障碍物留存和内壁结垢，减小有效过水断面，直至完全堵塞。排水管道与其他市政设施一样需要定期巡查并养护，《规程》中明确规定了养护频次，小型管道（小于 600mm）养护频率为一年两次；中型管道（600～1000mm）养护频率为一年一次；大型管道（1000～1500mm）雨水和污水管养护频率分别为二年一次和三年一次；特大型管道（大于 1500mm）雨水和污水管养护频率分别为三年一次和五年一次。除养护作业必须坚持周期性外，养护工作还要态度认真、方法科学和质量保证，即以严谨的工作作风，运用合理的养护手段，严格依据相关规程和要求，做好每一段管和每一个井的清淤。

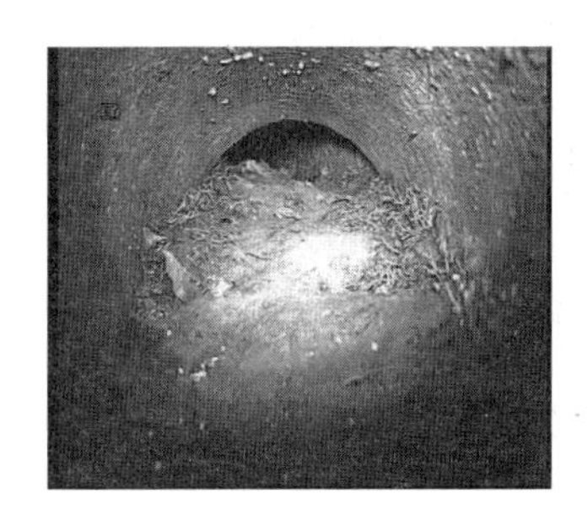
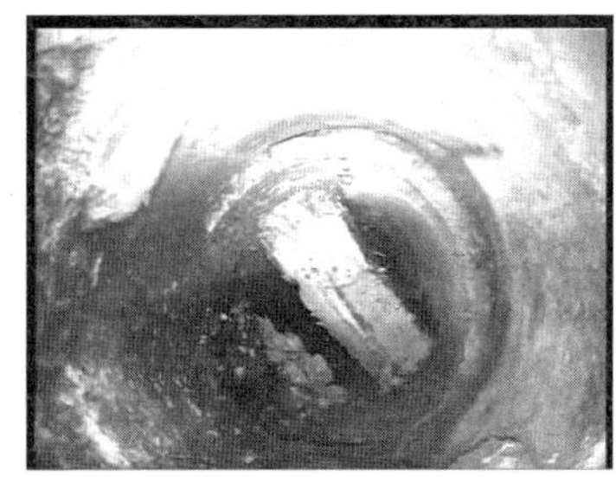
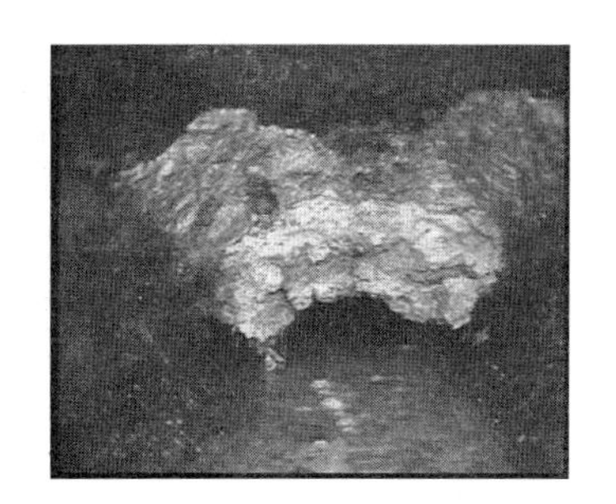

图 1-8　养护不到位导致的管道问题

2. 结构损坏

管道结构的完好是排水顺畅的基本保证，如果排水管道存在某些减小过水断面的结构性缺陷，将直接影响管道的通水能力。最为常见的，如管道严重错口（图 1-9），其产生原因有接口两侧的管段长期受到不均匀的外力重压，或管道排管施工过程中偷工减料（多发生在连接管，规范是先回填后开槽，实际做法是先下管再回填）；如管道严重破裂塌陷（图 1-10），其产生原因多是管道所受外压超过了自身承受能力，多发生在老旧管道、雨水连管中；如管道变形（图 1-11），一般发生在 PVC 管、双壁波纹管等柔性管道中，其产生原因可能是管材本身的质量问题，也可能是管道施工方的施工质量。由于柔性管道本身允许一定的形变，一般不超过 3%，微小的变形往往会被忽略，这种管材由于其性价比高、轻便、施工安装方便，近年来多用在小型管道的新建工程中，但在验收环节对沉降还不稳定的管道应严把质量关，尤其是沿海、沿江等土体流动性高的地区。

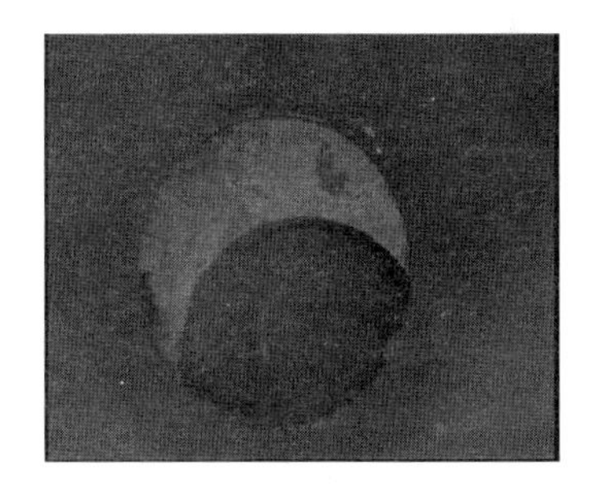

图 1-9　错口

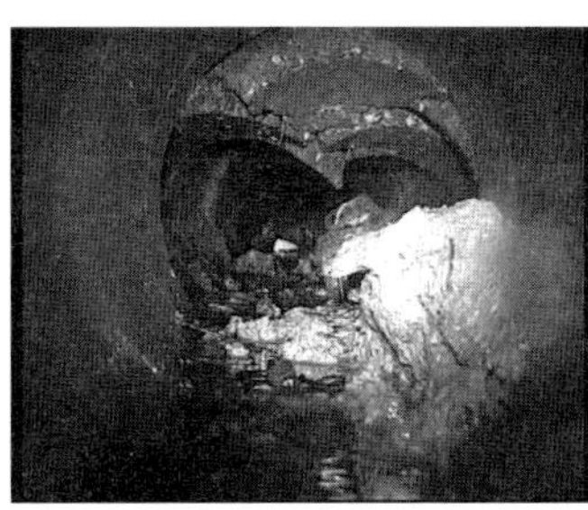

图 1-10　破裂

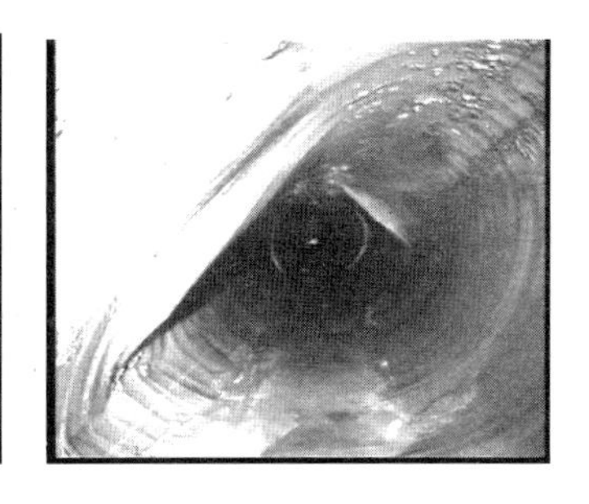

图 1-11　变形

3. 建筑工地违规排放

房屋、市政道路、桥梁、地铁及城市专门设施等建设工程的场地统称为建筑工地。由于施工单位的违规操作和管理工作的缺失，造成城镇排水管道的运行障碍，重者会引起排水系统的崩溃。其主要存在形式为：建筑废水废物未经处理直接排入城镇雨水管道；建筑废水废物直接排入城镇污水管道；建筑工地生活污水直排进入城镇雨水管道；工地内部建筑废水和生活污水未进行分流；出入建筑工地的车辆未经清洗污染周边道路，经雨水或冲水车冲刷后流入雨水口。从图 1-12 可以看出，建筑废水中往往含有大量的水泥，在进入管道后，固化形成非常结实的沉积物，更有甚者，可将管道变成实心柱体，使之完全失去管道功能。如图 1-12 所示，施工过程中石块、水泥块自井口掉落，堵塞检查井。

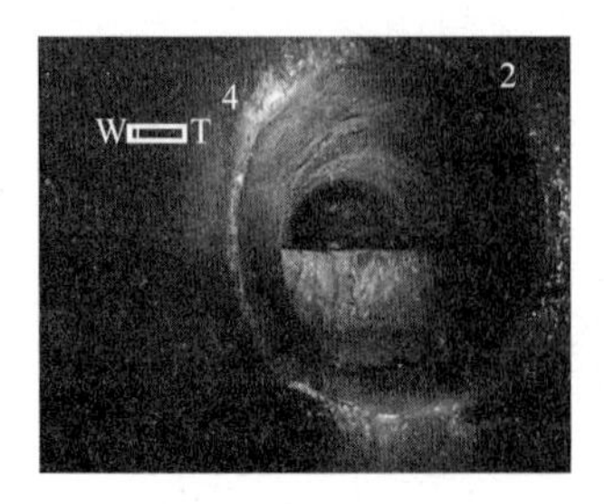

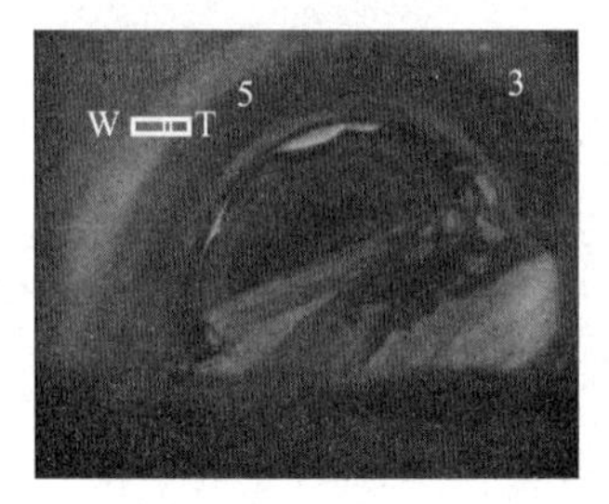

图 1-12 管道中水泥结块

4. 结构异常

在建设或修理排水管道时，施工单位未按照规范和设计要求，任意变更原方案或“粗暴”施工，常出现管段中不经检查井任意变径（图 1-13），支管接入主管不规范(图 1-14)等情形；图 1-15 所示的现象在我国排水管道中也时常看到，非排水设施的其他管线横穿而过，占据了排水空间。排水管线是重力流，其他管线都应为其让路，而埋地管道存在隐蔽性，不容易被发现，一旦发现，纠正起来困难重重。

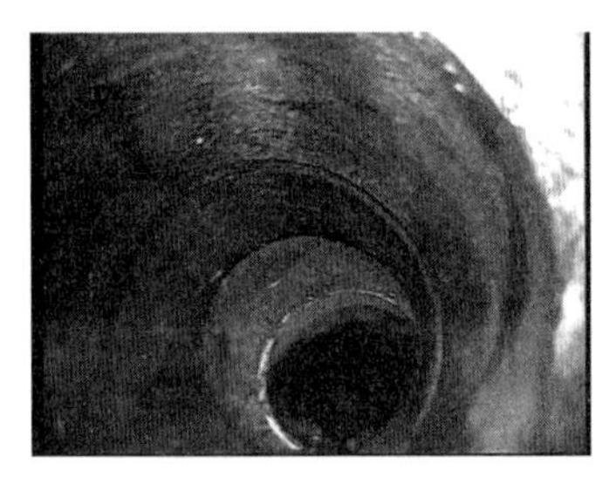

图 1-13 任意变径

图 1-14 支管接入违规

图 1-15 其他管线穿透过

5. 树根侵入

树根的生长对管道具有较强的破坏力，同时，管道自身的不密封也给树根带来了“可乘之机”。树根多数通过管道或检查井的薄弱环节（如接口或裂隙处）进入管道内部，在管道内吸取污水所提供的营养，从而疯狂生长，在根系的生长过程中，随着其变粗变壮，将会使接口处的密封材料进一步破坏，使管道裂隙进一步扩大，与此同时，根系在管内逐渐形成帘幕状或球状障碍体，让水流受阻，最终可让管道完全阻塞。图 1-16 显示了树根使流水断面不同程度的受损情况。

6. 残墙坝头

各种管道设施在建设或维护过程中，常设置一些封堵砌体，这些砌体在工程结束后以及通水前须全部拆除干净，如果未拆除或部分拆除（图 1-17），前者会使过水功能完全丧失，后者会使过水功能减弱。这种问题完全是人为造成的，是完全可以避免的。

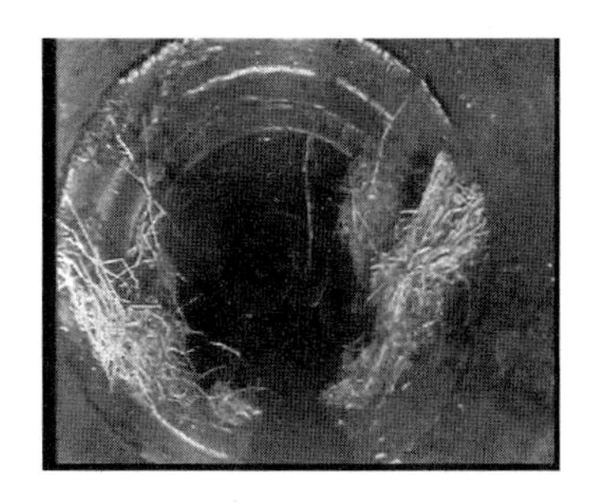

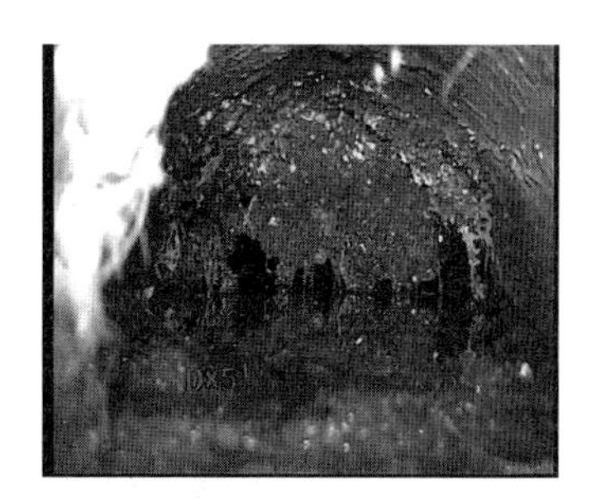

图 1-16　不同程度的树根

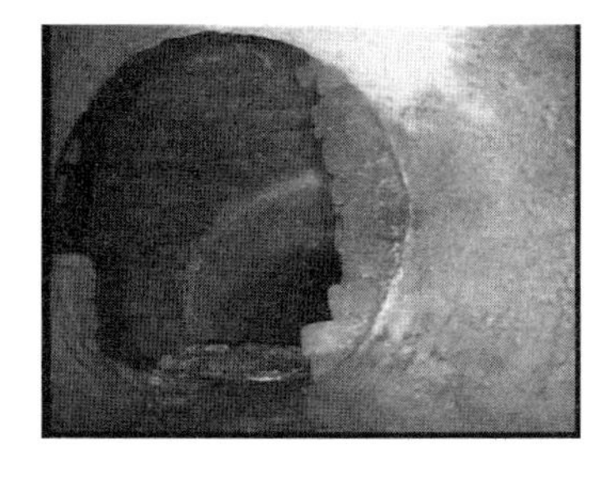
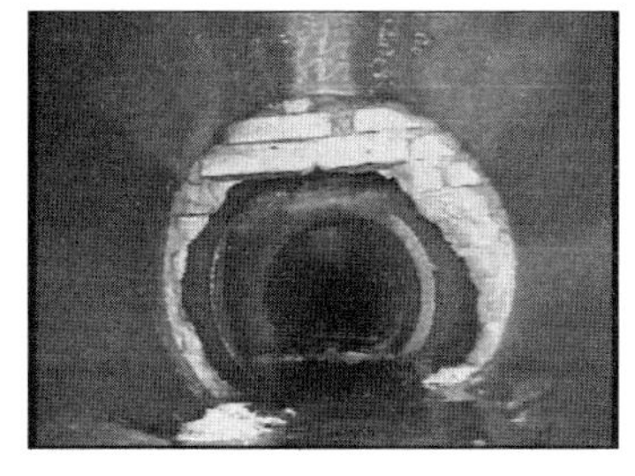
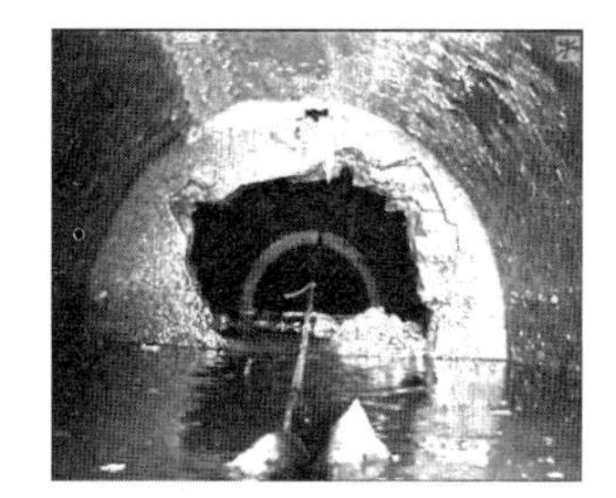

图 1-17　不同阻塞程度的残墙坝头

1.5　管道养护业的发展

管道养护要实现“三化”，即机械化、系统化和科学化。所谓机械化，就是以机械器具替代传统手工，以机器动力替代人力，达到减轻劳力、保护从业人员健康、提高作业效率、保护环境以及提升城市现代化形象等目的。系统化是指倡导厂网一体化管理，主、支（连）管、泵站、雨水口和排水口等设施一体化养护，消除行政区划的壁垒，消除设施权属的排斥，让养护行为符合网络拓扑关系的规律。科学化则是指养护工作不能盲目和粗放，从养护计划制定到实施及考核等全过程都应遵循科学。在建立排水信息系统的基础上，利用先进的仪器设备，诊断各类问题缺陷，有针对性地选取合理的养护频次和高效的方式方法予以消除各类影响过水功能的问题。

1.5.1　发达国家的养护

人类自从有了下水道，其疏通养护一直以手工清捞为作业方式。始于 18 世纪 60 年代的工业革命，完成了从工场手工业向机器大工业的过渡。工业革命是以机器取代人力，以大规模工厂化生产取代个体工场。如图 1-18 和图 1-19 所示，美国的清捞工具亦由手工操作转而由机器替代人力。

进入 20 世纪后半叶，伴随着汽车工业的发展，各种类型的疏通、清洗和吸污专用车（简称联合车，如图 1-20 所示）不断涌现，作业效率得到不断提高。

欧洲等发达国家排水管道养护的显著特点，除了养护机械被广泛使用外，很重要的一点就是养护工作具有针对性，即以信息化为基础，以检测为抓手，不断提高养护效率。以德国柏林为例，管网总长近 1 万千米，其中（图 1-21）：合流制管道占 20%，污水管道占

图 1-18　美国 1935 年管道疏通工具

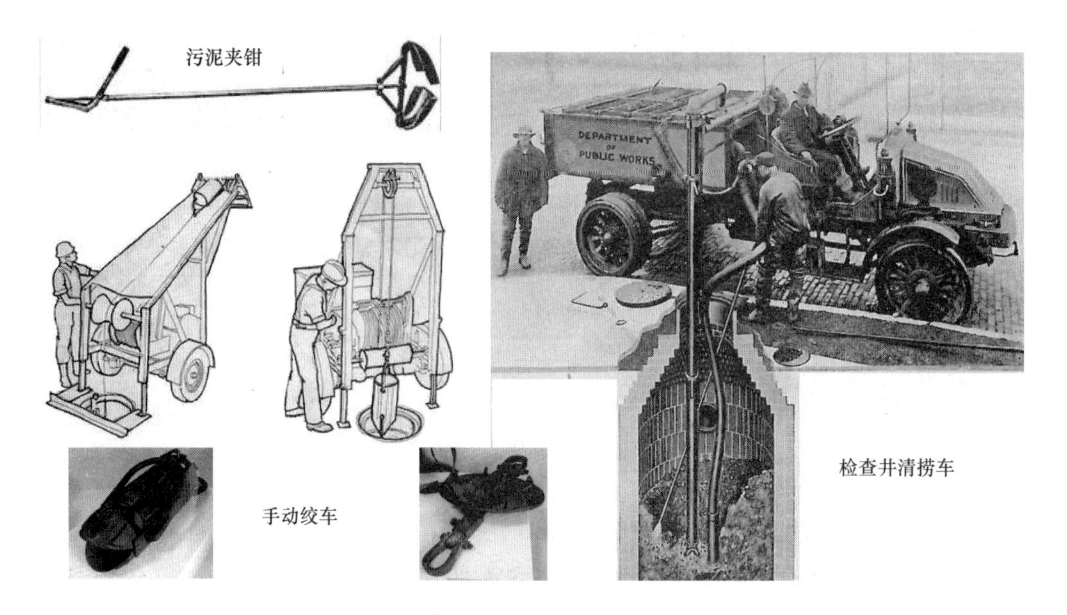

图 1-19　美国早期的疏通器具

图 1-20　美国联合车

45%，雨水管道占 35%。在所有管道中，带压力管道约 1200 千米。

柏林水务集团的排水管网运行部 400 多名员工负责近万千米的管网维护，下设 5 个管

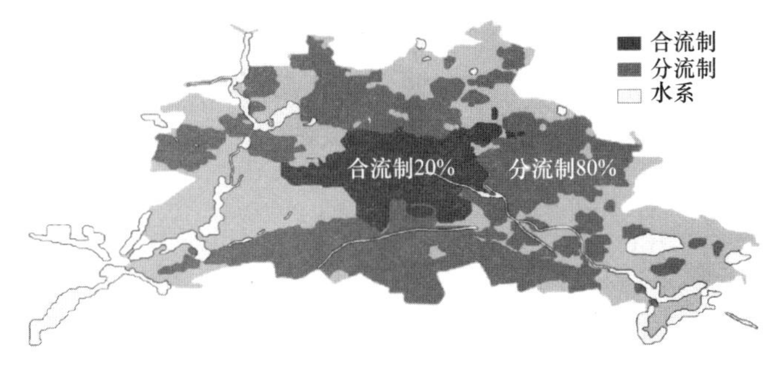

图 1-21　柏林排水体制分布图

理所（图 1-22）。其主要任务有日常维护、管道检测、清洗疏通和结构维护、局部修理或更换有破损的设备。日常维护工作包括去除积垢和障碍物、设施设备的养护、杀除害虫、减少溢流现象、保护接纳水体和地下水、检查设备的密封性、确保设施设备没有被占压或埋没而影响养护、定期维护管网数据，每年管道清洗率约 30%。

管道检测工作主要包括外观检测、检测不可进入的管道、检测可进入的管道、采取确定和评估管道现状的措施、提供用于提前发现损坏及其原因的信息和数据、降低养护和修复的成本。检测之后，根据需要采取进一步的检测或补充性检查措施，改变养护和检测的周期，实施修复措施。每年管道检测率约 5%。

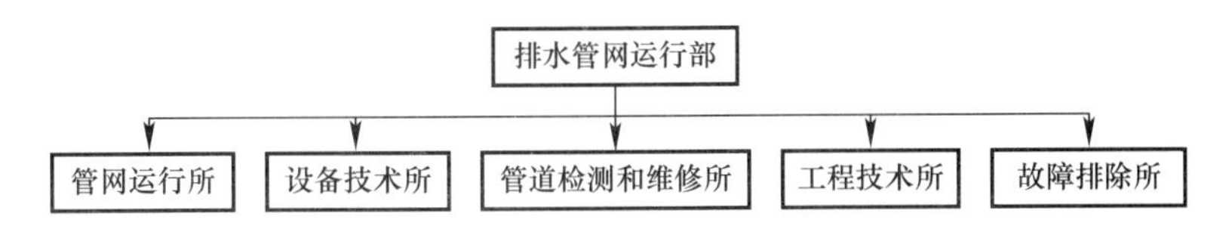

图 1-22　排水管网运行部机构

管道检测前必须对管道进行疏通清洗工作，主要采用绞车疏通（图 1-23）、高压清洗（图 1-24）、机械等方法，清除淤积物、沉淀，保持水流过水断面，通风冲洗消除臭气，排除堵塞，使管道具备检测条件。

图 1-23　绞车疏通

图 1-24　高压清洗吸污

日常排水管道维护工作采用辅助管理软件 UBI-Kanal，它的一个重要目的是从覆盖性管道清洗向按需性管道清洗转变，实现联网调度。它的优点是能掌控各种资源，本管网所和其他管网所的人员、车辆、设备等资源状况随时可见，优化利用所有资源，制定工作线路，划定同样清洗周期的管线群。GIS 接口确保快速获得管道数据库的大量数据，通过统计和专家系统可以提供面向需求的工作计划，使疏通清洗工作量合理化。管网所长通过 UBI 确定每个职工的工作计划，作业人员通过接驳站将工作计划载入各自的笔记本电脑。

1.5.2 我国的排水管道养护

中华人民共和国成立之前，城市的排水主要靠明沟或河流排水，排水工程设施很少。至 1949 年前夕，所有城市的排水管道加起来只有区区 6034 千米，且大多数管道多年失养失修，淤塞严重，不能发挥应有的作用，一些明沟、河渠和池塘成为污水汇集和垃圾堆放的场所。上海自 19 世纪中叶起，租界敷设排水管道。早期的管道养护较简单，直通江河的排水管道，利用每日 2 次潮水进行冲刷，其他管道以竹片、摇车等通沟工具往复疏通。

中华人民共和国成立之初的三年期间，全国城市的排水管道只增加了 1037 千米，排水管道养护技术亦基本没多大提高。上海解放初，结合防汛工作，对管道养护提出“(Gully)窨井不进泥，沟管不积泥，出口不淤泥”的要求，不久即实行分工分区域负责养护制。

改革开放以后，伴随着我国社会经济等各方面全面发展，排水行业迎来了大发展，到 1998 年年底，我国城市排水管道总长为 12.59 万千米，伴随着城市化进程的加快，到 2018 年年底，我国国内城镇市政排水管道保有量已达到 88.33 万千米，其建设速度可谓空前绝后。设施量的增加也就意味着投入管养力量的增加，以上海为例，1949 年，排水管道和泵站、污水处理厂分别由两个养护部门管理的模式，管道由市政工程设施养护部门的工务所负责。20 世纪 70 年代以后，采取市、县两级管理体制，2002 年上海市水务局专门制定了《市和区、县排水管理职责分工暂行规定》。管道的疏通工具在几十年中进行了一些革新改造，但基本上还是沿用铁勺（图 1-25）、摇车（图 1-26）、竹片等简单工具。20 世纪 80 年代，从美国引进下水道冲吸车，从捷克斯洛伐克引进高压冲水车等专用通沟设备，因限于部分排水管道管径过小，管道老化，承受不了高压冲洗，未能广泛应用。

图 1-25 铁勺捞泥

图 1-26 摇车

进入 21 世纪，我国排水管道养护行业步入了高速发展期，CCTV 和声呐等电子设备被广泛应用于管道检测，高压冲洗车、吸污车和联合车等专用设备被应用于管道疏通清洗，超声波流量计和液位计等计量仪器被应用于管道运行监测，GIS 技术被应用到排水管网的信息管理，移动互联网技术被引入养护日常调度管理，这些都标志着排水管道养护技术开始取得革命性的变革，全机械化养护已成为众多养护单位的追求目标，现代化管理理念已被越来越多的排水工作者所接受。伴随着城市经济财富增长对水环境负面影响的陆续显现，治理的呼声亦愈发高涨，排水管道已受到各级政府的重视，排水管理的体制已逐渐得到改良，“管养分离”已成为主流，类似北京、广州、常州等城市的厂网一体化排水管理模式已开始在部分城市建立，与管网体量之相适应的管道维护体系也在不断完善。我国城市运转良好的排水管道维护体系主要表现在以下方面：

（1）养护经费应足额到位。排水管道养护费是市政公共设施养护经费的重要组成部分，应该纳入本地的财政公共支出，且应足额拨付，我国很多省市都制定了排水管道设施养护维修定额，这些都为项目预算和结算提供了依据。由于受到公共财政收入的差异以及城市管理者对排水行业关注程度不同的影响，各地在排水管道维护方面的投入存在较大差异，一般是相对发达地区的排水管网养护投入高于欠发达地区，沿海地区高于中西部地区，特大和大型城市高于中小型城市。我国还有不少城市错误地将管道养护作为一次性工程服务来实施，当工程实施完成后，排水管道又处于不养护状态，等到冒溢、内涝等问题暴露时，再进行一次政府采购，招标请专业队伍疏通养护，永远是被动式养护模式。表1-5列出了部分城市的养护经费的投入情况。

部分城市的排水管道养护经费投入情况 **表1-5**

城市	年份	排水管总长（km）	单价（万元/km）	养护总额（万元）	特别说明
上海	2017	18628.27	1.93	35963.22	养护窨井、进水口238.69万座（次），清捞污泥14.51万m^3
深圳宝安区	2017	3850.125	3.68	14169	日常清疏236.67公里，清掏雨水口20122座、检查井12660座，清淤量共6345.5m^3
福建晋江	2018～2019	594.8	4.03/2年	2400/2年	2年养护期。福建省综合定额约2.9万/km/年
江苏南通海门区	2017～2020	397.24	6.11/年	2430/年	4年养护期

虽说多数城市都有排水管道养护经费的预算，但随着社会对管道设施养护质量要求和机械化施工程度的不断提高，安全施工、文明施工、夜间作业的规范要求也日趋严格，公共事业和固定场地管理费逐步增加，定额变更的节奏往往跟不上形势要求，同时财政核定的年度养护经费往往跟不上设施量的增加，各地基本都面临着养护经费不足的困扰。养护经费的不足造成了基础设施得不到及时维护改造，一些基础设施由于不能及时得到养护维修而存在安全隐患，长此以往将对城市的环境带来严重的影响，也给城市安全带来很大压力。

（2）管理体制须健全。依据排水管网所具有的系统化的特点，排水养护管理的单元划分应该按照其服务区或汇水区，且在同一区域内，雨污水管道的养护不宜分为两个养护单位来执行。目前，我国的排水管道养护管理体制主要有三种，即城市一体化管理、分行政区划管理和分区域管理。养护单位也不尽相同，主要有事业单位、地方国有企业和民营企业三类。管养的触角基本都仅限于市政公用排水管道，集体排水户内部的管养几乎都是排水户自己负责。这种碎片化的管理机制缺乏系统性的运营发展目标和监督考核体系，是造成排水不畅、城市内涝和水体黑臭的主要原因之一。

（3）管理方式要适应社会化需求。鼓励推行管网维护社会化、市场化，实行专业化管理，提高运维水平，是大势所趋。根据“政企分开”和“管养分开”的体制改革要求，一些单位开始“强制性”转变，目前各市政设施养护单位基本上都由原来的事业单位转变而来，公司员工观念很难从事业单位的“大锅饭”思维转变过来，无法形成有效的员工竞争模式，无法真正地提高员工积极性。

（4）养护技术应人性化和低碳化。“人力＋简单工具”是排水管道养护最古老的方法，在我国沿用多年，随着排水管网的不断完善，排水设施的养护维修和运行管理已逐步向机械化、自动化过渡，研制并采用了自动遥测、排水管道电视摄像检查仪、钻杆通沟机、高压射水车、真空吸泥车等设备，以“抓、冲、吸”的新方法来代替“竹片、大勺、绞车”的老方法，传统的排水养护方法应该逐步被具有人性关怀且高效率、低能耗的技术所替代。

（5）安全生产管理须规范。排水管道养护属于高危行业，我国有多部法律法规规范其作业行为，但由于执行不到位，管理不规范，人身伤亡事故时有发生，特别是近年来由于施工机械的不断增加及部分从业人员和个别单位安全教育不够，对潜在的危险认识与重视不够，所以近年来不安全因素大大增加，个别单位不断出现违章现象和事故苗头，小事故时有发生，值得大家深思。

（6）企业及从业人员须专业。排水管道养护是专业性较强的工作，养护企业应具备相应的作业能力，作业人员须经过严格的专业技能和安全操作培训，在取得上岗证后方能从事这方面工作。目前在我国还没有统一的规定，有的城市需要取得市政总承包资质，有的城市要求养护承担企业需在本地排水管理部门备案，如上海市水务局于 2001 年 12 月 20 日发布了《上海市排水管道养护维修作业基本条件暂行规定》，按照规模和专业分为一类、二类、特种类和暂定类，明确规定了未经排水管道养护维修作业类别评审或经评审不符合相应类别基本条件的，不得参加排水管道养护维修作业投标。多年以来我国对从事排水管道的人员有职业资格的要求，从事排水工程管网的日常维护和管理的人员应具有下水道养护工证书，分为初、中、高三个等级。2017 年人力资源社会保障部公布国家职业资格目录中，已取消了国家职业序列中的下水道养护工，但现在不少地方要求从业人员必须获得专业机构颁发的培训合格证书。

思考题和习题

1. 什么是城镇排水系统？它的作用有哪些？

2. 排水管道堵塞主要由哪些因素所造成的？

3. 排水体制的含义是什么？通常有哪两种类型？其各自的特点是什么？

4. 简要叙述排水管道维护的目的和任务。

5. 思考并阐述当前我国排水养护行业所存在的问题，提出改善的建议。

6. 已查获 A、B 检查井井盖高程分别为 15.12m 和 15.13m，实地量测 A 检查井中管道（与 B 连接）埋深 5.25m，与 B 检查井管道（与 A 连接）埋深为 5.31m，两井间距为 45.2m，试计算地面坡度（I）和管道纵向坡度（i）。

第2章　管渠设施

管渠是管道和沟渠的总称。管渠设施是指收集并输送污水和雨水的各类工程设施及构筑物（含设备），它是管道、渠道、检查井、雨水口、泵站和排水口等一系列点状或线状设施的连接，构成一张收集和输送雨（污）水的网络。各种设施的规格材质选择、空间布设和完好程度等因素直接影响整个网络的畅通程度。

2.1　管渠的分类

2.1.1　按照收集范围

雨污水的收集遵循重力流的基本原理，即按照收集点→户线管→支（连）管→次干管→干管→总干管的顺序相连接，按照其服务范围的大小通常将其定义为：

（1）总干管：担负整个区域的水量，并汇集接纳主管及部分次干管的污水，将其送入污水处理厂、泵站或河流的管渠。一般雨水没有总干管，由干管直接排入河道；

（2）干管：担负部分区域的排水量，汇集各排水次干管及部分支管的雨（污）水，并将其送入总干管的管道或渠道；

（3）次干管：担负具体地点水量的收集，收集户线的雨（污）水，并将其送入干管或总干管的管道；

（4）支（连）管：担负具体地点水量的收集，收集户线的雨（污）水，并将其送入次干管、干管或总干管的管道；

（5）户线管：在排水系统范围内，专门担负厂矿、机关团体、居民小区、街道的污水收集，并将污水排入外部市政排水管道的管道。

亦有在市政污水收集系统中，将污水管线分成三级，直通污水处理厂的称为一级管，其余的市政管道定义为二级管，三级管主要是指小区和企事业单位内部的污水管网。

2.1.2　按照管渠规格

一般来讲，管道的直径可分为外径、内径和公称直径，分别用 *De*、*d*（或 *D*）和 *DN* 表示。常见的是塑料管用 *De* 表示，混凝土管用 *d* 表示，钢管和铸铁管用 *DN* 表示。如 *DN*300，表示公称直径为 300mm 的管道，需要注意的是，公称直径只是一种规范的管道标识方式，与管道的内径、外径都不相等。同一公称直径的管道可以相互连接和替换。根据管径大小分别定义为小型管、中型管、大型管和特大型管，其他断面形状的管道依据截面面积进行划分，具体定义见表 2-1。

排水管道的定义　　表 2-1

定义类型	小型管	中型管	大型管	特大型管
管径（mm）	<600	600～1000	>1000～1500	>1500
截面面积（m^2）	<0.283	≥0.283，≤0.785	>0.785，≤1.766	>1.766
目前市政常用规格	200、250、300、350、400、500	600、700、800、900、1000	1200、1400、1500	1600、1800、2000、2200、2400、2600

2.1.3 按照特定用途

1. 倒虹管（Inverted Pipe）

排水管道有时会遇到障碍物，如河流、铁路、各种地下设施等。由于排水管道采用重力流，所以碰到障碍物时，应先考虑搬迁障碍物，为其让路。在排水管必须为障碍物让路时，它就不能按原有的坡度埋设，而是按下凹的折线方式从障碍物下面通过，这种管道称之为倒虹管。倒虹管由进水井、管道和出水井三部分组成。进、出水井设闸槽或闸门。管道分为折管式（图 2-1）和直管式两种。

倒虹管一般采用金属管或钢筋混凝土管。管径一般不小于 200mm。倒虹管水平管的长度应根据穿越物的形状和远景发展规划确定，水平管的管顶距规划的河底一般不宜小于 0.5m，通过航运河道时，应与当地航运管理部门协商确定，并设有标志。遇到冲刷河床应采取防冲措施。

在进水井或靠近进水井的上游管道的检查井底部设沉泥槽，直管式倒虹管的进出水井中也应设沉泥槽。

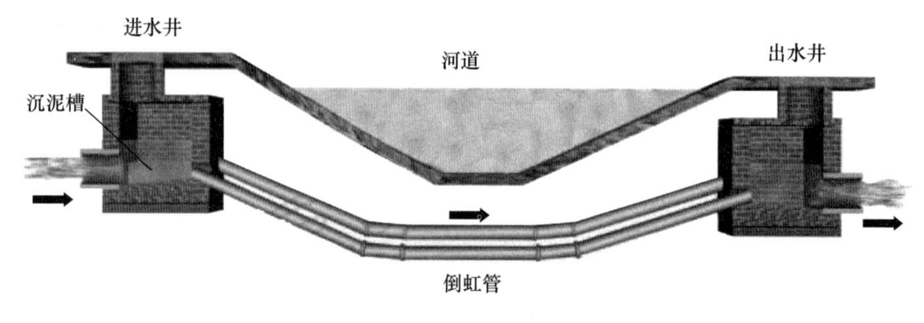

图 2-1　折管式倒虹管

2. 截流管（Intercepting Sewer）

截流管也称截污管，通常是指在合流制排水管道系统中，用以截取污水，以便集中处理或排除的污水管道。在分流制地区，为了消除黑臭水体，我国有些城市在雨水排放的末端安装了收集旱天污水的截流井和截流管（图 2-2）。一套完善的截污系统一般由截流设施或截流溢流井和截污管组成。各截污支管汇集至截污干管，它是用一条平行于并靠近河流（或水体）岸边线的污水主干管，将排水地区所有直接向水体排放污水的干管或支管截流，并使污水送至污水处理厂进行处理，或输送到另一排放地区（如远离市区）经简单处理后再排入水体。污水截流干管在老城市改建时，常将已建的上述干管或支管（合流制或分流制）用一条新建的截流干管将污水截流，以减少或消除易造成的环境污染。这种截流干管的管径一般都很大，且施工较困难、造价较高。

合流制截污系统主要有以下作用：

图 2-2 截污管

（1）晴天截污：污水口闸门全部打开，雨水口闸门关闭，污水重力自流进入污水管道，也可采用潜污泵，将污水泵送至污水处理厂处理或就地处理，实现旱季零污水污染河道。

（2）初雨截流：污水口闸门打开，雨水口闸门关闭，潜水泵根据液位值进行自动启停，将初期雨水送至调蓄池或污水厂处理。随着降雨的持续，当监测到水位上升，相应水质污染度降低时，污水口逐渐关闭，限制截流，同时雨水口闸门开启，让中后期雨水持续排出。

（3）暴雨直排：随着雨量增加，井内水位上升，达到设定水位时，水泵停止工作，排水闸相应调整开度，雨水流入受纳水体，实现直排。截污闸逐渐关闭，避免雨水进入污水管道。

（4）防倒灌：防止河水倒灌，避免河水进入污水管道，增加水量负担，降低污水处理厂的污染物浓度。

3. 溢流管（Overflow Pipe）

溢流管一般是为了保持一定液位且迅速排除多余液体的出水管道，它是截流系统（图 2-3）的重要组成部分。在截流式合流制排水系统中，晴天时，管道中的污水全部送往污水厂进行处理。雨天时，管道中的混合污水仅有一部分送入污水厂处理，超过截流管道输水能力的那部分混合污水不做处理，通过溢流管直接排入水体。在合流管道与截流管道的交汇处，设置截流溢流井，以完成晴天截流和雨天溢流的作用。

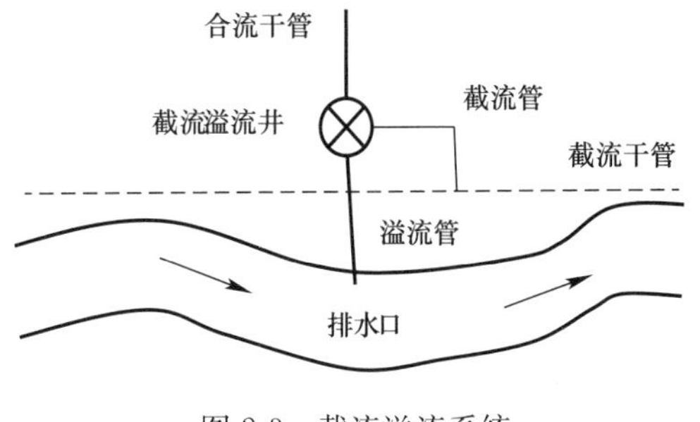

图 2-3 截流溢流系统

2.2 管道

管道通常是指预制的圆形或其他形状的管子。由于圆形断面的水力性能较好，便于预制，使用材料较为经济，能够承受较大的荷载，运输和养护都较异型管方便，在我国最为常见。排水管道的材质大多是用非金属材料制造的，其抗腐蚀性能优于金属管道。

2.2.1 管道材质

伴随着城市化进程加快，管道的材料利用和加工工艺也在不断发展变化，从古时的陶土、木质和砌筑逐步向工业化的钢筋混凝土、铸铁和塑料制成品过渡。现行的排水管道材料有混凝土、金属和塑料三大类，其制成品后通常符合以下要求：

（1）强度：城市内的排水管道都埋设在地面以下，路面载荷和周围土体都对管道施加作用力。为了保证管道结构的完整性，管道材料必须具备一定的强度，从而可以保证在外载荷发生变化时，管道仍然可以正常运行；

（2）抗渗性：排水管道内输送的介质是雨水和污水，且埋设在地面以下，当管道中的水渗漏到周围土体中时，就会造成周围土层结构发生变化，引起地下水污染，因此管道材料必须具有抗渗性，避免管道中的水渗漏；

（3）抗腐蚀：雨水和污水中都含有一定的腐蚀性物质，同时污水中携带的各种物质在管道中分解发酵，会形成具有腐蚀性的物质，这些物质会腐蚀管道，造成管道结构的破坏，因此管道材料应具有抗腐蚀性能；

（4）水力性能：管道的最主要作用是将雨水和污水输送到指定的地点，因此管道内壁应该光滑，有较小的摩擦力，也就是说要有良好的水力性能，保障污水和雨水可以在管道中可以顺利通行；

（5）就近取材：从经济性和实用性的角度分析，管道材料的选择要就地取材，以节省运输过程中造成的损失。

1. 混凝土管（Concrete Pipe）

混凝土管按照制作工艺可分为素混凝土管、普通钢筋混凝土管、自应力钢筋混凝土管（SPCP）和预应力混凝土管（PCP）。素混凝土管是由无筋或不配置受力钢筋的混凝土制成的结构，素混凝土管结构中由于没有钢筋，其抗拉伸、抗剪切能力差，可用于没有压力或微压力的普通排水管道。普通钢筋混凝土管是在混凝土中加入了不加任何处理的钢筋的结构。20 世纪 80 年代，中国和其他一些国家发展了自应力钢筋混凝土管，其主要特点是利用自应力水泥在硬化过程中的膨胀作用产生预应力，简化了制造工艺。预应力钢筋混凝土管中钢筋需预先张拉，应力达到一定的设计或规范要求后，再浇筑混凝土，混凝土达到一定强度要求后停止张拉。这样的管子抗弯拉强度高。预应力是在混凝土凝结前用机械把混凝土中的钢筋适度拉伸，在混凝土凝结后撤去外力，钢筋就会在混凝土里产生一个收缩的应力，使钢筋混凝土强度更大，因而可以减少钢筋用量，节约钢材。混凝土原材料一般为水泥、砂（细骨料）、石子（粗骨料）、外加剂等，按照一定比例混合后加一定比例的水拌制而成。

近十年来我国钢筋混凝土排水管制管工艺技术得到快速发展，目前已拥有了当今世界最先进的全部制管技术，成型工艺有离心成型工艺、悬辊成型工艺、芯模振动成型工艺、立式径向挤压成型工艺、立式附着式成型工艺、立式插入振捣工艺等。其中：Φ2000 以上的大口径管大多采用芯模振动成型工艺、立式插入振捣工艺或立式附着式成型工艺；Φ1500 以下的小管多采用悬辊成型工艺、芯模振动成型工艺和立式径向挤压成型工艺。在排水管制造中，由于离心成型工艺具有能耗大、工效低、制管环境差等因素，所以应用极少。随着国家节能环保要求力度的加大和人工成本的上涨，悬辊成型工艺也将会逐步被芯模振动和立式径向挤压成型工艺所代替。

在城市，钢筋混凝土排水管的顶进施工方式解决了管道埋设施工中对城市建筑物的破坏和道路交通的堵塞等困难，因而推广发展迅速，顶进施工用钢筋混凝土排水管成为城市非开挖施工用首选管材，其中钢承口顶管用得最多。

由于耐腐蚀工程和排污工程中对所用管道有其特殊耐腐蚀要求，故钢筋混凝土复合管近些年被越来越多地采用，它是在原管内壁上衬贴 PVC、PE、玻璃钢等材料。

如图 2-4 所示，混凝土管的管口形式通常有承插式、企口式和平口式。其接口密封方式有水泥砂浆抹带、钢丝网水泥砂浆抹带、水泥砂浆承插和橡胶圈承插等。

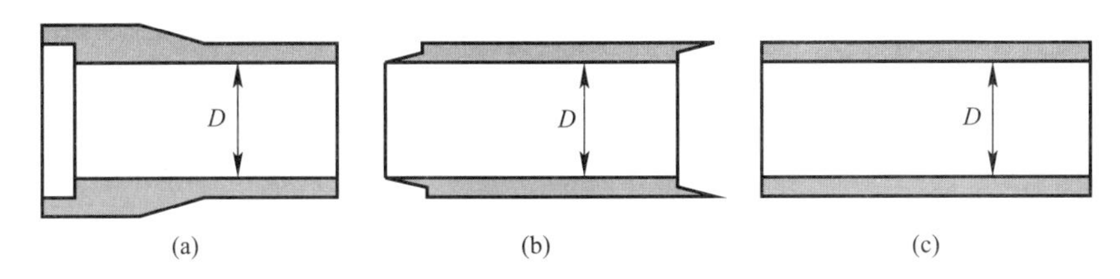

图 2-4　混凝土管管口形式

(a) 承插式；(b) 企口式；(c) 平口式

近年来我国预制混凝土管涵用接口密封材料得到了不断发展，接口密封性能的提高反映出行业的技术进步。工作面弹性密封胶圈由 O 形改进为楔形，端面遇水膨胀胶条在管道接口上得到使用，尤其是高性能密封材料的研制成果在管廊工程上的应用取得很好效果。

混凝土管的原料充足，设备、制造工艺简单，所以被广泛采用。它的缺点是抗腐蚀性能较差，抗渗性能也较差，管节短，接头多。

2. 玻璃钢夹砂管（FRP）

玻璃钢夹砂管是以玻璃纤维及其制品为增强材料，以不饱和聚酯树脂、环氧树脂等为基体材料，以石英砂及碳酸钙等无机非金属材料为填料，采用长缠绕或离心浇铸或连续缠绕等工艺制成的管道（图 2-5）。它具有质量轻、强度高、粗糙度低、耐化学和电腐蚀性能好、运输安装方便、使用寿命长、维护成本低等优点，口径可覆盖 200～2400mm，管长可达 6m，已在排水工程中广泛使用。

3. 塑料管

塑料管一般是以合成树脂为原料，加入稳定剂、润滑剂、增塑剂等，以“塑”的方法在制管机内经挤压加工而成。塑料管种类很多，分为热塑性塑料管和热固性塑料管两大类。热塑性的有聚氯乙烯管（UPVC，见图 2-6），聚乙烯管（PE），高密度聚乙烯（HDPE，见图 2-7）、聚丙烯管（PP）、聚甲醛管等，热固性的有酚塑料管等。

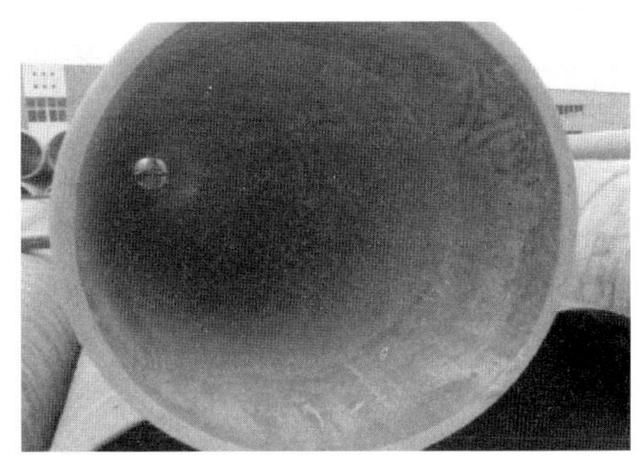

图 2-5　玻璃钢夹砂管

图 2-6　UPVC 双壁波纹管

图 2-7　HDPE 螺旋缠绕管

塑料管的主要优点是表面光滑、水力性能好、耐蚀性能好、质量轻、不宜结垢、加工容易；缺点是强度较低，承受载荷的能力有限，在受到高载荷作用时易于发生变形，且耐热性差。

4. 陶土管

如图 2-8 所示，陶土管是用塑性黏土添加耐火黏土与石英砂等经研细、调和、制坯、烘干和焙烧而制成的。陶土管由于其良好的抗腐蚀及抗风化性能，被用作排水管道的管材已经有上千年的历史，近几十年来由于各种新兴管材的兴起，陶土管在国内排水施工中已经慢慢被淘汰，但是在国外某些地区，依然被广泛地使用着。陶土管的管径一般不超过 600mm，大口径的管道在烧制的时候容易变形，难以接合，废品率高，管长通常在 0.8～1m 之间。

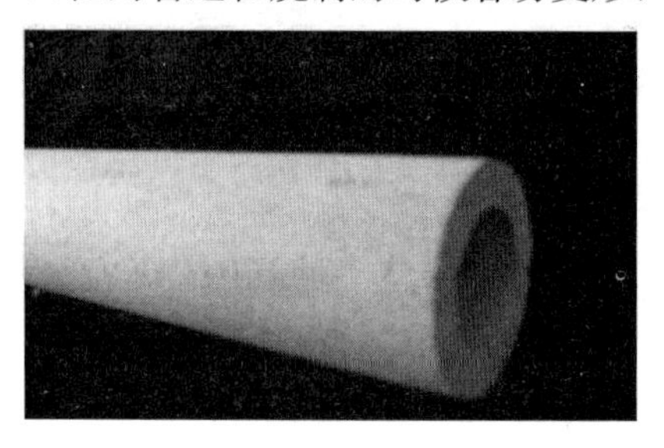

图 2-8　陶土管

陶土管能满足污水管道在技术方面的各种要求，耐酸性很好，特别适用于排除酸性废水，其缺点是质脆易碎，不宜敷设在松土中。

5. 金属管

常用的金属管有铸铁管和钢管，由于价格较昂贵，一般很少采用，只有在外力很大或对渗漏要求特别高的场合下使用，如：在穿越铁路时，在土崩或地震地区；在距给水管道或房屋基础较近时；在压力管线上或施工特别困难的场合。采用钢管时必须涂刷耐腐蚀的涂料并注意绝缘，以防锈蚀。

铸铁管道根据铸铁性材质可分为普通铸铁管和球墨铸铁管。两者的主要区别在于其延性情况，前者是重而脆，弹性模量一般较大，从而体现出“硬”；后者主要是延性较好，常常可以吸收一定的能量，深受较多业主的喜爱。

2.2.2　管道断面形状

排水管道是管网设施中输送雨污水最主要的载体，通常先由工厂制成半成品或成品，再移至现场安装。常见的断面形状有：

（1）圆形：适用于管径小于 2m 且地质条件好时。圆形管道水力性能好，具有最大的水力半径，流速大，流量大，便于预制，对外力抵抗能力强，运输施工维护方便；

（2）半椭圆形：适用于污水流量无大变化及管渠直径大于 2m 时。优点是在土压力和活荷载较大时，可更好地分配管壁压力，减少管壁厚度；

（3）马蹄形：适用于地质条件较差或地形平坦需尽量减少埋深时。因断面下部大，宜输送流量变化不大的大流量污水；

（4）矩形：特点是可按需要增加深度，以加大排水量，并能现场浇制或砌筑。适用于工业企业、路面狭窄地区的排水管道及排洪沟；

（5）蛋形：特点是因底部较小，在小流量时可维持较大的流速，减少淤积。实践证明，这种断面冲洗和疏通困难，管道制作、运输、施工不便，目前很少用。

2.2.3　管道敷设结构

排水管道大多是重力流管道，依靠管道中水的重力作用实现对水的输送。因此管道在施工时必须按照一定的坡度进行施工敷设。施工方法有传统的开槽开挖法和最近这些年发展并推广使用的顶管施工、水平定向钻进施工和盾构等不开挖施工法。管道开槽施工虽然是传统的施工方法，但随着新管材、新技术和新设备的使用，施工进度也在不断加快，工期大大缩短，因此这种方法仍然是目前排水管道施工的主要方法。本节就以传统的开槽施工方法为例来说明管道的施工方法，并从施工过程中总结出造成管道出现问题的外部原因。

1. 开挖沟槽敷设

沟槽开挖断面的选择依据管径大小、材质、埋深、土壤的性质、埋设的深度来选定。常用的沟槽断面有以下形式（图 2-9）：

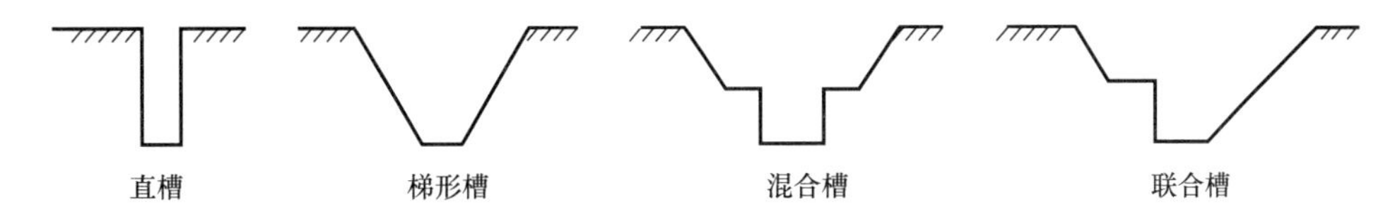

图 2-9　沟槽断面形式

（1）直槽：槽帮边坡基本为直坡，一般用于工期短、深度较浅的小管径工程，或地下水位低于槽底，直槽深度不超过 1.5m 的情况；

（2）梯形槽：槽帮具有一定坡度的开挖断面，可不设置支撑，应用较广泛；

（3）混合槽：即由直槽和梯形槽组合而成的多层开挖断面，适用于较深的沟槽开挖；

（4）联合槽：一般用于平行铺设雨水和污水管道，即两条管道同沟槽一起施工。

对于达到一定深度的沟槽，在开挖时还需要对沟槽采取支护措施，防止沟槽滑坡。在沟槽的底部进行地基与垫层处理。

管道基础是指管道或支撑结构与地基之间经人工处理过的或专门建造的构筑物，其作用是将管道较为集中的载荷均匀分布，以减少对地基单位面积的压力，或由于土的特殊性质的需要，为使管道安全稳定运行而采取的一种技术措施。排水管道基础常用的有原状土壤（天然）基础、砂（石）基础和混凝土基础三种（图 2-10）。

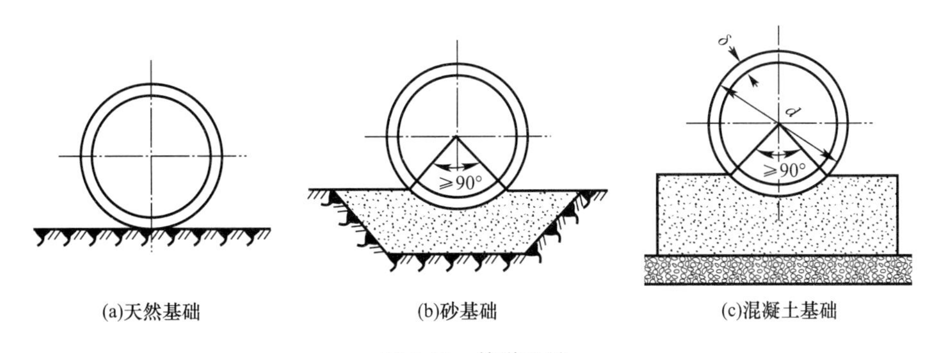

图 2-10　管道基础

2. 顶管敷设

如图 2-11 所示，顶管敷设属于非开挖施工方法，是一种不开挖或者少开挖的管道埋设施工技术，适合 800mm 及以上口径的管道。顶管法敷设就是在工作坑内借助于顶进设备产生的顶力，克服管道与周围土壤的摩擦力，将管道按设计的坡度顶入土中，并将土方运走。一节管子顶入土层之后，再第二节管子继续顶进。其原理是借助于主顶油缸及管道间、中继间等推力，把工具管或掘进机从工作坑内穿过土层一直推进到接收坑内吊起。管道紧随工具管或掘进机后，埋设在两坑之间。

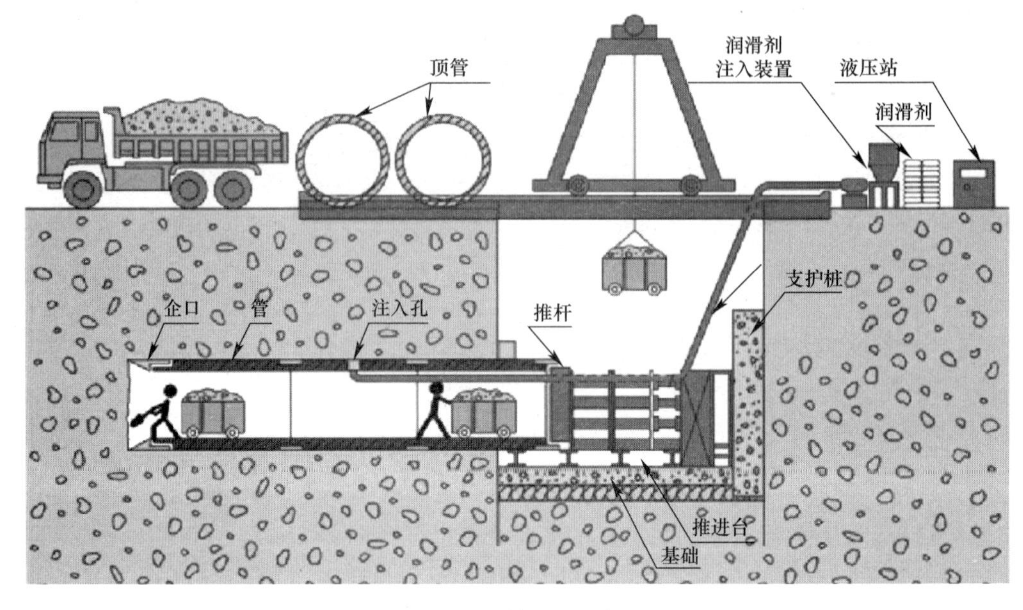

图 2-11　顶管工艺示意图

3. 拖拉工法敷设

如图 2-12 所示，拖拉工法是利用水平定向钻（Horizontal Directional Drilling）开凿管路，然后回拖埋管的一项技术，其作为非开挖技术中最具活力的一项施工技术，具有精确导向、环保、效率高、不影响交通、施工安全性好、技术综合成本低等特点，一般使用的管道材质为钢管和 PE 管。但存在地下管网复杂，增加施工的风险。其基本原理是施工时在钻杆前加一个传感元件，通过对传感元件的地面进行跟踪，准确控制导向钻头的走向和深度。待导向钻头按预定位置出土后，卸掉导向钻头，换上回扩器，对导向孔进行分级扩孔，并针对不同地质条件配置不同的泥浆，对孔道进行泥浆护壁，以形成待敷设管道口径的 1.2～1.5 倍的泥浆孔，最后进行管道回拖。该工艺通常适合 800mm 以下口径的管道。

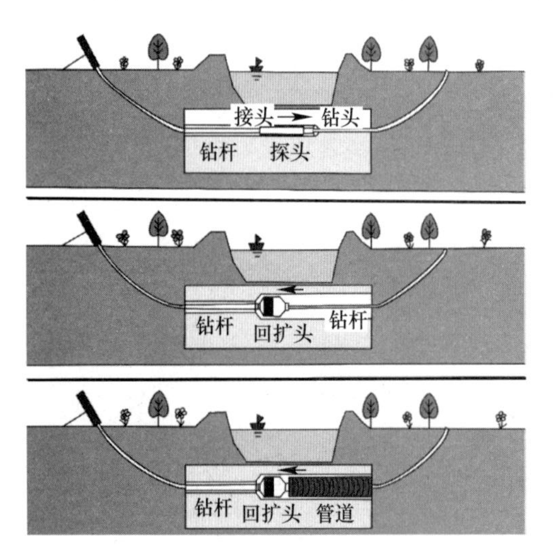

图 2-12　拖拉工法敷设管道示意图

2.3　沟渠

在农田水利工程中，常将人工修建、用于引水的称为水渠。自然形成、用于排水的称为水沟。在城市排水行业，沟和渠没有明确的划分，通常将规模大的称为“渠”，反之则称为“沟”。相对于明渠，暗渠是给排水沟渠的封闭而隐蔽的部分。相对于暗渠，明渠是给排水沟渠的开敞而露天的部分。

渠道的口径一般比较大，内径大于 1.5m 时，通常在现场浇制或砌装，使用的材料通常有混凝土、钢筋混凝土、砖、石、混凝土块和钢筋混凝土块等，其断面形式一般不采用圆形，而是根据力学、水力学、经济性和养护管理上的要求来选择渠道的断面形式。图 2-13为常见的渠道断面形式。

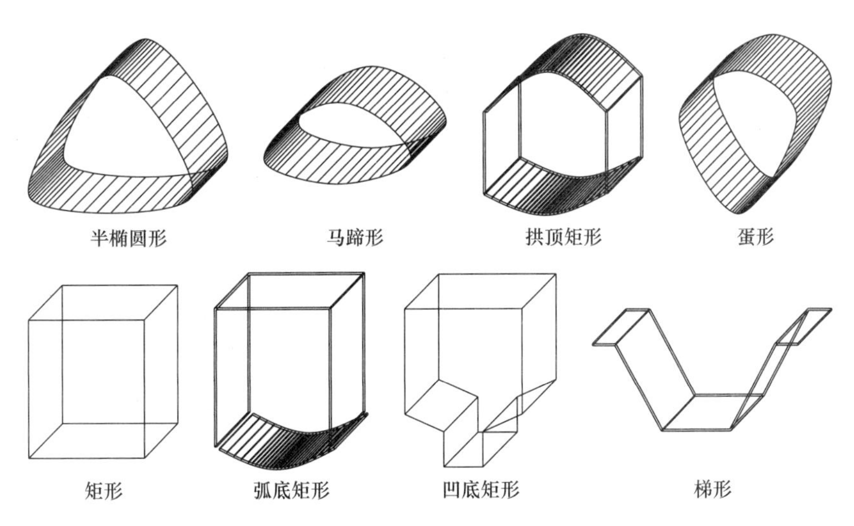

图 2-13　常见渠道断面形式

2.3.1　暗沟渠

如图 2-14 所示，暗沟渠也称盲沟渠或箱涵。暗沟通常是在原有的明沟上方覆盖了其他构筑物，如硬化路面、房屋和专用盖板等，常出现在城郊接合部、城中村和排水户内部。暗渠通常是人工开凿的通道或在原明渠基础上敷设了遮蔽物或构筑物，它往往规模较大，是城市的行洪通道。箱涵则是指预制构筑物敷设或现浇的管廊，即为拼装和整体两种安装方式，按照形状可分为方形、矩形、异形，有单孔、双孔和多孔排列形式。预制混凝土箱涵通常采取明挖和非开挖顶管两种方法敷设。

图 2-14　暗沟渠

2.3.2　明沟渠

明沟渠是利用已有自然沟道加以修筑或在地面开挖沟道以排除地表积水、土壤中多余水分和过高的地下水的排水工程设施，是不加盖板的排水沟。明沟（图 2-15）的作用是迅速地、有组织地把地面水和雨水引向河道或排水管渠，防止房屋基础和地基被水浸泡而渗透，消除城市雨天积水。一些老旧社区里排水沟是明沟，居民大小垃圾都往里扔的话，很容易引起堵塞，因此现在小区内排水沟都设计为暗沟。明渠（图 2-16）是一种具有自由表面水流的渠道，根据它的形成可分为天然明渠和人工明渠。前者如城市内的天然河道，后者如人工输水渠道、运河等。城市的明渠通常作为雨水干流通道，承担着汇水区域乃至整个城市的雨水排放任务。

图 2-15　明沟

图 2-16　明渠

排水沟渠管理和养护的好坏直接关系到排水系统的工作情况和排水工程效益的发挥。轻质土地区排水沟渠边坡易于坍塌，以至于淤塞沟渠道，降低排水效果。因此，应采取有效的固坡防塌措施。常用的工程养护措施有放缓边坡，加大底宽或采用复式断面，沟坡换填黏土等，也可采用减压、截渗措施，以及种植草皮、植树护坡等生物措施。通常采取的管理措施，如定期清淤、疏浚加深、防止雨水冲刷和防止退泄水直接排入沟渠等，都能收到一定的防塌效果。此外，应避免在排水沟渠中筑坝蓄水，以免壅高水位，影响排水，加重涝、渍危害和土壤盐碱化程度。

2.3.3　盖板沟

加盖专用盖板所形成的暗沟，常称之为盖板沟，它是暗沟的一种类型。其特点为盖板可搬动，便于养护作业，由此不用设置检查井。盖板材质通常是混凝土、石材或金属。若盖板是格栅式盖板（图 2-17）或缝隙式（图 2-18），则为线性雨水口。若盖板无孔隙或部分孔隙，通常该暗沟承担着污水输送功能，或者存在雨污混接导致雨水沟黑臭，人为加盖密封（图 2-19）。

图 2-17　格栅盖板沟

图 2-18　缝隙盖板沟

图 2-19　密实盖板沟

2.4 检查井

检查井（manhole），又称窨井或人孔，主要是为检查、清通和连接管渠而设置的。由于目前城市排水大都采用雨污分流制，即雨水和污水分别采用独立的管道排放系统，所以需要在各自的管道系统中设计雨水检查井和污水检查井。通常情况下，两种检查井在结构上基本相同，但是污水检查井为防止污水渗漏，检查井内壁需要用水泥砂浆抹壁，而雨水检查井一般不必，而只是在地下水位以下时才要抹面。污水井通常比较深，雨水井相对较浅。污水井有流槽，雨水井部分有落底（或称为沉底），设有沉泥室，可以排水管底标高为基准，下降 30cm 作为检查井井底标高，用来沉降泥沙等，雨水系统一般都需要隔一段距离设置带沉泥室的检查井。按照《室外排水设计标准》GB 50014—2021 有关规定，检查井通常设在管渠交汇处、转弯处、变径处、变坡处以及跌水处等处，相隔一定距离的直线管渠上也需设置检查井，其最大间距根据疏通方法等具体情况确定，通常在无法实施机械化养护的地区，检查井的间距不宜大于 40m，能够实施机械养护的地区，在不影响街坊接户管的前提下，按照表 2-2 的规定取值。

检查井在直线段的最大间距　　表 2-2

管径（mm）	300～600	700～1000	1100～1500	1600～2000
最大间距（m）	75	100	150	200

为了有效管理，污水管道、雨水管道和合流管道的检查井的井盖上必须带有不易磨损的标识，通常分别标识为“污水”“雨水”和“合流”。

检查井，按照形状分类一般分为圆形检查井、方形检查井和扇形检查井；按照材料分类一般分为砖砌检查井、预制钢筋混凝土检查井、不锈钢检查井、玻璃钢夹砂管检查井和塑料（焊接缠绕塑料、滚塑成型、注塑成型）检查井；按照功能分类一般分为跌水井、水封井、冲洗井、截流井、闸门井、潮门井、流槽井、沉泥井、油污隔离检查井等。

2.4.1 检查井构造

检查井主要由基础、井底（流槽）、井体和井盖及盖座组成（图 2-20），井盖与路面接触，可以随时打开，井盖上有通气孔，可以使井内外压强保持一致。井内通常安装有爬梯和防坠网。

污水井应做导流槽，在井底做出污水管一半高度的圆弧槽，槽底部与水管底同高，引导水流，转弯处导流槽也要转弯。雨水井在井底做一低于管底 100mm 的截流槽，截留雨水中的泥沙，待截流槽满后清理。

检查井井底材料一般采用低强度等级混凝土，基础采用碎石、卵石、碎砖夯实或低强度等级混凝土。为使水流流过检查井时阻力较小，井底宜设半圆形或弧形流槽，流槽直壁向上升展。污水管道的检查井流槽顶与上、下游管道的管顶相平，或与 0.85 倍大管管径相平，雨水管渠和合流管渠的检查井流槽顶可与 0.5 倍大管管径处相平。流槽两侧至检查井壁间的底板（称沟肩）应有一定宽度，一般不应小于 20cm，以便养护人员下井时立足，并应有 0.02～0.05 的坡度坡向流槽，以防检查井积水时淤泥沉积。在管渠转弯或几条管

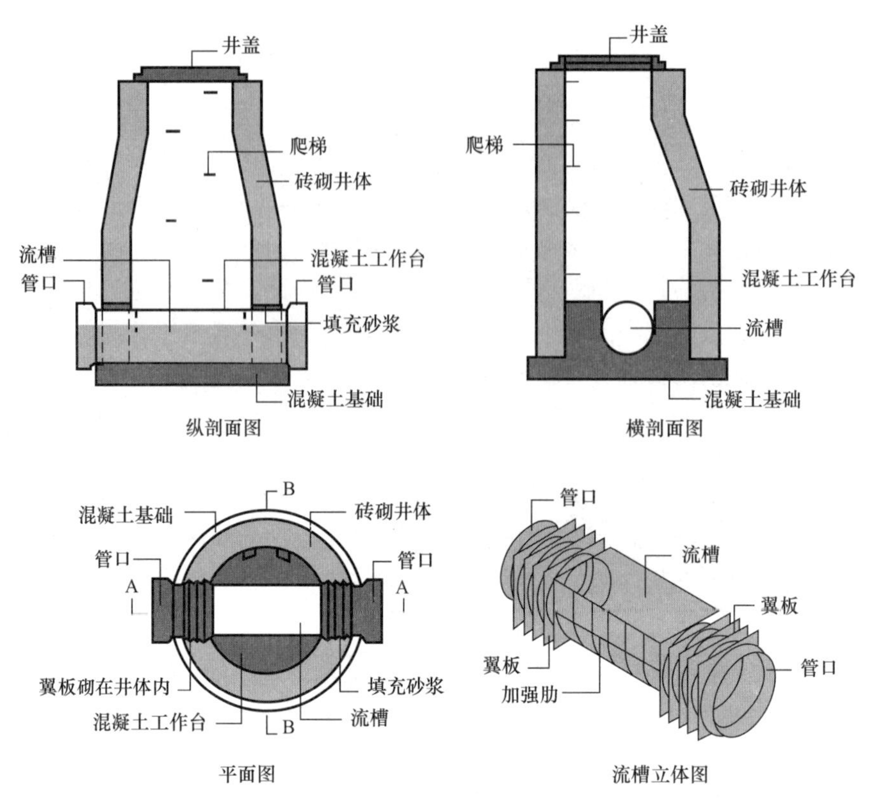

图 2-20 检查井结构图

渠交汇处，为使水流通顺，流槽中心线的弯曲半径应按转角大小和管径大小确定，但不得小于大管的管径。

检查井井身制作主要有砖砌、现浇和预制三种。砖砌井（图 2-21）是我国最常见的井身修筑方式，它是由红砖或其他材料砌块叠加垒砌而成，它具有施工简单、维修方便、成本较低的优点，同时它也具有结构强度差、缝隙砂浆不密实、底部脱落、易腐蚀等缺点。通常在高水位地区，井体建成后的一两年就易出现沉降、塌陷，造成路面不平，维修作业面大，综合维护成本高，给车辆通行及市民出行带来很大不便，也给市政管理养护部门造成很多困难。砖砌的污水井极易渗漏严重，会污染地下水资源。现浇钢筋混凝土检查井是使用井筒定型组合钢模板现场浇筑的工艺制作而成的，其结构强度非常大，常见于深井和带压力井，但制作成本较高。预制式检查井有混凝土部件装配式和一体式两种，前者是将整个井体分拆成几大部件在工厂预制好后，再到现场拼装（图 2-22）；后者则是整个井体全部在工厂预制，再运到现场安装。一体式井的材料通常有钢筋混凝土和塑料两种。

塑料一体井（图 2-23）由于具有安装快捷、内壁光滑、重量轻、性能可靠、耐腐蚀、耐老化，且与塑料管道连接方便等优点，被越来越多的城市所接受。其缺点是原材料成本相对较高，国内相关标准规范还不够完善。

一体式井灵活性不够，相比砖砌检查井在现场可根据现场情况接入不同高度、不同角度的排水支管，预制一体井在施工中很难做到。若施工时遇到障碍物需避让或高程进行变

图 2-21　砖砌井

图 2-22　装配式井

图 2-23　塑料一体井

更时，则需要调整设计，工厂需重新生产，工期受到影响。

检查井井盖的材质通常有铸铁、钢筋混凝土、复合材料三种。由于很多城市金属井盖被盗现象严重，行人受伤、车辆受损时有发生，应运而生的就是改用复合材料井盖。复合材料井盖主要以不饱和树脂为主要化工原料，将多种材料复合改性而成，成型后不但强度高，外表美观，而且具有电绝缘性能好，防水、耐老化、耐酸碱、强度高、抗冲击、耐磨、不怕日晒雨淋、抗静电、防盗等特点，是铸铁井盖理想的替代产品。

传统的井盖（图 2-24）直接放置在砌筑的井筒上面，井盖受力大部分都转移到了井筒上，长久的受力不仅会将井筒压坏，还会将受力转移到井筒周围的涂层中，导致路面沉降，而防沉降井盖（图 2-25）与井体的连接方式为承插式，来自井盖上方的载荷通过支座法兰面被分散到道路的结构层，减少井体承受的荷载，降低井盖破损或者井盖下沉的可能性，修建完成后，井盖表面与路面平齐，成为道路的一部分。

图 2-24　传统井盖

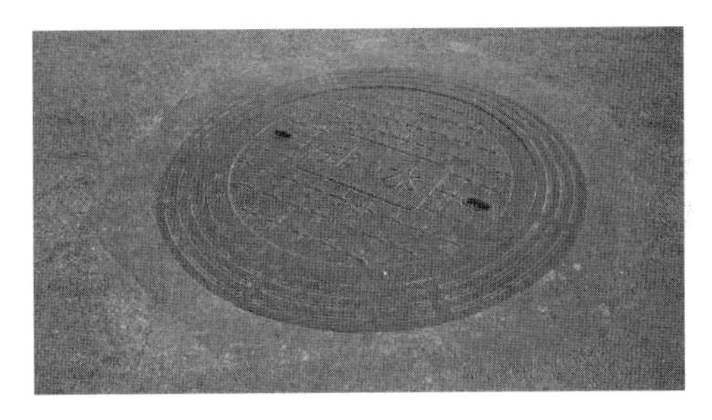

图 2-25　防沉降井盖

通常井盖与井体通过防盗链连接，降低了井盖被移开的可能性。

2.4.2　常见特殊检查井

1. 截流溢流井

截流井都带有溢流功能，一般都叫做截留溢流井，或简称截流井。真正意义上的溢流井可能只是溢流，例如雨水调蓄利用池和入渗系统中，超过调蓄容量的部分可以溢流进入入渗系统，不一定非要通过截流管道排走。截流井是针对污水来定义的，溢流井则是针对雨水定义的。现实中，截流井、溢流井基本指的就是截留溢流井。如图 2-26 所示，目前我国截流井主要有堰式、槽式、槽堰式三种形式，个别还有闸式。

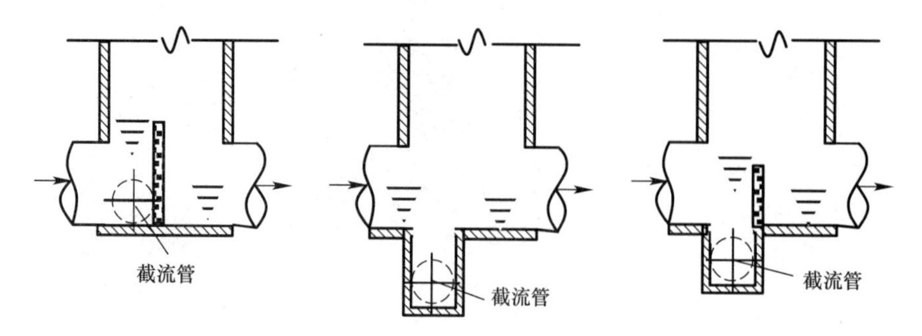

图 2-26　堰式、槽式、槽堰式截流井结构示意图

截流井详细分类见图 2-27。

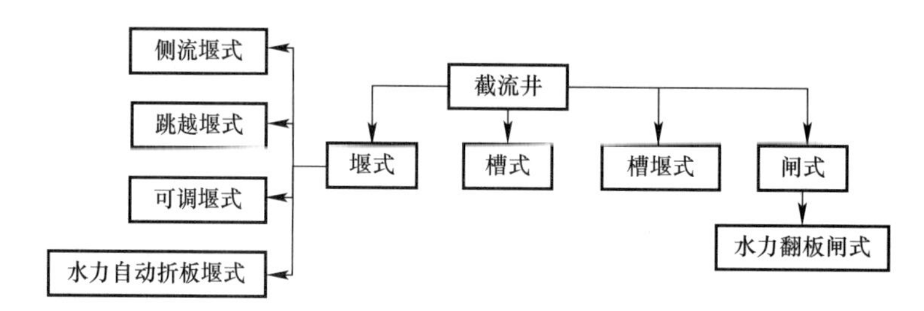

图 2-27　截流井分类

侧流堰式截流井通过堰高控制截流水位，保证旱天最大流量时无溢流和雨天时进入截污管道的流量控制在一定范围内。跳越堰式截流井是一种主要截流形式，它可以保持被截管中的水流流态不变。可调堰式截流井是在堰顶预埋不锈钢板，堰顶高度可根据截污点实际水量进行加高或减低。水力自动折板堰式截流井是用高强度不锈钢板在内外水力的作用下，在旱天或雨天分别呈竖立或平躺状，以此来防止河水倒灌或正常泄洪。

槽式截流井一般只应用在已建的合流管道，它可不用改变下游管道。由于其截流量难以控制，雨天时会有大量雨水进入截流管道，因此，应用受限。

槽堰式截流井具有槽式截流井和堰式截流井的优点，井内不易淤积，截流效果好，在高程允许的条件下，是广泛采用的形式。

水力翻板闸式截流井是利用水力和闸门自重的平衡原理，增设阻尼反馈系统来实现闸门随上游水位升高而逐渐开启泄洪，上游水位下降而逐渐回关蓄水。

近些年在我国一些城市，一体式截流井被推广使用，它包括井体、溢流堰、容腔、进水管和溢流管等部件。一体式截流井可分为无动力截流井、智慧截流井和一体化智慧截流井等种类。无动力截流井是采用单向阀、浮筒阀，无需动力设备，通过旋流阀和浮筒阀实现恒定流量截污功能，同时运用单向阀实现行洪和防倒灌功能。智慧截流井是实现自动控制的截污系统，它采用水泵和闸门截流污水或初期雨水进入污水管网，同时通过单向阀和闸门实现行洪和防倒灌功能。一体化智慧截流井是通过雨量、液位及水质等参数来控制水泵启停，旱天污水通过水泵强排进入污水管网，降雨初期截流污水和初雨进入污水系统，降雨中后期井内水位上升时，雨水经单向阀行洪，外河水位高于井内水位时，单向阀关闭，防止倒灌。

2. 水封井

当生产污水能产生引起爆炸或火灾的气体时，其管道系统中必须设置水封井，水封井位置应设在产生上述污水的排出口处及其干管上每隔适当距离处。水封深度应采用0.25m，井上宜设通风设施，井底应设沉泥槽，其构造和实物见图2-28。

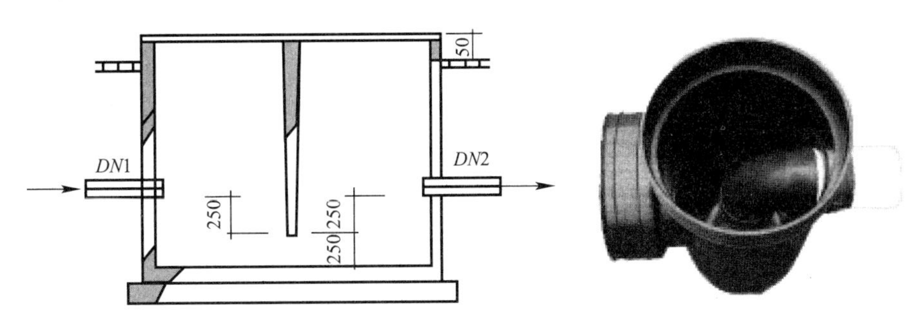

图2-28　水封井剖面图（左）和实物图（右）

水封井以及同一管道系统中的其他检查井，均不应设在车行道和行人众多的地段，并应适当远离产生明火的场地。

我国不少城市居民私自给阳台加装洗衣、餐厨以及洗卫等生活设施，故现行改造措施是将阳台下水改接至污水系统，因此，在阳台地漏（含排水口）和阳台排水管接入室外污水系统前，应采取防臭措施。阳台排水管接入室外污水系统前应先接入室外水封井，水封井水封深度不小于250mm。

3. 换气井

污水中的有机物常在管渠中沉积而厌气发酵，发酵分解产生的甲烷、硫化氢、二氧化碳等气体，在点火条件下与空气混合会爆炸，甚至会引起火灾。为防止此类偶然事故发生，同时也为保证在检修排水管渠时工作人员能较安全地进行操作，有时在街道排水管的检查井上设置通风管，这种设有通风管的检查井称为换气井。

4. 骑管井

骑管井俗称骑马井，通常是指对于顶管施工工艺而使用的一种检查井制作安装方法，在已有管道上加设检查井时，时常也采用这一种施工工艺。正常来讲，排水管和检查井的施工是开挖沟槽，砌筑或安装检查井，敷设管道，几乎同时完成。而骑马井往往是在现有管道上增加上去的，特别在没有规划或没有预留检查井位置的情况下，支管又需要接入时，在接入点新建一骑马井，是不错的选择，但在建设骑马井时，常见将整个井身的荷载赋予管道之上，这种简单粗暴的建设方式是不被允许的，应该遵循检查井的基本结构要求施工。

2.5　雨水口

雨水口是雨水管道或合流管道上收集地面雨水的构筑物，它包括进水篦、井筒和连接管三部分。地面上的雨水经过雨水口和连接管流入检查井。它一般设在交叉路口、路侧边沟的一定距离处以及设有道路边石的低洼地方，以防止雨水漫过道路或造成积水。雨水口的布置是根据汇水面积容量情况以及地形环境，加之道路纵断情况设计进行布置的。道路上的雨水口的间距一般为25～50m（视汇水面积大小而定）。

如图 2-29～图 2-31 所示，雨水口的形式主要分为边沟式（平篦）、侧石式（立篦）和联合式（平、立结合篦）三种。平蓖这种排水口和马路的平石一样高，基本等宽，通过道路的横坡收集雨水。立篦是通过侧石来排水的。平篦水流比较通畅，缺点就是容易被杂物堵塞，影响收水能力；立篦不易被堵塞，但边沟需保持一定水深的水位。联合式雨水口是平篦与立篦的综合形式，适用于路面较宽、有缘石、径流量较集中且有杂物处。

图 2-29　边沟式（平篦）

图 2-30　侧石式（立篦）

图 2-31　联合式（平、立结合篦）

2.6　排水口

如图 2-32 所示，排水口是指向自然水体（江、河、湖、海等）排放或溢流污水、雨水、合流污水的排放设施。排水口是排水管渠的终点设施之一，它通常是排水口、止回装置、管道、检查井、泵站等设施的集成。

图 2-32　排水口

在分流制排水系统中，雨水直排排水口是最为常见的类型，他是向水体直接排放雨水，由于初期雨水水质较差，会给水体带来一定程度的污染。若管网存在雨污混接情形，那么就存在污水直排的恶果。为了快速消除这一现象，近来我国不少城市在直排排水口的基础上进行截流改造，以消除旱天和小流量时的污水直排问题。旱天污水和雨天的混合污水经截流管道输送至污水处理厂，随着雨水径流的增加，当混合污水的流量超过截流干管的输水能力时，就会有部分混合污水通过排水口溢流进入采纳水体。这种经截流改造后的排水口同时也存在较严重风险，即水体水易通过截流设施倒灌进入截流管道，给污水处理厂带来水量和水质的巨大异常，影响其正常运转。

在合流制排水系统中，截流溢流排水口是标准类型，它是在合流管渠末端设置截流设施的排水口，该种排水口存在溢流污染和水体倒灌的问题。一方面由于地下水入渗、截流倍数偏低、排水位置不合理等原因，造成污水直排；另一方面我国不少合流制地区污水处理厂在设计之初就未考虑雨天截流雨污合流水的处理，超过处理能力的截流水在污水处理厂末端仍会排入水体。

管道排水口的位置是根据排水水质、下游用水情况、水体流量、水位变化、波浪因素来确定的，当污水需和水体水流充分混合时，出水口长距离伸入水体分散出水。

止回装置又称单向阀，其作用是阻止江、河、湖、海等地表水流入排水管道，它是合流制系统和截流式分流制系统常见的设施，主要有以下两种类型：

（1）鸭嘴阀：一般是用天然橡胶或者氯丁橡胶，加上人造纤维经过特殊的加工制造而成的，因为外形看起来像是鸭子的嘴巴，前端扁扁的，所以被称为鸭嘴阀。在使用的过程中，当管道内部压力逐渐增加，鸭嘴阀出口处会逐渐扩大张开，管道的介质就会在高速中排出去，当内部没有压力的情况下，鸭嘴阀出口处会在本身材质弹性的作用下，呈现闭合的状态，而外部的介质是不会通过鸭嘴阀出口处进入管道，防止污水倒灌，所以被称为止回阀鸭嘴阀。鸭嘴阀具有价格低廉、安装维修方便、重量轻、体积小和运输方便等优点，但同时也具有容易裂纹、不耐高温、室外阳光和臭氧使其加速老化、运输过程易造成表面损伤等缺点。

鸭嘴阀没有活动部件和机械部件，不耗能，安装方便，运转安静无噪声，仅依靠管道水的压力和背压控制阀门的启闭，开启压力通常不超过 30mm 水柱，在水不是流动的情况下也能自动开启。

鸭嘴阀按照连接方式，一般分为法兰鸭嘴阀（图 2-33）和卡箍式鸭嘴阀（图 2-34）；按照材质，又可以分为天然橡胶鸭嘴阀和氯丁橡胶鸭嘴阀；按照安装位置还可分为外置式和内置式。

图 2-33 法兰式

图 2-34 卡箍式

（2）拍门：是安装在江河边排水管出口的一种单向阀，当江河潮位高于出水管口，且压力大于管内压力时，拍门面板自动关闭，以防江河潮水倒灌进排水管道内。拍门主要由阀座、阀板、水密封圈、铰链四部分构成。形状分为圆形和方形。常见的拍门有浮箱式拍门、平板式拍门和套筒式拍门。

拍门的材质传统上为各种金属制品（图 2-35），现在已经发展为多种复合材料，如玻璃钢、高密度聚乙烯（图 2-36）等。复合材料拍门将是拍门的发展方向，复合材料拍门本身利用了新材料科技的可塑造特点，强度高，密度小，而这正是传统拍门材料的弊端。新材质的拍门重量轻，开启迅速，水头损失小，其价格也具有优势，而且一般无回收价值而使防盗性能好。

图 2-35 金属拍门

图 2-36 复合材料拍门

2.7 排水泵站

排水泵站也是市政排水设施的重要组成部分，主要用于将低水位的水输送到高水位的设施，常见的排水泵站的构成如图 2-37 和图 2-38 所示。根据输送的水的成分不同可以分为雨水泵站、污水泵站与合流泵站三类。

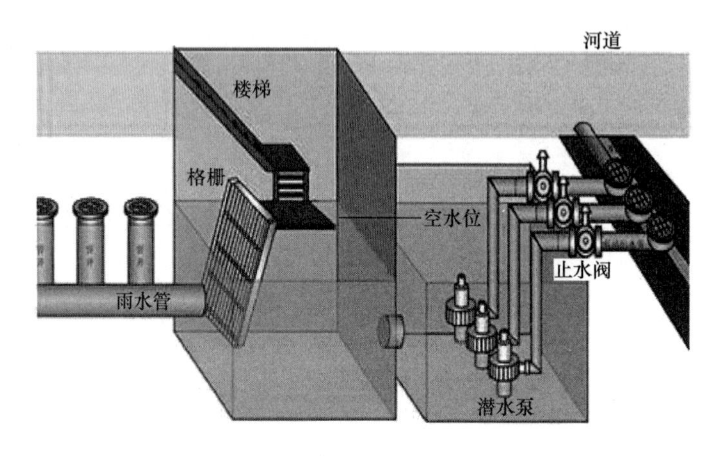

图 2-37　排水泵站

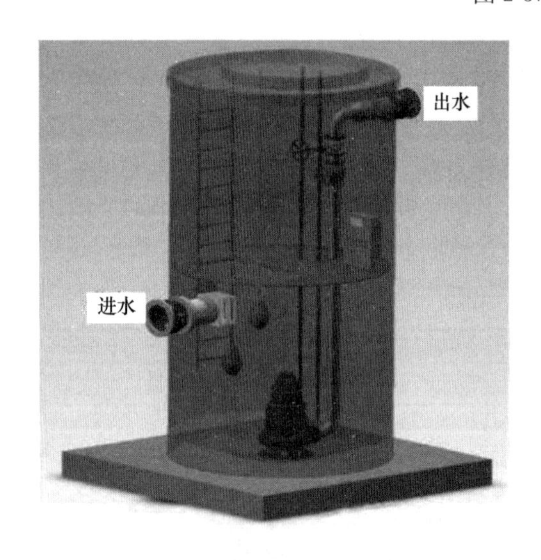

图 2-38　地埋式一体化排水泵站

排水管渠排水主要依靠重力作用将上游的水输送到下游，因此排水管渠在修建的时候都拥有一定的坡度，从地势较高的地方输送到地势较低的地方。当排水管渠到达某个地势较低的区域时，为了保证可以将水输送到规定的地点，就需要在排水系统中不同的位置设置排水泵站。根据泵站的位置又可以将排水泵站分为中途泵站、终点泵站和局部泵站。其中，中途泵站是将上游来水提升到下游管道中；终点泵站则是位于排水管渠的终点位置，作用是将废水排入水体或者送入污水处理厂；局部泵站则是将局部区域内的水提升并送到排水主干管道中。在实际的使用过程中，中途泵站和终点泵站的使用最为广泛。

排水泵站由泵站建筑、进出水设施和排水设备等构件组成，排水设备包含各种类型的水泵、电动机、管道设施、电器设施以及起重吊装设备。排水设备中最关键的是各种排水泵。排水泵站的基本工艺流程如图 2-39 所示，来水首先进入交汇井，然后通过进水闸门进入格栅，过滤掉来水中的各种固体物质，然后进入集水池，通过泵站将集水池中的水输送到出水池中，最终进入受纳水体或下游管道中。

常见的几种泵站的特点如下：

（1）污水泵站：其特点是连续进水，水量较小，但变化幅度大；水中污染物含量多，

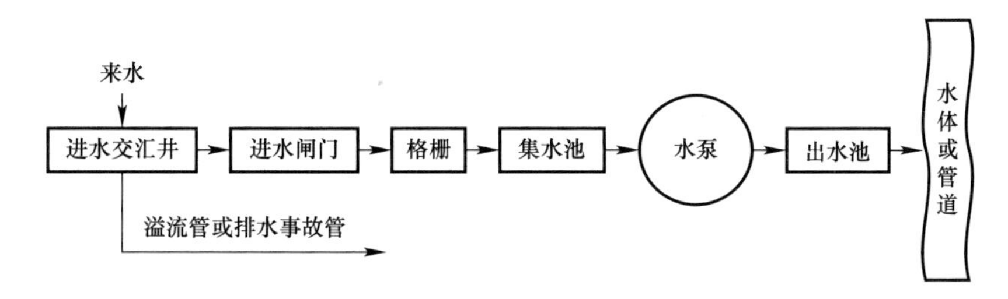

图 2-39　排水泵站的基本工艺流程图

对周围环境的污染影响大；

（2）雨水泵站：其特点是汛期运行，洪峰水量大，泵站规模大，雨水能否及时排水的社会影响大；

（3）污泥泵站：其特点是提升的介质为黏稠度比污水大的污泥，需要配备污泥泵；

（4）潜水泵站：使用潜水泵长期浸入雨水清水或雨污水池中，实现水流输送功能。

思考题和习题

1. 总干管、干管、支（连管）、户线管分别是指什么？

2. 小型管、中型管、大型管和特大型管所指的管径范围分别是多少？

3. 一套完善的截污系统一般由哪些部件组成？各部件起什么作用？

4. 试述截流管和溢流管的含义以及它们的区别。

5. 阐述合流制和分流制下的截流管各自的功能。其主要区别有哪些？

6. 塑料管有质量轻、内壁光滑和耐腐蚀等优点，为什么在我国塑料管出现结构性缺陷较多？如何改善这一现状？

7. 截流井通常出现在哪些位置？简要回答堰式、槽式和槽堰式截流井各自的特点。

8. 检查井的组成部件有哪些？

9. 止回装置的作用是什么？它一般有哪几种类型？

10. 雨水口有哪几种形式？其各自的优缺点有哪些？

第2篇　养护作业

第3章 管道疏通清洗

在全部流程的排水管道养护作业体系中，管道疏通清洗是核心任务。随着我国社会进步和服务能力的不断增强，其方法也在不断地探索和改进，从传统的全靠人工疏通清捞到现在借助各种机械设备，从发生冒溢堵塞时的应急清通到科学的预防性养护，从盲目的日常管道养护作业到基于信息化的系统作业管理，不断出现一些新技术和新机制。

3.1 疏通清洗方法

疏通是指人为主动式利用机具或其他方法去除淤塞，疏导水流，使水流畅通。清洗工作通常和疏通工作同时进行，它是指在疏通的基础上，洗去管壁上的黏附污垢，恢复管道应有的过水断面。

疏通清洗所要面临的管道工况千变万化，主要有干式、半湿式和湿式三大类型。干式是指管道内几乎或完全处于干燥环境，淤积物含水率低；半湿式是指淤泥物含水率较高，但管中几乎无明显水流；湿式则是指管中明显带水，且淤积物完全处在水下。在掌握管道工况的基础上，结合管道规格和属性，选择相适应的作业方法（表3-1）。

疏通清洗方法适用范围参照表 **表3-1**

类别	疏通方法	小型管	中型管	大型管	特大型管	倒虹管	明沟渠	暗沟渠
人力疏通	人工铲挖	—	—	√	√	—	√	√大型
	推杆疏通	√	—	—	—	—	—	√小型
简单器具疏通	转杆疏通	√	—	—	—	—	—	√小型
	绞车疏通	√	√	√	—	—	—	√小、中型
机器疏通清洗	射水疏通机	√	—	—	—	—	—	√小型
	射水疏通车	√	√	√	—	√	—	√小、中型
	切割机器人	√	√	—	—	—	—	√小、中型
	液压顶推	√	√	—	—	—	—	√小、中型
	清淤机器人	—	—	√	√	—	√	√大、特大型
水力疏通清洗	虹吸式冲洗	√	√	√	—	—	—	√小、中型
	拦蓄式冲洗	√	√	√	—	—	—	√小、中型
	水力疏通球	√	—	—	—	—	—	—

通常将作业方法分为人力疏通、简单器具疏通、机器疏通清洗和水力疏通清洗四类，每种作业方法的适用效果与管道实际运行状况有关，如射水疏通清洗在无水情形下，作业效率高，清通效果也较好，当管中水充盈时，其效率和效果都要大打折扣。通常在疏通作业前，应优先采取降低水位、暴露淤积物和开放操作空间等改变工况的措施，让其以最佳

状态来满足疏通清洗方法的实施。

3.1.1 人力疏通

1. 人工铲挖

当淤塞体能触及时，在做好安全措施的前提下，管道养护工人利用锹、铲、锄、钎、桶等工具直接清除堵塞物。它具有成本低、见效快、效率高（与间接方式相比）的特点，目前在我国普遍采用，如雨水口、排水口的清理，以及大型或特大型管道的下井清淤等。

人工铲挖作业时，通常须关注人身安全和健康以及作业面环境保护（详见第 13 章），要以人为本，尽量以机器替代人力。

2. 推杆疏通

推杆疏通（push rod cleaning）就是养护工人将竹片、钢条等工具推入管道内清除堵塞的疏通方法，其为最传统的排水管道养护方法，目前仍为国内小型管道的疏通方式之一。由于排水管道检查井位置空间较小，因此对推杆疏通的工具也存在很大的限制，目前推杆疏通的主要工具为钢条（图 3-1）和竹片（图 3-2），国内使用较多的还是竹片，一般选择刨平竹心的青竹，截面尺寸通常不小于 4cm×1cm，每段长度不小于 3m，两段连接处锯成凹槽，相互叠加后用铁丝捆绑扎紧。

图 3-1 通沟钢带

图 3-2 通沟竹片

竹片疏通的施工方法是人工在井内由一个检查井向另一个检查井推竹片，进而将管道内部的垃圾通过竹片的作用推至另一端检查井内，如此反复推拽，最终达到管道疏通养护的目的。竹片与竹片之间使用铁丝捆绑连接，操作时不得脱节。推竹片和拔竹片时，竹片尾部须由专人看护，同时注意提醒过往的车辆和行人。虽然此种方法效率低下，且仅适用于小型排水管道，由于其成本较低且技术含量不高，目前在国内排水管道养护中仍较多地在使用，但随着排水管道机械化养护的程度提高，竹片疏通方式将逐步被替代。

疏通钢条（钢带）是一种替代传统毛竹片的工具，钢带既有弹性，又有硬度。钢带有两头，一头是疏通下水道用的锥形冲头，中间是移动把手（夹板），另一头是球形滚轮把手。钢带一般宽度为 3～4cm，长度为 10～35m，厚度为 2.5mm。常见钢带材料为六五锰（65Mn），适用于 100～400mm 排水管道疏通。使用时，先将钢条放在地上，将钢条全部放开，放开过程中不能进行疏通作业，然后用左手轻捏活动把手，再用右手将带有冲头一端的钢条慢慢送入需要疏通的管道内。当手感有阻力，钢条难以推进时，左手紧握活动把手，左右手同时往复用力，凿掉堵塞物。用完后，要擦干钢条，防止生锈，延长使用寿命。

推杆方法除了疏通外，还有穿绳或引钢索的作用，即将绳索从一个检查井引到另一个检查井，在排水管道声呐检测和绞车疏通时常会用到。

3.1.2 简易器具疏通

1. 转杆疏通

转杆疏通（swivel rod cleaning）是采用旋转疏通杆的方式来清除管道堵塞的疏通方法，又称为软轴疏通或弹簧疏通，它是推杆疏通技术的进一步演化，其按照动力方式不同又可分为手动式、电动式（图 3-3）和内燃机式三种。目前国内生产的主要为手动式和电动式两种。

转杆疏通主要用于小型管道的疏通，其施工过程为人立于管道一端，将疏通头(图 3-4)放入管道内，然后采用人工或机械作用使疏通头进入管道内进行疏通作业，进而将管道内部垃圾与淤泥清理至另一端检查井内。转杆疏通的疏通头根据管道内淤积状况不同可进行自由更换，可有效清除管道内的垃圾和杂物。转杆疏通的作业流程如下：

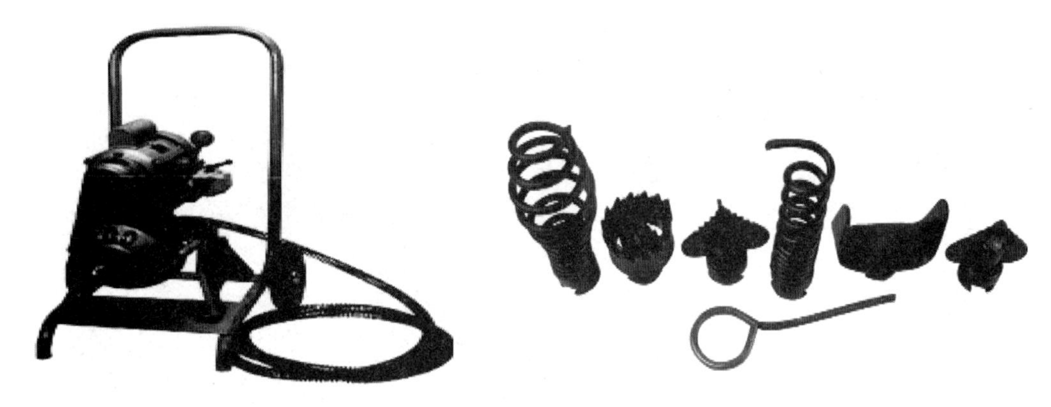

图 3-3 转杆疏通机　　图 3-4 疏通头

（1）将疏通机顺管道的走向摆入，距井口 2～3m 处安装好支架与护管；

（2）用软轴 3～4 节（一节 2m）连接在一起，装上钻头，放入护管内，送入将要疏通的管道内约 1m，另一端与疏通机的推杆连接；

（3）开启电源，启动高压泵指示灯亮，调制所需压力，再扳下清理机开关，使钻机按顺时针方向旋转；

（4）待运转正常后，缓缓摇动进退手轮，使其前进，根据手感可判断堵塞程度，酌情推进速度；

（5）当推杆行程至终端时，钻机在原处继续运转片刻停机，此时，如有反转现象应立即启动钻机，向后退出推杆，再向前反复推进和退出，直至无反转现象；

（6）钻机钻至一节软轴后，用管钳卡住接头，扳动清理机开关，使其反转（逆时针）卸下接头，将推杆退至原处，接上另一根软轴逐节向前疏通。如此反复，直至疏通至另一端管口。此时可由另一端管口内将清理出的垃圾捞出外运。

转杆疏通根据其堵塞物不同，相应地配备了各种疏通头，以提高疏通效果和效率。

推杆疏通和转杆疏通具有同一个特点，就是人必须在管口进行施工，但排水管网由于一直保持通水运行，因此转杆疏通和推杆疏通若要进行养护施工，必须对管道进行封堵抽水等相关工作后，才能进行疏通工作，同时由于井下存在许多有毒有害气体，人工井下疏通施工存在一定的安全隐患。目前在国内一些大中型城市中，推杆疏通和转杆疏通已逐渐为高压射水疏通所取代。

2. 绞车疏通

手摇绞车疏通（winch bucket cleaning）在我国可能已经有上百年历史了，目前仍旧是许多城市排水管道的主要疏通方法，其主要设备包括绞车、钢索、滑轮架和通沟牛（图 3-5）。绞车（图 3-6）由齿轮组和摇臂等构成，它利用杠杆原理，通过养护人员摇动手臂来驱动钢索的移动。为了节省人的劳动强度，后又出现了机动绞车（图 3-7），即在手摇绞车的基础上增加了柴油机或电动机等动力设备，以及相配套的变速箱。滑轮架由支架和滑轮组构成，它的作用是避免钢索与管口、井口直接摩擦。通沟牛是俗称，又称铁牛、橡皮牛和刮泥器，它有筒式、铲形、盘式和链式等形状（图 3-8），可根据管道内堵塞淤泥的不同或疏通进度的变化，采用不同的通沟牛进行疏通作业，增加疏通效率。通沟牛的作用是把污泥等沉积物垃圾从管内拉出来。

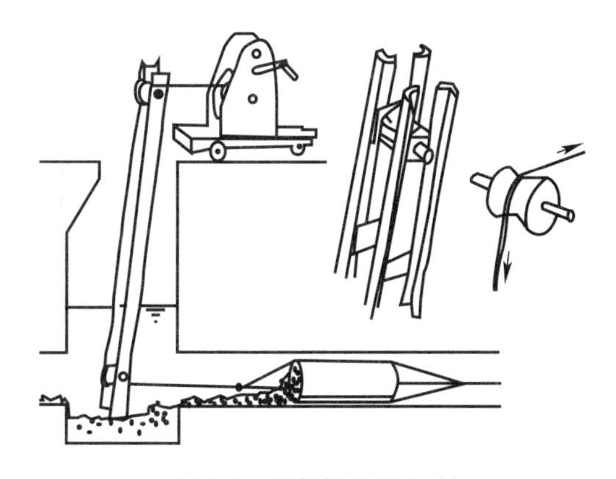

图 3-5　滑轮架和通沟牛

图 3-6　手摇绞车

图 3-7　机动绞车

通常使用钢丝绳连接通沟牛和绞车，钢丝绳选用的规格可参见表 3-2。

疏通排水管道用钢丝绳规格 **表 3-2**

疏通方法	管径（mm）	直径（mm）	允许拉力（kN）（kbf）	100m 重量（kg）
手摇绞车	150～300 550～800	9.3	44.23～63.13 (4510～6444)	30.5
	850～1000	11.0	60.20～86.00 (6139～8770)	41.4
	1050～1200	12.5	78.62～112.33 (8017～11454)	54.1
机动绞车	150～300 550～800	11.0	60.20～86.00 (6139～8770)	41.4
	850～1000	12.5	78.62～112.33 (8017～11454)	54.1
	1050～1200	14.0	99.52～142.08 (10148～14498)	68.5
	1250～1500	15.5	122.86～175.52 (12528～17898)	84.6

绞车疏通的工作流程包括以下四个过程：

（1）穿绳：由于通沟牛需要牵引作业，因此在施工前可采用竹片或高压射水车在管道内预穿入一段钢丝绳；

（2）架设绞车：如图 3-9 所示，在疏通管段的两端分别架设一辆绞车。通过钢丝绳将两辆绞车与放入管道内的通沟牛相连，通沟牛根据管道堵塞物的性质和管径选择合适的种类和型号，筒式通常用于淤泥和砂石类阻塞物，盘式常用于管壁结垢和油脂，链式几乎都用于硬性淤塞的清理，如水泥砂浆和树根等。使用盘式通沟牛时，所选用通沟牛直径通常比实际管径小 5cm 左右；

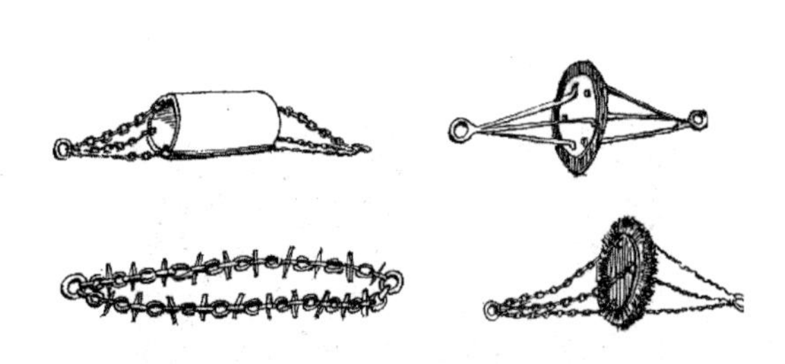
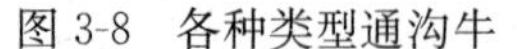

图 3-8　各种类型通沟牛

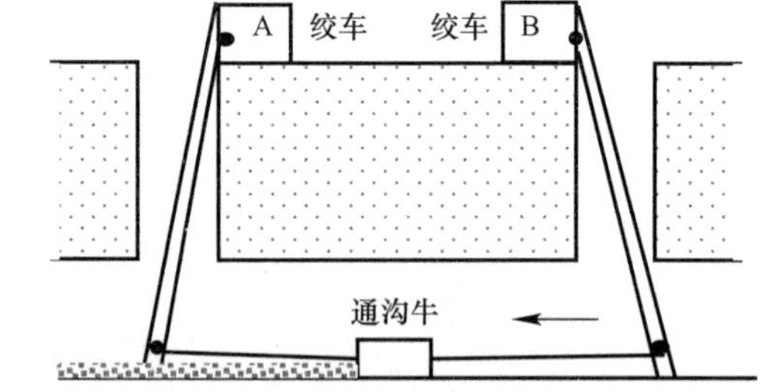

图 3-9　绞车疏通示意图

（3）绞车疏通：两端启动绞车来回拖动通沟牛，将管道内的淤泥和垃圾清理至管道内，同时根据管道内的堵塞物不同可更换通沟牛种类或型号，以达到最佳的疏通效果；

（4）淤泥清捞：可使用吸泥车、人工或潜水清捞方式将疏通至管道内的淤泥和垃圾清捞至路面外运。

相对于射水疏通，绞车疏通的效率相对较低，施工过程也比较烦琐，但对于一些存在硬质沉积的管道或一些射水疏通车无法进入的施工场所，绞车疏通仍旧是重要的疏通方法之一。

3.1.3 机器疏通清洗

机器疏通清洗通常有两类，一类是利用水泵泵出的高压水流清洗疏通（jet cleaning），如图 3-10 所示，它具有疏通和清洗两种功能，通常有高压射水疏通清洗机和高压射水疏通清洗车两种，前者是指高压射水装置自成体系，与承载运输工具分离，可独立作业，后者则是指高压射水系统与汽车底盘融合改装的专用车辆；另一类是利用液压机械顶推或切割阻塞物，它通常只具有疏通功能。近些年国内一些企业发明了一种将铲挖与抽吸功能集一身的清淤机器人，已开始在部分城市使用，当前还处在不断更新换代中。

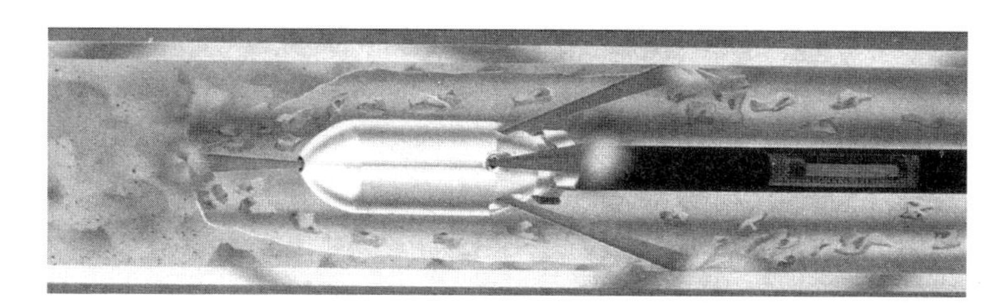

图 3-10 高压射水疏通清洗原理示意图

1. 高压射水疏通清洗机

射水疏通清洗方法在 20 世纪后半叶始于欧美等发达国家，近年来在我国逐步兴起，其通过高压射水作用将管道内的淤积和垃圾清冲至检查井内，再通过吸污车、抓泥车或人工清捞等设备措施，让淤泥和垃圾移至地面，并将其合理合法处理，从而达到清洗疏通管道的目的。射水疏通由于其效率高、效果好和环境友好，近些年来已在国内许多城市普遍使用。

如图 3-11 所示，疏通机主要由燃油发动机、高压泵、高压水管、控制箱以及水箱组成。由于设备自带的燃油发动机提供动力，故具有可移动、体积小等特点，无需外部车辆提供动力。喷头的类型（图 3-12）可以根据管道规格和管道内的状况进行选择，不同的喷头可以实现不同的功能。

图 3-11 高压射水疏通机

图 3-12 疏通清洗射水头

疏通机的工作原理比较简单，一体化发动机通过三角带驱动高压泵，水箱中的水通过滤水器进入高压泵内增压形成高压水，然后通过连接在卷盘上的高压水管喷出，水管末端连接上不同型号的喷头，实现对不同场景清洗的要求，同时，水的压力可以根据不同工况进行调节。

使用疏通机进行疏通施工前，检查发动机燃油、润滑油、液压油以及高压泵中的润滑油是否满足说明书的要求；检查滤水器是否清洁干净；高压水路上的开关是否处于关闭状态。有加热功能的进水水温应控制在60℃以内。

疏通时，打开水路压力控制阀的调整旋钮，并使之处于最低状态；将射水喷头连接到高压水管上；启动发动机使设备开始工作；缓慢释放高压水管，使喷头缓慢进入管道中；打开水路阀门，将水路压力调节旋钮调整到最大；点击控制器上的“开始”按钮开始疏通，高压水管缓慢进入管道中开始移动往复疏通清洗。

当管道疏通完成后，持续疏通一段时间，然后缓慢回收高压水管。点击关闭按钮，停止高压水管出水，将高压水管固定在滚筒上，疏通作业完成。

施工时一定要确保喷水的喷头不能离开管道，以避免施工人员受伤。

由于受发动机动力、水泵流量（通常小于120L/min）、压力（通常小于200bar）、水箱容积（通常800L左右）和管道长度（80m）的限制，疏通机一般适合于管径600mm以内的管道疏通作业。

2. 高压射水疏通清洗车

高压射水疏通清洗车在我国产品公告目录中称为清洗车，与疏通清洗机不同，它是将疏通清洗功能与机动功能融为一体，通常工作压力和流量更大，利用底盘动力，节能环保，结构紧凑，水箱有效容积一般可达到10000L以上。清洗机通常需货车运输，受制于城市交通法规的限行，而清洗车属于国家法定的城市市政设施维护专项作业车，可在城市任何道路通行。我国的清洗车必须由具有专用汽车生产资质的企业制造。

高压疏通清洗车的工作原理是通过取力器将汽车发动机的动力取出，通过传动系统将动力传递给高压水泵及液压系统。水箱中的水经过高压水泵加压，通过连接在高压水管上射水喷头，使水流形成高压喷出，达到疏通、清洗、切割树根及硬质浆块等目的，同时，高速的、不同方向的高压水流给喷头提供前进、旋转的动力。通过液压系统驱动高压胶管转盘往复收放，将淤泥、垃圾拽拉至检查井，完成排水管道的清洗和疏通。其工作的原理如图3-13所示。高压疏通清洗车工作时，流量一般为100～500L/min，水压一般不超过250bar。

图3-13　高压疏通清洗示意图

如图 3-14 所示，清洗车采用二类汽车底盘改装而成，它由汽车底盘、动力传动系统、水路系统、液压系统、保护系统和操作控制系统等组成。清洗车的动力传动系统包括取力器、传动轴、皮带轮等。取力器通常采用夹心取力或断轴取力两种方式。水路系统主要由水箱、高压水泵、高压三通阀或气动调压阀、高压水管、喷头等部分组成。液压系统由液压油箱、液压泵、安全阀、换向阀、液压马达及液压管路组成。保护系统通常包括滤水器、安全阀、低水位报警及回水自动转换装置等部件。操作控制系统一般分为手动控制、电动开关控制和计算机自动控制（简称总线控制）三种。手动控制是指全手动操作，主要由各种手动阀门组成；电动开关控制是通过开关按钮控制动作，主要包括开关按钮、气动元器件、电动元器件等；总线控制是通过计算机编程，实现对各种动作逻辑控制，并能对整机设备的预警和保护，它主要由总线控制器、触摸显示屏、各种传感器和遥控器等部件组成。

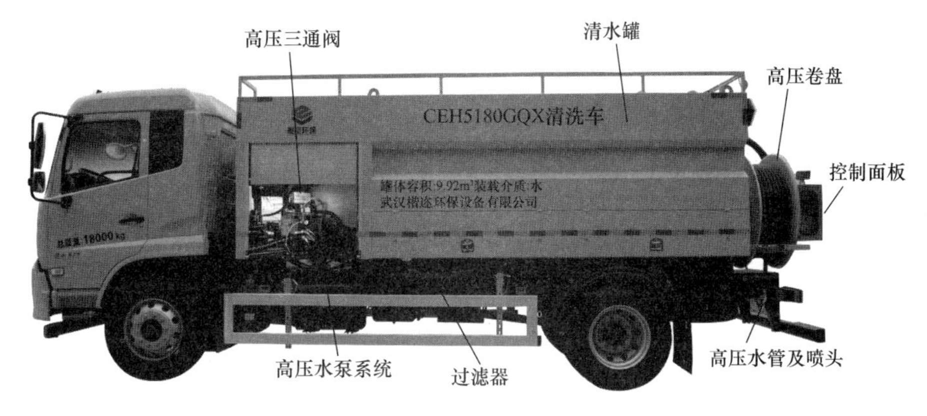

图 3-14　高压清洗车构成

清洗疏通的工作流程要遵循说明书进行，通常是先将高压射水喷头放入管口的安全距离后，开启电源和出水管放管控制按钮，依靠高压射水作用使得高压射水喷头向前行走，在其前行一定距离后，然后操作人员通过操纵高压射水管的收放使射水喷头往复移动清洗疏通，在完成清洗疏通的同时，又可使管内淤泥或垃圾在反方向高压水的推送作用下，逐步清理至检查井内，这样反复操作，直至管道内基本清洗干净。高压射水疏通作业最好在排水管道内无水或少水状态下进行，由于没有管道充盈水的阻力，效果更好，故应在条件许可的情况下，先进行封堵抽水后再进行。

对于高压疏通过程实施来说，水箱、高压水泵、高压水管、射水喷头协同配合才能达到最好的清洗效果。高压清洗车作为一种特殊的工程车辆，国家对于这类车辆的规格和吨位都有严格的规定，因此水箱体积只能控制在一定的数值范围内。高压水泵是清洗车最主要的功能性部件，不同的泵决定疏通时水的流量以及最终从喷头中喷射出水的压力。泵和水箱两者共同决定了清洗疏通可以完成的范围和持续作业时间，通常清洗车对管径小于 1500mm 的管道比较有效，冲洗的持续时间对于各种车型有差异，取决于水箱大小和喷头的类型。高压水管的长度可以决定射水喷头可到达的距离，目前常用的高压水管的长度在 60～150m 之间，这就意味着最长一次性可以疏通清洗 150m 长的管道，某些具有特殊需求的高压水管长度可以达到 800m。

喷头是高压射水的出水重要部件，扩散角度决定了喷头的使用范围（图 3-15），当喷

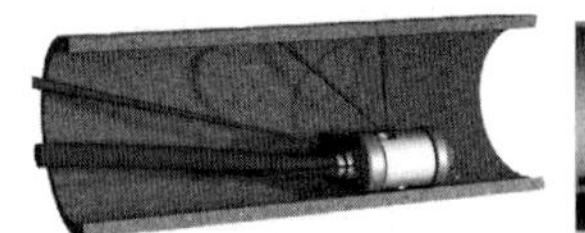

图 3-15　喷头喷射范围示意图

头与轴线形成的扩展角度为 15°时，高压水能量中的 97%转移到高压水管的拉伸移动上，剩余的 3%用来分解管道中的固体物质，这种类型的喷头适合于软的沉积物，例如松软的淤泥和细沙等。当扩展角度为 30°～45°时，可以保证有足够大的水流冲击力，同时又可以使高压水管缓慢移动，将固体颗粒运输到检查井中。除了扩展角度，喷头内喷嘴的孔径和数量也对最终的疏通清洗效果产生非常大的影响。从表 3-3 可以看出，少量大孔喷嘴可以得到较大的拉伸强度，但交叉区域面积较小；反之，大量小孔喷嘴喷射后形成的交叉区域较大，但拉伸强度较小。拉伸强度的大小可以反映出高压水管在移动时携带的固体颗粒的能力，交叉区域的面积则可以反映出喷嘴在单位面积上的清洗能力，不同喷嘴的交叉面积越大，清洗疏通的效果就越好。

喷嘴数量直径对喷头效果的影响　　**表 3-3**

喷嘴数量（个）	喷嘴直径（mm）	交叉区域面积（mm^2）	拉伸强度（N）
10	2.8	61.54	4200
6	3.5	57.70	6300

管道疏通清洗所面临的管道内部情况千差万别，管道内部除了常见的淤泥垃圾外，还有板固结垢、水泥浆块、墙体以及树根等阻塞物，这些都需要采取特殊的喷头来进行疏通清除（具体详见第 7 章）。

3. 切割机器人疏通

管道切割机器人（图 3-16）也称为管道修复切割机器人，它是一款智能管道修复设备，其具有超强气动切割能力，高精度摇杆精确控制，爬行到 200～800mm 的管道内进行切割打磨工作，将管道内的混凝土、钢筋、塑料、树根等各种管道堵塞物打磨清除，以达到管道畅通无阻。它能在各种苛刻的环境下工作，能解决管道检测、清淤、修复等严重问题，特别是管道内长期所累积的管壁结垢、树根和水泥注浆块堵塞。

图 3-16　切割机器人

切割机器人通常由下列单元组成：

（1）气动马达：功率强劲，可切割 C60 以上水泥混凝土，转速可达 9000rpm；

（2）气动压轨：一键控制，避免切削打磨中车体侧翻，具有很好的稳定性和牵引力；

（3）自清洁彩色摄像单元：独特的卤素灯照明系统，拍摄图像清晰，雨刷片自动清洁摄像头；

（4）高自由度机械臂：机械臂轴向旋转 400°，径向旋转 90°，气动马达可再次旋转 90°；

（5）磨削头组件：磨削合金刀头采取燕尾槽结构设计，可自由更换每块刀头部件。磨菇状合金刀头、环形钢刷、合金锯片可以任意搭配，适应各种复杂工况。磨削头与风镐部件自由组合搭配，快速更换磨削头，大大提升管道疏通能力。

切割机器人的车体为不锈钢一体化加工成型，集气路、水路、润滑油路、控制电路于一体，一般具有 IP68 防护等级，且能自动检测识别内部密闭度。

4. 液压顶杆疏通

液压顶杆疏通是利用非开挖顶管设备来处理管道内坚硬堵塞物的一种方法，即利用液压千斤顶，牵拉专用刀头来破损掉阻塞物。它还可以根据管道结构情况，同时实现短管顶入法的内衬修复。其基本原理是在堵塞的管道内部依靠液压千斤顶将导向钢管从起始检查井顶推到接收检查井，在顶推的过程中连接增加钢管，到达接收检查井后，将定制刀头或者钻头连接到导向钢管上，刀头或者钻头尺寸略小于管道内径，在接收检查井中使用千斤顶将导向钢管顶推回起始检查井，同时起始检查井中液压千斤顶向回拉动导向钢管，在两端检查井（图 3-17）的牵拉和顶推作用下，刀头和钻头切割管道底部的混凝土结块，实现对管道的疏通处理。

图 3-17　液压顶杆疏通工作现场井

5. 清淤机器人

水下清淤机器人是通过将绞吸机搭载于履带式行走机构上面，实现绞吸机自行走和精确清淤的目的。由于采用有线操作盘控制设备的工作状态，可实现安全施工的目的，在一些大型设备以及人员不方便进入的施工现场，可以高效施工。清淤机器人还配备了耙吸螺旋装置，可根据底泥的实际板结程度，选配带刀齿的螺旋装置，清淤机器人的泥泵具有很强的抽吸能力，可以达到 $110m^3/h$。

清淤机器人一般用于大型箱涵清淤，先要通过箱涵的开口，将清淤机器人放入，操作人员通过控制箱控制清淤机器人行走，通过机器人前端的液压铲斗绞龙对泥浆进行搅拌破碎，渣浆泵把淤泥集中到吸污口，通过铲斗、吸污口和渣浆泵的过滤装置对泥浆进行多级过滤筛除，把直径小于 25mm 的颗粒分离出来，通过液压增压泵将分离后的淤泥吸入泥浆管，并送至地面水泥罐车进行输送处理。

水下清淤机器人多种多样（图 3-18），其一般包括下列部件和功能：

（1）耐冲击铲斗绞龙：铲斗将淤泥集中到铲斗内，绞龙对淤泥进行搅拌破碎，具有良好的耐冲击性，能对淤泥快速有效地处理；

(2) 高效率渣浆泵：功率 15.5kW，扬程 25m，水平传输距离 150m，流量 100m^3/h，泵送最大颗粒直径 25mm，高效节能；

(3) 全液压驱动：全液压驱动力大，驱动刚度大、精度高、响应快；调速范围宽，速度控制方式多样；易于实现安全保护，使用寿命长；

(4) 全方位观测：采用 4 个 200W 像素专业水下摄像机，观测范围广，多方位观测；同时装配 4 个 50W 高亮 LED 水下照明灯，能清晰有效地观测到机器人的工作周围的情况，有效辅助决策；

(5) 全自动卷缆机：采用全自动卷缆机，运行稳定，性能可靠，提高了劳动效率，减轻了工人劳动强度，实用性强，同时解决了电缆摆放混乱问题，提高了工作场地利用率，改善了作业环境，便于使用和管理。

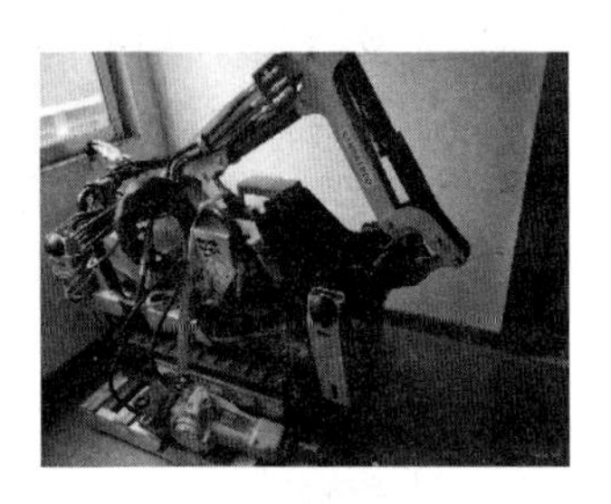

图 3-18 各种清淤机器人

3.1.4 水力疏通清洗

水力疏通 (hydraulic cleaning) 即采用提高管渠上下游水位差，加大流速来疏通清洗管渠的一种方法。人为加大的流速流量必须超过管道的设计流速和流量，能够起到移动管道内部的淤泥和砂石等堵塞物才有实际意义。表 3-4 为各种砂砾产生移动的最小流速表。水力疏通是排水管道疏通方法中最合理、最经济、速度最快、质量最好的一种，但由于目前国内多数城市排水管道达不到 0.7m/s 左右的自清流速，因此排水管道的水力疏通无法有效地进行，除临近泵站的部分管道外，其余大部分管道无法进行水力疏通。但在德国等一些发达国家，排水管道的水力疏通应用是比较广泛的。

各种砂砾产生移动的最小流速表 **表 3-4**

砂砾情况	产生移动最小流速 (m/s)	砂砾情况	产生移动最小流速 (m/s)
粉砂	0.07	粗砂 (<5mm)	0.7
细砂	0.2	砾石 (10～30mm)	0.9
中砂	0.3		

水力疏通按照提高水位差的方式不同可分为三种：第一种做法是调整泵站运行方式，即在某些时段减少开车以抬高管道水位，然后突然加大泵站抽水量，造成短时间的水头差。这种方法最方便、最省钱，但是需要一个前提条件，即泵站和管网属于同一个单位管理运行，否则泵站很难配合做水力疏通；第二种做法是在管道中安装固定装置，通过开关装置，调整流速来达到疏通管道的目的；第三种做法是在管道内放入水力疏通球，水流经过浮球时过水断面缩小，流速加大，此时的局部大流速足以将管道彻底冲洗干净。

1. 虹吸式自冲洗装置

利用虹吸式自冲洗装置对管道进行冲洗，不依赖于大流量的暴雨雨水，大流量的暴雨雨水对管道进行冲洗时，往往造成受纳水体的严重污染或污水处理厂的超负荷运转。虹吸自冲洗装置利用虹吸原理，用频繁的小流量雨水对管道进行冲洗，即使在非常低的流量下（一般虹吸管流量在 3～5L/s 以下时就不能运行）也能够进行有效冲洗。利用虹吸自冲洗装置，平时就对管道进行频繁的冲洗，可以均化污水处理厂的进水负荷，暴雨初期的污染物负荷也显著降低。如果遇到较长的旱季时，还可以通过罐车向该装置中注水对管道进行冲洗。虹吸自冲洗装置对管道的冲洗是一个自动进行的过程，可以有效地避免管道中的气味污染。

如图 3-19 所示，虹吸自冲洗装置的主要构件为一虹吸管，其体积小、结构简单、运行可靠，无需外动力和任何控制技术。排水弯管固定之后，将虹吸自冲洗装置插入后即可使用。虹吸自冲洗装置可安装于新建排水井、竖井，以及所有管网管段的初始和末端位置等，可以不需新建冲洗水池。此外，虹吸自冲洗装置还可以用于小型污水处理厂的配水井。其安装位置如图 3-20 所示。

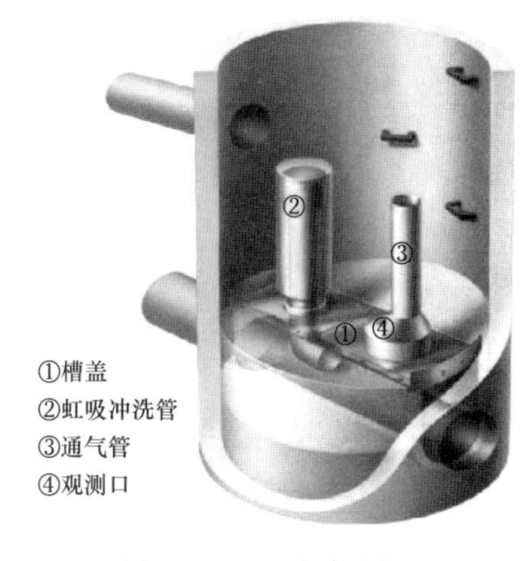

图 3-19　虹吸自冲洗装置

2. 拦蓄式冲洗门

如图 3-21 所示，拦蓄式冲洗门可以连续、自动地对污水管道进行冲洗，目前主要用于 DN400mm～DN1200mm 的污水管道，冲洗过程不需要外动力。

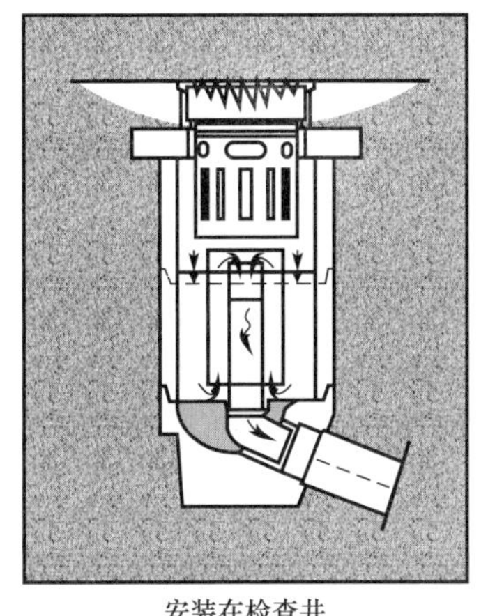

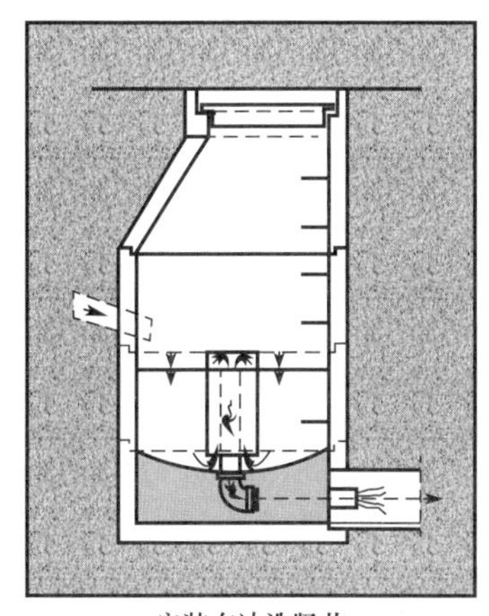

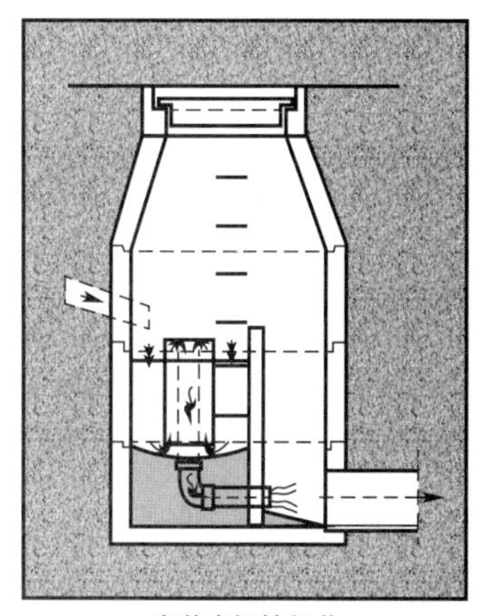

图 3-20　虹吸自冲洗装置安装示意图

此外，拦蓄冲洗门还可以对管道进行预防性冲洗，也就是说即使在旱季时也能连续对管道进行冲洗，因此有效防止了污染物在管道中的沉积。井室下游的管道由拦蓄水以席卷流的方式对管道沉积物进行冲洗，上游沉积物由拦蓄水水位突然下降时产生的席卷流挟入下游管道。拦蓄冲洗门利用管道自身的蓄水容量，通过拦蓄水对管道进行冲洗，结构简单，安装便捷，可以在现有污水管道中进行改造。拦蓄冲洗门可以降低排放污染物负荷，均化污水处理厂进水水质，延长污水管道的使用寿命，降低气味污染，减少管道冲洗的成本。当旱季时，如果利用管道自冲洗装置可以有效地防止管道中污染物的沉积，则可以降低或取消处理管道沉积物的额外费用。如图 3-22 所示，其工作流程如下：

图 3-21　拦蓄冲洗门

（1）拦蓄：执行机构位于进水横截面之上，安装固定于排水管道进水口的顶部，外部有一个金属保护壳。利用拦蓄门对管道水流进行拦蓄。拦蓄过程中，高抗腐蚀性不锈钢材料制成的铅封与拦蓄门保持严密闭合，防止了拦蓄水的渗漏。装置集成有浮球水位控制阀，当浮球水位控制阀随水位下落至设计位置时，通过触发执行机构带动拦蓄门关闭，开始蓄水过程；

（2）蓄水：管道水流在拦蓄门的上游进行蓄积。需要拦蓄的污水容量是根据被冲洗管道的参数和储水区管道参数共同决定的。浮球水位控制阀随着水位上升而逐渐上升，在到达设计开启水位之前，拦蓄门始终保持关闭状态；

（3）管道冲洗：当浮球水位控制阀上升至设计水位时，触发执行机构中的驱动装置，将拦蓄门瞬时开启，拦蓄的水流形成强劲的冲洗波，对下游污水管道以席卷流的方式进行冲洗，同时上游管道由于蓄积水量时沉积下来的污物也同时被冲洗水流席卷而去，保持了上下游管道的清洁。在雨季或污水进水量较大时，拦蓄门可以始终自动保持开启状态；

（4）闲置：随着水位的降低，浮球水位控制阀的位置也逐渐下降。拦蓄水将管道中的沉积物质冲刷干净，并最终进入污水处理厂。当蓄积的水流排空之后，浮球随之降低至最低设计位置，此时再次触发启闭控制系统，由执行机构带动拦蓄门关闭，开始重新对管道水流进行拦蓄。由此开始新一轮的管道自冲洗过程。

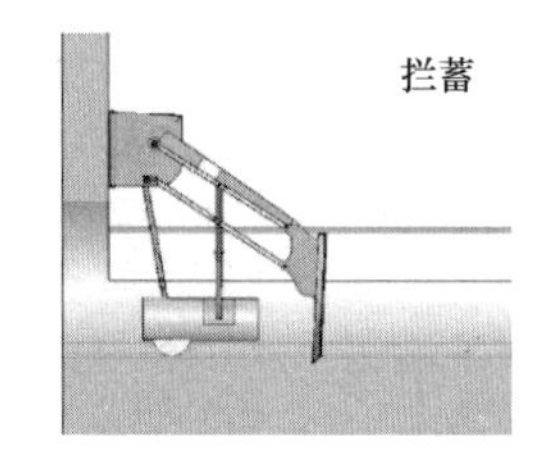

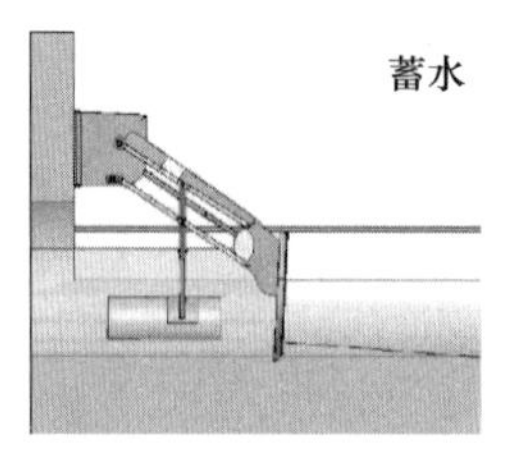

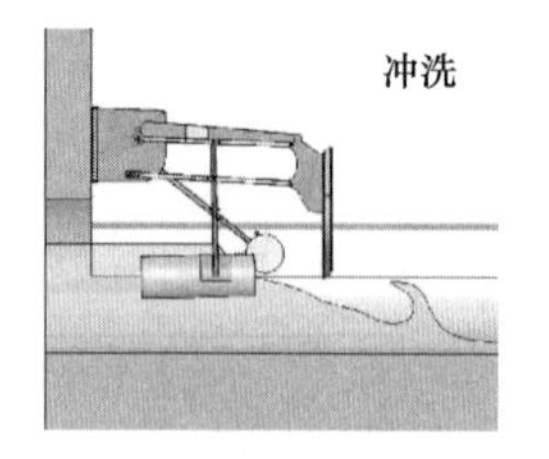

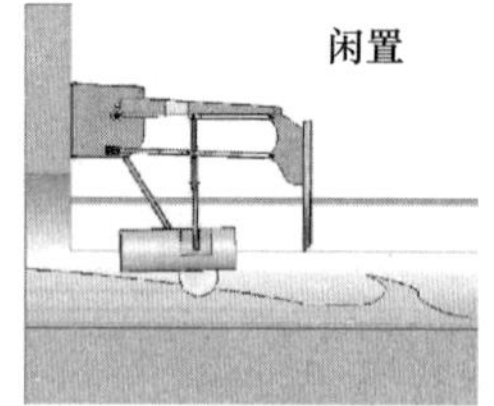

图 3-22　拦蓄式冲洗装置工作流程示意图

3. 水力疏通球

水力疏通球是一种特制的橡胶球，其表面预制有螺旋纹路橡胶。通过在管道中安置该种球，可让管道断面缩小，让上下游落差增大，水头变高，使原本的流速增大，与此同时，球面的螺纹槽能让水流方向产生变化，从而实现疏通清洗的目的。当管道的水量较小时，也可就近利用自来水、河水等外来水源，人为添加至上游检查井内，保证有足够的水力。控制好水头是该方法的关键，水头过低，流速低，流量少达不到清洗疏通的目的。水头过高，易产生上游冒溢以及人身设备安全事故。水头通常为 0.6～1.5m 较为合适。

水力疏通球价格便宜，操作简单方便，几乎无能耗，是非常值得推广的一种疏通清洗工具，在美国等一些发达国家被普遍采用，但该方法不宜在管道高水位，特别是满管水时运用，一是因为安放球体困难；二是因为水头很难达到必需的数值；三是因为冒溢现象极易发生。在我国一些排水管道日常处在低水位运行的城市，水力疏通球不失为一种非常好的疏通工具，应有很大的应用空间。

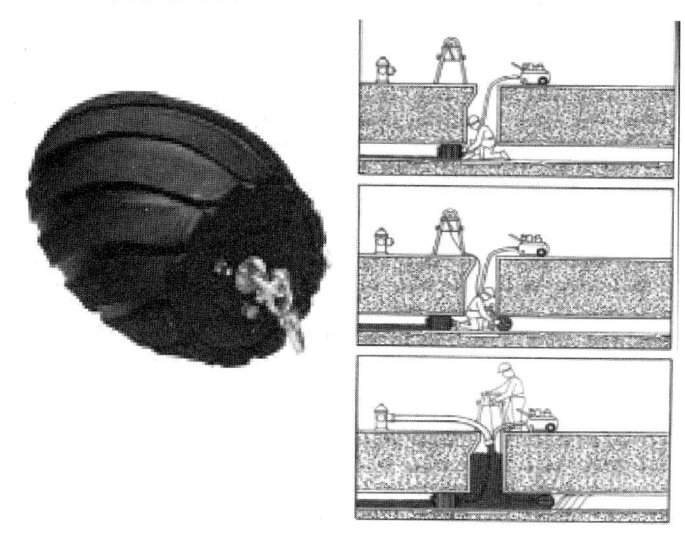

图 3-23　水力疏通球及安装示意图

如图 3-23 所示，水力疏通球通常配备连接绳索、绞盘、L 形铁钩和充气设备，操作非常简单，其步骤如下：

（1）将大小合适的水力疏通球嵌入排污管道，给球充气使之膨胀至管道中适当的位置，然后给冲洗球系上绳索。绳索和绞盘应设计合理，以承受住冲洗球的压力水头；

（2）确保沿着管道附近所有需要被清洗的房屋管道有足够的高度，这样检查井内预设的水头就不会溢流。若检查井内的水头有可能使房屋管道溢流，用大小合适的管塞塞住它们；

（3）允许水力疏通球开始沿管道移动。球在水压作用下旋转，从而对管道进行全面清洗。冲洗球上塑模的纹理将引起水喷柱以冲击淤积物变成颗粒碎片，使其浮到上游检修井。清洗是依靠水流，并不是球本身。保持绳索的紧绷，这样水流才能运作，并确保检查井水头保持在适当的高度；

（4）若疏通球停止向前，绳索变得松弛，可将冲洗球缓慢向后拉。若多次尝试仍未能让疏通球前行，则极有可能堵塞物体过于坚硬，无法冲散它，需要改用其他疏通方法；

（5）当疏通球到达下游检查井时，勾起疏通球并从绳索上分离掉，从检查井取出，将绳索卷回上游检查井的绞盘。

3.2　淤泥清捞

采用各种疏通方法将淤泥由管道内清理至检查井，只是完成了管道养护的第一阶段，将井下的淤泥清捞至路面，也是整个排水管道养护系统工作中的重要一环。同时，日常的排水管道养护施工中，清捞检查井和雨水口内的淤泥也是主要的工作之一。

所谓淤泥清捞，就是使用各种工具或设备将淤泥由井下或雨水口内清捞至路面的工作，其根据清捞方式不同可分为手工清捞和机械清捞。

3.2.1 手工清捞

所谓手工清捞主要就是指由人力进行淤泥清捞作业的过程。人工清捞可由人站在路面进行检查井和雨水口的清捞，也可以在检查井内无水或水位较低，且在确保安全的情况下，人员进入井下手工进行清捞，再提升至路面。

除了人工站在路面清捞作业外，随着呼吸装备的不断改进，目前还出现了潜水员水下人工清捞的方法，即对于水位较高且流速符合要求的管道，由潜水员潜入水下进行人工清捞检查井内淤泥和垃圾的方法。

目前国内排水管道养护的主要工作就是清掏雨水口和检查井。清掏作业的工作量很大，通常要占整个养护工作的60%～70%。我国清掏检查井和雨水口的技术近100年来几乎没有大的改变，除深圳等少数城市外，大部分城镇依旧还在沿用大铁勺、铁铲等手工具（图3-24），工作效率低，劳动强度大，安全隐患多。

图3-24　简单清捞工具

对于管渠内部淤泥的清捞，手工作业的方式仅仅适用于管径800mm以上、人工可以进入管道内部的管道，对于小管径管道则不太适用。

3.2.2 专用车

由于人工清捞的劳动强度大，作业效率低，安全隐患多，因此，专业设备来替代传统人工清捞，是目前养护业更新换代的必然趋势，清捞设备主要有吸污和抓泥两类车型。

1. 真空式吸污车

如图3-25所示，真空吸污车（Suction sewage truck）又名抽污车、吸污车，是利用真空负压原理将污水及液态污物吸入车载储存容器，实现污水和污泥收集的容器化，主要用于排水管道、雨水口、检查井、化粪池及各种沟渠内的污泥、污水的抽吸、装运和排卸。吸污泵可自吸自排，吸污罐可液压自卸，后盖可液压打开。

真空式吸污车的工作原理是用取力器将汽车发动机的动力取出，通过传动系统将动力传递给真空泵及液压传动系统。真空泵通过气路管道将污泥罐体内的空气排出，罐体内部形成真空，大气压将污泥通过吸污管压入罐体。在理想状态，即使达到绝对真空，且管道光滑无阻力不考虑沿程损失下，理想吸水高度为10.333m。由于绝对真空不可能实现，且各种能耗及吸污车车身高度，实际吸程只有7m左右。在海拔高的地区，由于大气压低，吸程还会减小。配备大流量的真空式吸污车，不仅可利用真空泵排出污泥罐内空气，使大气压将污泥、污水压入罐体。在吸污管口增加一定进气量时也利用高速的气流形成的负压将污泥带入罐体，故吸污效果更好，吸程更高，选择大流量的真空泵和合适的吸污管口径甚至可达几十米吸程。吸污车抽满罐后将污泥运输至指定地点倾倒。液压传动系统完成污

图 3-25　吸污车

泥罐自卸、罐门启闭、罐门液压锁紧、吸污吊臂全方位移动等动作。有的吸污车配备了液压驱动吸污转盘，可容纳 30m 吸污管，是考虑到有的作业点车辆无法靠近。

真空式吸污车配备的真空泵有三种，即旋片（刮片）式（图 3-26）、罗茨式(图 3-27) 以及水环式（图 3-28）真空泵。旋片式真空泵流量相对较小，一般小于 1700m^3/h，罗茨真空泵和水环式真空泵流量一般小于 5000m^3/h。

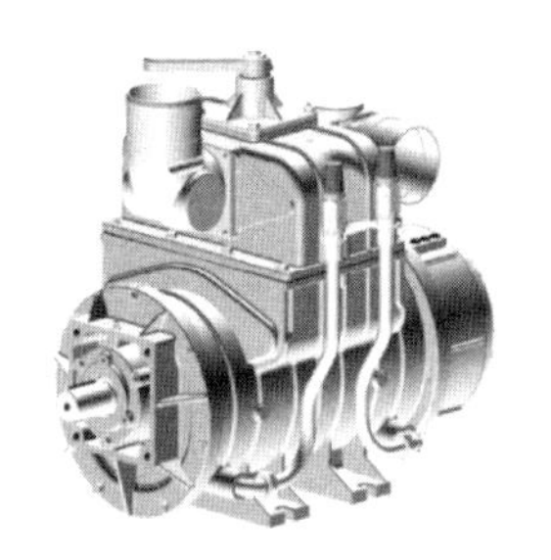

图 3-26　旋片式真空泵

图 3-27　罗茨式真空泵

图 3-28　水环式真空泵

真空泵连续工作，管渠内部的污物不断进入污泥罐内，直到罐体内充满污泥。由于真空吸污车主要依靠大气压的作用来将管道内的污泥压入污泥罐中，因此对于管道的深度有一定的要求，当管道埋深超过真空吸泥车所能达到的范围时，其使用将会受到一定的限制。

2. 风机式吸污车

风机式吸污车多见于美式产品，与真空式吸污车相比，风机流量更大，一般大于 5000m^3/h，但真空度较低，一般小于 50%，该车有更高吸程，特别是抽吸干状物质效果好，但风机体积较大、噪声较大，只能安装在重型汽车底盘上。

由于风机体积大，为方便布置，风机式吸污车通常采用液压驱动，其工作原理是用取力器将汽车发动机的动力取出，传递给液压系统，液压马达驱动风机高速旋转，通过吸污管、污泥罐、吸引管等装置，在吸污管内形成高速气流，污水、污泥在其作用下沿着吸污管被送入污泥罐中。过滤后的空气经过风道被风机吸出，排入大气，污泥不断进入储泥罐中，直到充满罐体。此外污泥罐自卸、罐门启闭、罐门液压锁紧、吸污吊臂全方位移动等动作也由液压系统完成。

因其工作原理，风机式吸污车在抽吸作业时，需要空气进入吸污管形成高速气流，即吸污管口离所吸物质有一定的缝隙。由于风机流量大，该型吸污车的吸污管口径一般为20cm，抽吸效率高，吸程更大。

目前国际上普遍使用真空式吸污车清捞城市排水管道中淤泥，因为真空式吸污车配置越来越高，真空泵流量普遍达到1200m^3/h以上，也可以达到20m吸程，远远满足排水管道的清捞，加之其高真空的特点，在吸程不高的情况下更适合水下淤泥的抽吸。

3. 抓泥车

如图3-29所示，抓泥车又称抓斗车，在国家产品公告目录中，将其称为清淤车。它是在车体后部安装一个由随车吊改装的抓斗吊机，抓泥斗通过钢丝绳与之相连，绞液压盘将抓泥斗放入井下进行抓泥，液压绞盘将抓泥斗提升并将斗中污泥倒入污泥箱中运输、倾倒至指定场地的设备。其主要部件为底盘、抓泥斗、吊机和污泥箱体，通过液压驱动完成各部件的动作。

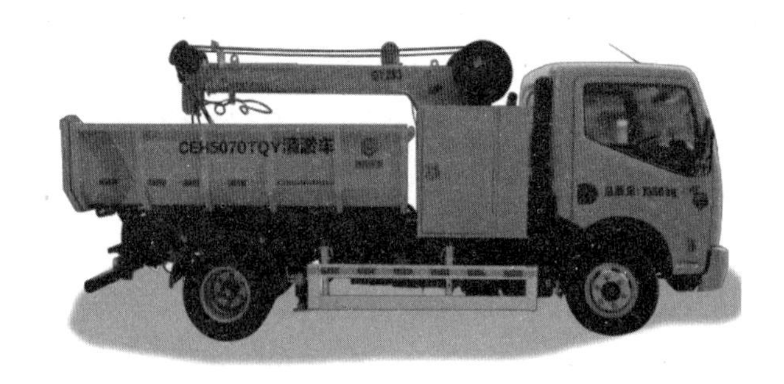

图3-29 抓泥车

由于抓泥车采用泥水分离的方法进行抓泥作业，因此其主要适用于对一些含水率较低的井内淤泥抓取，对于含水率较高的淤泥效果相对较差。因此该设备目前主要使用在清捞雨水口或者对已铺设了沉泥槽的检查井的清捞。

抓泥车的液压系统工作压力通常为10MPa。大抓斗工作范围及容积分别为ϕ1400mm、0.08m^3，小抓斗ϕ800mm、0.03m^3。抓斗的最大工作深度约为10m，提升高度通常为3m左右。抓斗的提升速度一般可达到7200mm/min，工作旋转角度能达到270°。

3.3 联合作业

联合作业是一般指使用同一台机械设备在冲洗疏通的同时，吸出被冲洗后的污水。这种养护施工机械是将清洗车和吸污车功能合二为一。通常将实现联合作业的专用车称为清洗吸污车，或称联合吸污车，或简称联合车。它使疏通管道与清捞淤泥同时进行，大大提高了工作效率，同时降低了工程费用。当今世界上的联合车主要有两类（图3-30），一类是普通型，即简单将高压射水和吸污单元合并在一起，安装在车辆底盘上；另一类是在普通型基础上，增加了水循环再利用单元，在我国，常称为高端联合车。通常清洗吸污车使用汽车底盘的动力，即高压射水单元和真空吸污单元动力均取自于汽车底盘发动机，也有的清洗吸污车安装副发动机，其动力驱动其中一个单元，底盘发动机驱动另一个单元。

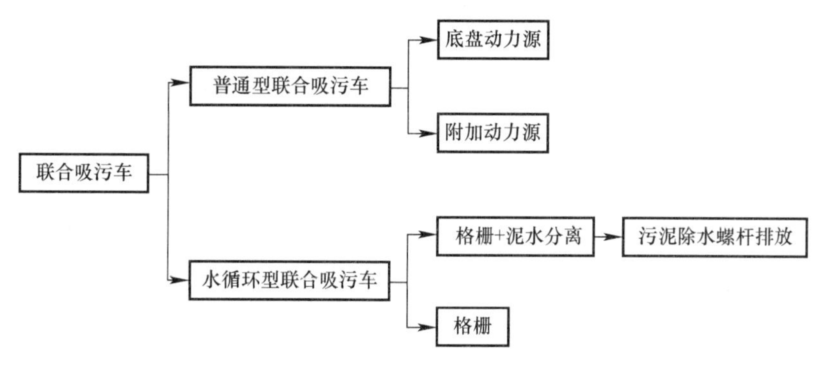

图 3-30　联合吸污车分类

3.3.1　普通型联合车

普通型联合车是常见的一种排水管道养护专用设备，它由于具有冲、吸功能于一身，用工人数少，整车价格较适中等优点，被广泛应用于管道清洗疏通。基于专用车设计的理念的不同以及各国的用车习惯，车的上装布局有两种，一种是头部作业型（图 3-31），即将车头部靠近作业检查井，操作人员是站在车头区域完成各种操作。北美国家的联合车多以这类方式工作；另一种则相反，即尾部作业型，将车尾部设计为人员操作区（图 3-32），我国当前使用的联合车几乎都为此类型。

图 3-31　头部作业型联合车

图 3-32　尾部作业型联合车

普通型的清洗吸污车主要由高压射水单元和真空吸污单元两部分组成，可分开进行操作和使用，可使用共同动力源，也可分开装设不同的动力源，使用效率相对较高。

图 3-33 为普通型联合吸污车的工作原理图，高压射水头在管道来回清洗疏通，将管道内的垃圾和淤泥清洗至检查井内，同时吸泥管在检查井内吸污作业，将管道内的淤泥吸入淤泥罐内，如此反复直至将管道内淤泥完全清洗干净。然后将箱体内的淤泥运至指定的淤泥堆放点或填埋场。整个操作过程一至两人即可完成。

3.3.2　水循环型联合吸污车

水循环型联合吸污车（图 3-34）是在普通型的基础上增加了污水循环再利用功能，即将抽吸上来的污水经泥水分离后继续供应高压水泵使用，从而节省了水资源，实现节能减排，提高了效率、降低了成本。目前国际上污水循环系统大致分为两种方式，一种是为单

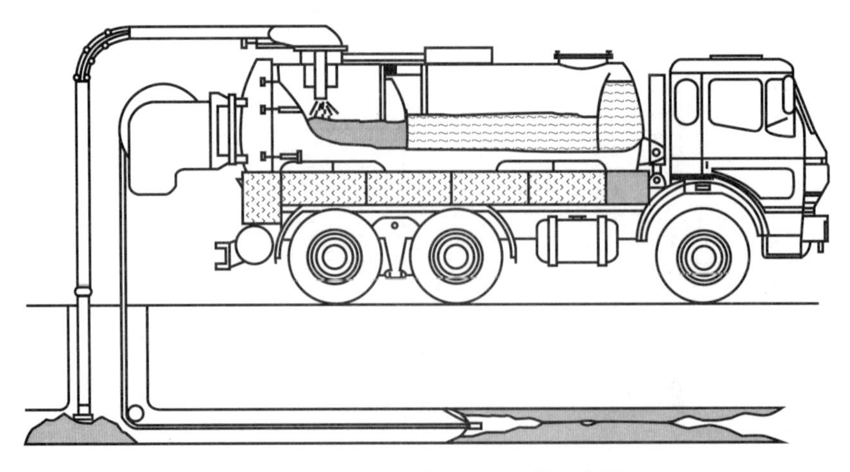

图 3-33　普通型联合吸污车工作示意图

柱塞高压水泵供水的污水循环系统，称之为单级水循环系统。另一种是为三柱塞高压水泵供水的污水循环系统，称之为多级水循环系统。因为不同种类的高压水泵对水质的要求不同，与之匹配的污水循环系统也就大相径庭。单柱塞高压水泵对水质颗粒度的要求≤500μm，三柱塞高压水泵要求≤100μm，远高于单柱塞泵的要求，因此多级污水循环系统远比单级复杂，随之带来的问题也较多，每一级都需要定期清理、维护。但单级水循环的车价格更高。

图 3-34　国产和进口水循环型联合吸污车

由于其具备同时高压射水和吸污功能，目前在管道养护的联合作业中被广泛使用。

联合吸污车由于其购买费用较高，因此目前在国内使用率较低，但其是排水管道养护施工的发展方向，排水管道的养护施工必然会向高技术以及高效率进行不断的转变，期待着更先进的技术和设备在排水管道养护施工地不断应用，改变目前排水管道养护施工的落后局面。

1. 单级水循环系统

如图 3-35 所示，单级水循环系统主要由以下部分组成：

（1）一个罐体内可打开的隔板：用于水循环处理利用系统第一个环节；

（2）一个自洁式圆筒状污水过滤器：用于水循环处理利用系统第二个环节；

（3）一个离心泵：用于将圆筒状过滤器过滤后的污水泵至单柱塞高压水泵直接高压射出。

通过过滤、强制分离一种物理方式及两道工序完成污水净化处理，整个污水处理过程简单，不使用添加剂及其他耗材，过滤效率高，不易损坏。

采用单级水循环装置，由于其污水处理过程简单，过滤精度低（≤500μm），对高压水泵的要求高，一般采用运行速度较低的单柱塞高压水泵。

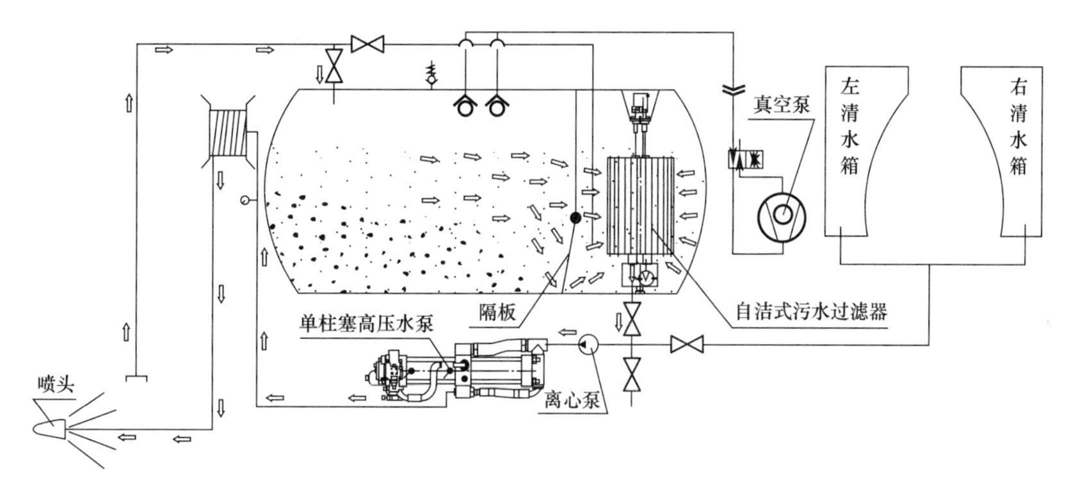

图 3-35　单级水循环示意图

2. 多级水循环系统

如图 3-36 所示，多级水循环系统主要由以下部分组成：

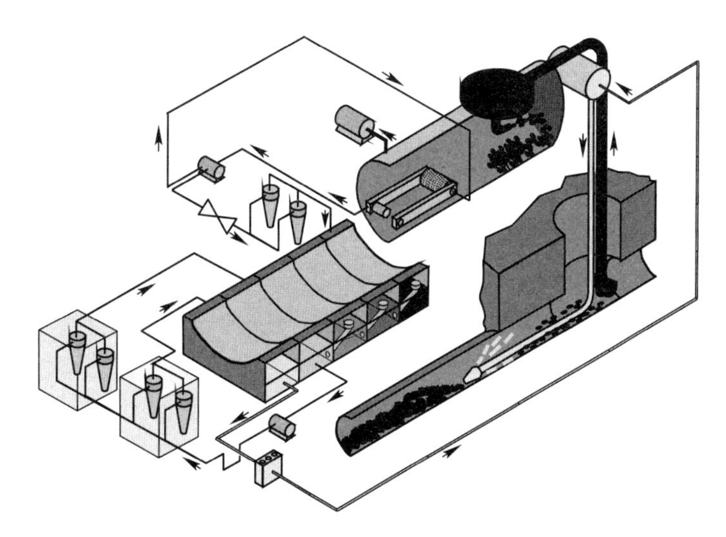

图 3-36　多级水循环示意图

（1）一个自洁式圆筒状污水过滤器：用于水循环处理利用系统第一个环节；

（2）两个离心泵：用于将圆筒状过滤器过滤后的污水泵至旋风分离器；

（3）若干个旋风分离器：用于对污水中的污物采取离心法分离；

（4）五个相对独立设置的箱体：用于对污水的多重净化处理。

通过过滤、沉淀和强制分离三种物理方式及八道工序完成污水净化处理，整个污水处理过程没有耗材，不使用添加剂，绿色环保，由电脑控制，自动作业。

3.4　污泥搬运

经过人工或机械方法清捞出来的污泥，不能随意倾倒，要经过严格地运输和处置才可以排放。由于管渠中的污泥经过发酵腐烂变质而带有大量的刺激性气味，因此在清捞完成后要及时外运，常用的污泥外运工具是污泥运输车（图 3-37）、吸污车、污泥抓斗车和污泥拖斗等。

图 3-37　污泥运输车

近年来，环境保护越来越受到重视，因此对于造成环境污染的井下污泥相关部门都有非常严格的规定。运输过程和堆放地点要做到能够跟踪和定位，从源头上避免污泥的随意运输和排放。

污泥清捞场地特别是人工清捞后的施工场地难免散落在地面上，因此在污泥车行驶出装载区域前，一定要将运输车的槽帮和车轮冲洗干净，防止污泥随着车辆行驶而在路面上留下痕迹。这样的措施和目前城市内土方运输车的要求一致，如此操作后就不会出现运输车通过后，路面上出现很长的垃圾痕迹的现象。

由于排水管渠中的污泥含有一定比例的水分，因此在运输的时候一定要保持密闭状态，使用带有污泥罐的车辆进行运输。为了避免意外的发生，在运输之前要妥善拟定交通计划，避开交通高峰时段以减少运输道路上的拥堵，应防止污泥飞散、溅落和恶臭扩散等污染环境的情况发生。随着吸污车等机械的推广使用，储泥罐中的污泥含有较大比例的水分，经过吸污车中的泥水分离装置，可以将大部分的水分分离出来，在增加污泥运输体积的同时便于污泥的运输。

污泥运输车辆应按照市政管理行政部门依法批准的运输线路、时间、装卸地点运输和卸倒，个人和没有获得相关运营资质的单位不得从事管渠污泥的运输。随着城市管道疏通清洗工程任务量的不断加大，对于管渠内的淤泥进行疏通、清捞和运输的需求也在不断地加大。污泥随意运输和倾倒的案例屡屡见诸报端，污泥中含有大量的腐败物质，随意的倾倒会对附近的居民和动植物产生非常严重的影响，雨天后污泥中的水分直接进入地下水，则会对土壤和地下水造成严重的危害。确保污泥运输过程规范、有序、可监控，对于保证污泥合理运输排放具有重要的意义。

对于污泥倾倒点的选择，选择的原则是就近倾倒，即根据施工场地选择就近的指定堆放点。考虑到距离指定堆放点距离远、运输过程中沉降、施工地点和污泥的量具有较大的不确定性，以及每个施工日疏通产生的污泥量相对较小等特点，应在适当地点设置污泥浓缩中转站，同时起到污泥浓缩和储存的作用，以使污泥含水率进一步降低，便于汽车运输。浓缩产生的污水应就近接入污水管道，避免造成二次污染。

污泥中转站的设计和规划要依据城市排水专项规划布局设置，中转站应对运输到此处的污泥进行脱水处理，并将脱水后的污泥运输到管渠污泥处理站进行集中处理。污泥中转站设置布点应优先选择在污水处理厂、雨污水泵站及现有管渠污染码头或堆场。利用现有的场所进行污泥的中转和储藏。

经过污泥中转站处理和收集的污泥最终要被统一运输到污泥处理站进行集中处理。管渠污泥处理厂处理的规模一般为 1～10m^3/h，每周工作时间为 6d，每天工作时间为 8h。管渠污泥处理厂占地面积根据处理规模和处理工艺不同差距较大。

污泥的处理的一般流程是通过重力浓缩、气浮浓缩、机械浓缩、离心浓缩等方法将污泥浓缩，然后经过厌氧消化、好氧消化和污泥堆肥等过程使污泥稳定，然后通过自然干燥、机械脱水、离心脱水等方法将污泥中的水分脱去，最终采用填埋、焚烧和土地使用等方法实现污泥的处置。

思考题和习题

1. 在排水管道养护作业中，疏通和清洗分别是指什么？两者有何区别？

2. 排水管道疏通方法分为哪几类？每类的方法有哪几种？

3. 清洗车和疏通机分别指什么？它们各自的特点有哪些？

4. 清洗车有哪几大系统组成？每个系统的部件有哪些？

5. 简要叙述清洗车的工作流程。

6. 试述拦蓄式冲洗门的工作流程。

7. 真空式吸污车和风机式吸污车各自的工作原理是什么？

8. 目前在我国联合吸污车的取力形式有底盘动力源和副发动机动力源两种，试述各自的工作原理，并分析各自的优缺点。

9. 简述普通型联合车和水循环型联合车各自的特点。

10. 污泥在运输过程中应该注意哪些事项？

11. 若你单位有一台联合吸污车，请叙述它的主要技术参数和作业流程。

12. 实地选择一段排水管道，全程操作清洗车完成这段管的清洗，完成后用 CCTV 检查清洗效果。

第4章　管道污泥处理

排水管道污泥现在处置面临比较大的挑战。首先，外运出路受限，填埋场明确不接纳未处理过的污泥；其次排水管道污泥的性质和垃圾、污水厂污泥差异很大，处理方式不能照搬；最后处理难度较大，处理过程环境问题突出，在运输、处理及处置（简易填埋、绿地施用或临时堆存等）环节容易造成环境污染影响，同时排水管道污泥产出点多分散不定时，集中处理的难度较大。管道污泥“稳定化、减量化、无害化”处理已成为排水行业亟待解决的问题。因此，有必要根据排水行业疏捞养护作业中管道污泥的特性，采取有针对性的多种技术手段处理城镇排水管道污泥，不断提高管道污泥的综合处理水平，促进管道污泥土地化消纳、建材利用等资源化利用的处置。

4.1　基本知识

4.1.1　城镇污泥

污泥是一种由各种微生物以及有机、无机颗粒组成的固液混合的絮状物质。城镇水环境、水生产和消纳产生的污泥种类主要包括：

（1）城市排水管道污泥：城市排水管道系统中的沉积物；

（2）城市自来水厂污泥：来源于原水净化过程中产生的沉淀物和滤除物；

（3）城市污水厂污泥：在城市污水净化处理的过程中产生的沉淀物质及污水表面漂出的浮渣，是一种固液混合物质；

（4）河湖疏浚污泥：通过疏浚工程从污染河段和污染湖泊中清理出的表面沉积游泥。

污泥来源不同，其产量和对环境的影响也不同，如自来水厂污泥的产量相对较低，对环境的危害性也相对较小，而城市排水管道污泥产量大，对环境的危害性也更大，应当给予更多的关注。

4.1.2　管道污泥

管道污泥又称通沟污泥，是指排水管道养护中疏通清捞上来的沉积物，其组成为水/矿化颗粒物混合物，有机烧失量含量占总干基污泥量的10%～30%，沉积物质中含有重金属砷和锌等有害物质。

管道污泥的来源非常广泛，城市环境中任何可能产生固体颗粒的物质和活动都是一个潜在来源（图4-1）。从广义上讲，沉积物来源可分为三类：生活污水、地表和排水管道。在合流制排水系统中，排水管道中沉积物的来源主要有两种途径：一是旱季累积在城市不同汇水面的地表固体颗粒物质，雨季随着雨水径流的冲刷通过附近的雨水口进入排水管道；二是污水管道中悬浮颗粒物的沉降。雨水管道中大多是无机颗粒，来自地表和大气沉降。污水管道中沉积物成分以有机颗粒为主，其主要来源为生活污水，生活习惯和饮食结构的差异使得生活污水水质变化，从而不同地区管道沉积物的影响各不相同。

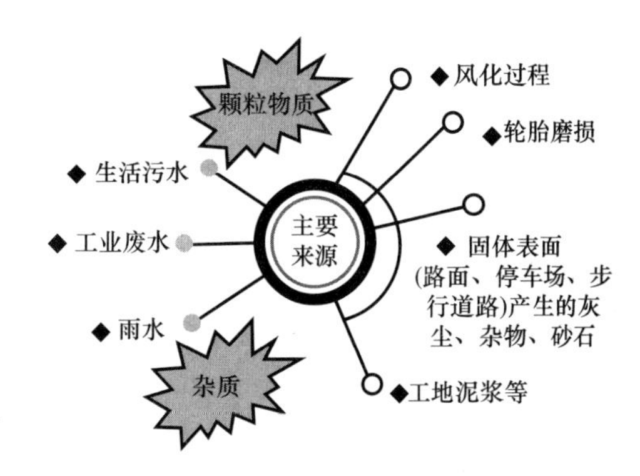

图 4-1 管道污泥的主要来源

当屋顶、路面、绿地、停车场等汇水面的降雨冲刷或大气沉降时，雨水径流中颗粒物增加。调查研究均表明，城市暴雨径流中有毒有害污染物质和城市汇水面固体颗粒物质大部分来自大气沉降。

污水中的固体颗粒的来源有三个途径：首先是人体粪便中的小粒径残渣和有机颗粒作为污水管道中沉积物的主要来源排出；其次是厨卫垃圾中的大粒径残渣和有机颗粒；最后还有一些塑料袋、树枝等物体，这类物体很容易造成管道堵塞，对排水管道的运行危害较大。

4.1.3 管道污泥特点

排水管道主要分为雨水管道、污水管道及雨污合流管道，其中雨水管道沉积物成分比较简单，主要来自于地表径流携带的固体物质，通常以泥、砂、石等无机物质为主，但由于我国现在很多城市存在雨污混接现象，不少雨水管道中的污泥具有合流管的特征。对于污水管道及雨污合流管道的沉积物质则相对复杂，具有较为明显的区域特征，居民生活区、商业集聚区、行政办公区和工业区等产生的污泥存在较大差异，其污泥颗粒构成、有机物种类和含量都不尽相同，如餐饮区域的污泥，通常含动、植物油量多、有机物含量高、餐厨垃圾较多；城市主干道附近污泥通常砂石较多，＋0.076mm 粒级以上的固体占90%以上，各粒级有机物含量均较低，符合以砂石为主的特征；居民区的污泥通常有机质含量较高、生活垃圾等较多，＋20mm 粒级以上的含有较多的以有机物为主的生活垃圾，同时，－0.076mm 粒级的颗粒中的有机质含量也较高。

4.1.4 污泥的危害

管道污泥沉积对排水管道的直接影响是减少了过水断面，使原设计的流量大打折扣。其间接影响是由于管道的水流不畅或阻塞，危及周边环境或城市安全，具体详见表 4-1。

管道污泥沉积对排水管道的影响和后果 **表 4-1**

影响	后果
堵塞	超负荷、改变水流方向
	溢流至地面或水淹
水力输送空间减小	超负荷、高水位运行
	溢流或地表水淹
	合流制排水系统过早溢流
赋存污染物	合流制排水系统溢流，造成污染物排入水体
	对污水处理厂的负荷产生冲击
	产生有毒有害气体和腐蚀性的酸

污水管道或合流管道的污泥沉积物容易引起堵塞，较大、较粗的固体颗粒和其他物质都可能累积，导致管道部分或全部堵塞。其次，沉淀层限制排水管道中的流量，导致水力输送空间减小，它可能导致管道或检查井超负荷，极易引发溢流。

雨水管道污泥如不及时清理，除了降低排水管道的输送能力，造成排水不畅，引发积水外，长期沉积在管道内的淤泥在雨天也会随雨水进入水体造成污染，有时雨天出水的污染物浓度要远远超过污水的污染物浓度，这就是为什么一到雨天河道水质就黑臭。

排水管道沉积物底层生物化学条件的变化将形成腐败状态，是有毒有害气体的产生源和储存地，常见的有甲烷和硫化氢，这些气体一旦释放出来，不但腐蚀管道及附属设施，还极易造成爆燃和危及养护作业人员安全等事故。

4.2 管道污泥处理

管道污泥的处理方式有多种，常见的有自然干化法、湿法分离脱水减量化法、污泥生态固化系统处理法、负压直排法。根据管道日常养护、疏通作业以及泵站、调蓄池等管网配套设施清淤管理的不同需求，可将管道污泥处理的形式分为污泥清掏现场移动式减量化处理、污泥中转站减量化处理、可资源化利用的污泥综合处理站处理三种，根据污泥处置的去向不同和各地经济、技术及环境条件的差异灵活选择和组合。代表技术发展趋势的湿法分离手段，可根据管网污泥性质及处置要求决定处理程度，按不同粒径及有机物、无机物对管网清淤污泥进行处理，将污泥分成大于 30mm 大块杂物、2～30mm 碎石、0.1～30mm 有机杂物、0.1～2mm 砂、小于 0.1mm 泥饼的产品，分离结果有利于实现资源化利用。此工艺技术是在减量化脱水处理的同时，对处理后的渣料进行分级、分离，使渣料中的矿化物质、有机物质、泥、砂等分离开来，实现资源化利用，更加符合环保理念。

4.2.1 处理技术的发展

近年来，国内逐步开始采用筛分、旋流、污泥洗涤、超细格栅等手段对管道污泥进行减量化及分选处理。但是管道污泥中的纤维物、缠绕物等易对振动筛的透筛性造成影响。污泥进料浓度波动大，吸污车、人工清掏的污泥浓度差别大，成分波动大，已有处理技术效果不稳定；尾水含固率偏高，特别是有机物、悬浮物难以分离，造成工艺用水的循环使用率不高，同时也难以达到排放标准，对后期污泥的资源化利用也存在问题。

随着我国人口增加，国家对环保的日益重视，新增垃圾填埋场已经越来越困难。发达国家也面临类似的问题，如美国环保局估计今后 20 年内，美国现有的 80％的填埋场将关闭。我国自 2009 年以后将填埋污泥的脱水率标准提高到了 60％以下，原有的污泥处理手段已经不能满足需求，因此环保高效的管道污泥处理技术需求迫切。

欧美国家对管道污泥的处理通常具有完整污泥处置标准体系，其污泥处理设备通常具有减量化、无害化和资源化的功能。如德国的污泥处理系统，吸污车吸取的管道污泥输入该系统，污泥经过了筛选、浓缩、脱水、干燥、利用等几个处理过程，实现了管道污泥减量化、无害化、资源化的要求，但是其设备占地面积需上千平方米，投资数千万元，且处理成本高昂。由于德国等发达国家有着良好的垃圾分类习惯以及运行良好的管道系统，管道污泥的成分相对我国比较简单，再加上政府的政策及经济支持，故管道污泥处理技术已基本成熟。

对我国来讲，管道污泥的成分复杂，完全照搬引进国外的设备技术不符合国情。因此借鉴国外已有技术和经验，在工艺上做优化改进，研制出适用于中国国情的新型成套城市排水管道污泥减量化处理处置设备，包括移动式清淤设备和固定式污泥处理站。

4.2.2 清掏现场减量化处理

1. 可移动管道污泥处理系统

可移动管道污泥处理系统通常安装在专用车里（图 4-2）或安装在拖车上（图 4-3），整个系统可根据需要灵活移动至污泥收集最近且最方便的地方，可实现和清淤吸污设备共同作业，对管道通沟污泥进行减量脱水，减少后续运输成本。如图 4-4 所示，具体工艺流程如下：

图 4-2 车载式污泥脱水车

图 4-3 拖挂式污泥脱水车

（1）污泥运输车将污泥倾倒至污泥入料池，污泥接收池上部设有振动格栅（孔径 30mm），经过格栅拦截，孔径大于 30mm 的体积较大的大杂物被分离出来，这些杂物主要是砖块、塑料瓶、破布条、塑料袋等。设置振动格栅可以起到预先除杂的作用，防止大块杂物进入；

（2）小于 30mm 污泥从入料池通过泵送至污泥处理系统一级处理单元；在振动力和物料自重力的联合作用下，筛面上的物料作连续的跳跃式向前运动，最终 3～30mm 粒径的渣料经冲洗水冲洗后被分离出来，此部分杂物主要为碎石、树叶等，脱水后物料的含水率约 50%；小于 3mm 的泥砂混合物进入储浆槽；

（3）小于 3mm 泥砂混合物通过渣浆泵进入二级处理单元，通过旋流器离心力，固体颗粒推向旋流器内壁产生底流进入二层直线脱水筛，在振动力和物料自重力的联合作用下，将 0.1～3mm 砂脱水分离出来，主要成分为砂和部分轻质有机物，脱水后物料的含水率约 40%；

（4）小于 0.1mm 泥水混合物通过泵送至污水管网外排。

2. 水循环式联合吸污车

联合吸污车分为一般联合车和循环式联合车（具体详见第 3 章和第 7 章），循环式联合车是集疏通、冲洗、吸污、泥水分离、污水反排、污水循环再利用等多功能为一体的联

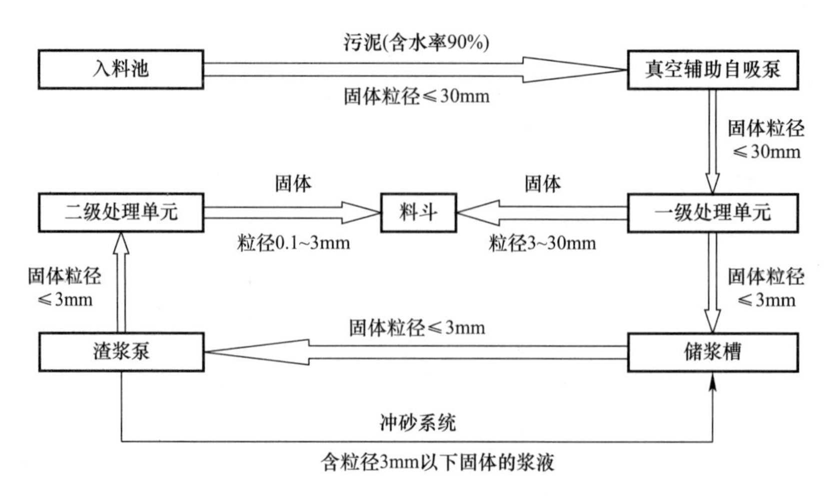

图 4-4　管道污泥处理系统工艺流程图

合作业车辆。结合选配的多污级水循环系统，使高压冲洗、真空吸污和污水循环系统等各项功能同时工作，实现不间断连续作业。其主要特点是利用重力作用，将吸上来的污泥进行重力浓缩处理，达到污泥减量化的目的，同时上清液经循环水处理系统处理达到冲洗用水水质要求，作为冲洗用水利用。

4.2.3　中转减量化处理

排水管渠污泥分布分散，需要综合考虑污泥的运输成本和环境风险，选择适宜的运输方式。若因运输距离较长需建设中转站，则中转站宜结合转运模式、污染控制配套等因素，具有分离垃圾、污泥脱水等减量化处理的功能。因此，中转减量化处理是指在城镇某固定位置建设一污泥减量化处理场站，作为养护作业时分散清掏的污泥集中收集点和减量化的中转点，不但减少后续运输成本，而且为下一步污泥深度处理与处置提供前置条件。

1. 简易式

简易式是指建造防渗漏的污泥摊晒池，让含水率非常高的污泥在池中自然晾晒蒸发，等自然干化达到一定程度时再起运至填埋场或作进一步处置。这种原始方法由于占用城市宝贵土地，且对环境影响较大，已逐渐被淘汰。

自然干化场一般采用带滤层干化池，并设置透水层、排水管和防水层，其结构见图 4-5。

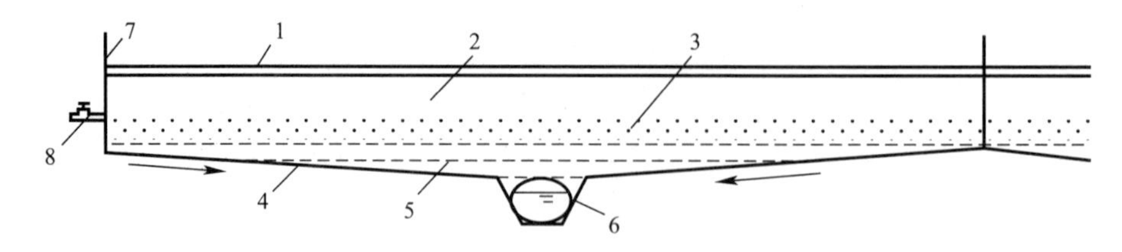

图 4-5　干化池剖面图

1—浮渣层；2—中间水层；3—污泥层；4—防水层；
5—透水层；6—排水管；7—围堤；8—上清液排出管

2. 中转站减量处理式

中转站结合转运模式、污染控制配套等因素，具有分离垃圾、污泥脱水等减量化处理的功能。恰当的做法是在泵站配置减量化设备，或是在通沟污泥、垃圾转运暂存的中转场站内建立专用污泥减量化设施，该工艺通常采用三级处理和四大系统（图 4-6）。中转减量工艺将含水率较高的通沟污泥按照粒径大小简单分类、脱水减量后，运输车由小车换大车，渣料或是卫生填埋，或是分类运输至后端的综合处理站做深度处理和资源化利用的处置，尾水作为工艺冲洗水在系统内部循环使用。该工艺将管网通沟污泥分离为三种渣料，具体分为五个工艺步骤，一级处理先将管网清掏污泥进行清洗脱水分离得到 3～100mm 大中型杂物；二级处理先对小于 3mm 泥砂混合物进行脱水得到 0.1～3mm 砂，三级处理将小于 0.1mm 污泥进行浓缩压滤成泥饼，多余的尾水经沉淀后在不堵塞管道的前提下回排管网。

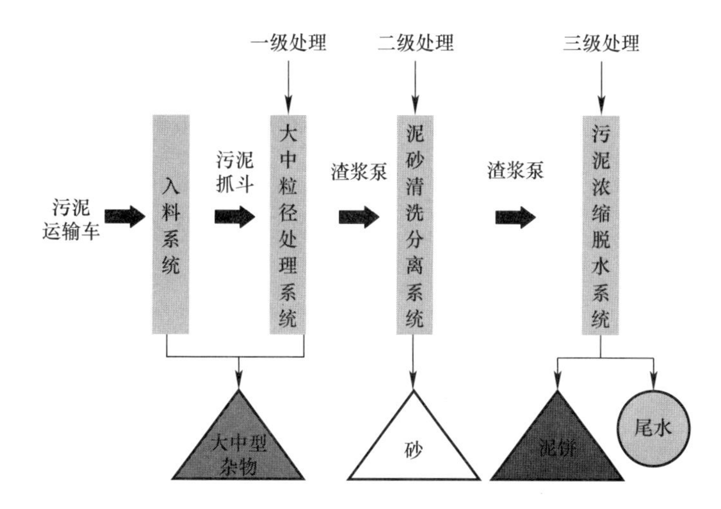

图 4-6 管道污泥中转站处理工艺图

4.2.4 管道污泥综合处理站处理

管道污泥的清掏现场处理和中转处理，主要是为了实现管道污泥的减量化，而对于脱水后的渣料没有经过进一步的深度处理无法实现资源化利用，处理后的渣料仍然过于依赖于填埋处理，存在很大的环境隐患。管道污泥的综合处理站处理，是在减量化脱水处理的同时，对处理后的渣料进行精细分类，充分分离，使渣料中的矿化物质、有机物质、泥、砂等分离开来，实现资源化利用，更加符合环保理念。

污泥的综合处理工艺通常采用湿法分离技术，有以下两种技术路径：

（1）路径一：污泥车将污泥倾倒至物料平衡池，物料平衡池上部设有格栅盖板（孔径 100mm），经过格栅拦截，孔径大于 100mm 的大体积杂物被分离出来，防止大块杂物影响后续的分离工序。通过格栅的污泥被抓斗送入喂料机，均匀分配至清洗分离机，30～100mm 粒径的渣料被分离出来，并进入矿化分离机。清洗分离机处理后的污泥经由中粒径分离机分离后，2～30mm 粒径的渣料被分离出来，进入重力分选机。重力分选机利用不同物料间存在的密度差，通过介质和动力的共同作用下，有效地将渣料分成可燃的轻质有机物和不可燃的重质无机物质，达到资源化分类的目的。污泥经由中粒径分离机处理后，0.1～2mm 粒径颗粒经由砂水分离器、油脂分离机、二级处理砂水分离机和有机物分离机处理后，颗粒表面的可溶性有机物被分离进入污水，砂则通过细粒径分离机分离出来。上述流程过程中产生的废水统一进入废水处理设备进一步处理后，作为工艺冲洗水循环利用，多余的尾水达标回排管网，粉砂和细泥经调理改性压滤后脱水，滤饼可做资源化利用。工艺流程详见图 4-7。

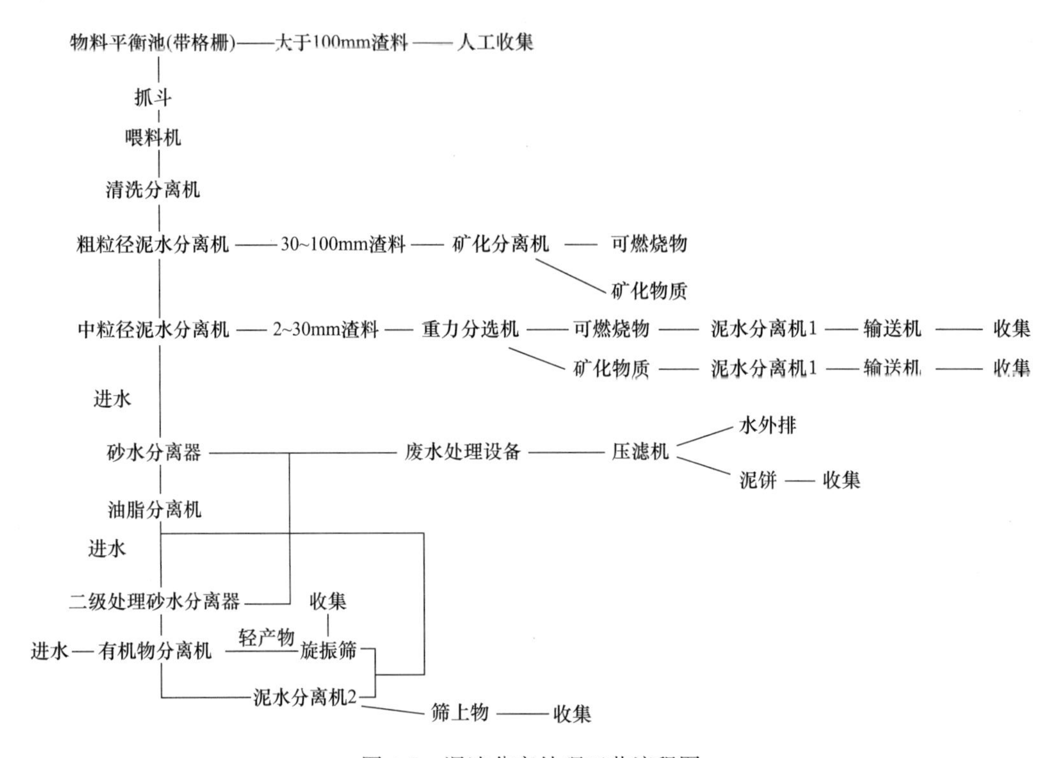

图 4-7　湿法分离处理工艺流程图

在实际推广过程中发现，部分地区由于场地面积、资金预算等方面的原因，在已有条件下无法完整实现管道污泥综合处理站处理工艺的所有流程。而且 3～30mm 粒径物料含量相对较少，因此在完整管道污泥处理站处理工艺的基础上可进行简化，采用湿法分离手段，按不同粒径及有机物、无机物对管网清淤污泥进行处理，将污泥分成垃圾杂物、0.1～3mm 砂、小于 0.1mm 泥饼的产品，分离产物满足现资源化利用的要求。

（2）路径二：如图 4-8 所示，从管网中清掏出来的污泥，首先由罐车或运输车送至污水处理厂内，直接将污泥倾倒至污泥进料间的接收料仓。接收料仓顶部设有进料格栅挡板，以阻挡大型的物料进入池内，防止大型物料损坏设备。接收料仓侧面设有预脱水装置，分离出的水通过排水沟和污水管道流入集水坑内，由污水泵提升后，送至粗大物分离装置作为生产用水或送至室外污水管网。进料间接收料仓内的有害气体通过管道收集后送至除臭装置进行处理。

接收料仓内的污泥通过 5t 抓斗起重机送至喂料输配装置（给料器），该装置处理能力为 6～8t/h；给料器内的物料由水平螺旋输送机定量送入粗大物分离装置（15mm 网孔筛筐）。

粗大物分离装置的筛上物（大于 15mm 的物料）排至垃圾箱外运，筛下物（小于 15mm 的物料）被均匀送入 2 台洗砂分离装置进行洗涤分离处理，分离出的细砂（0.2～

15mm）经螺旋输送机送至垃圾箱贮存利用或外运。粗大物分离装置冲洗用水来自系统内的循环回用水池，洗砂分离装置用水来自污水厂的再生水。

洗砂分离过程中 0.2mm 以上的细砂被分离处理后，上部溢流液连同有机物通过不锈钢管排入精细过滤装置（2mm 筛网）进行深度过滤处理。精细过滤装置可将有机筛渣物质（2～15mm）分离出来，由螺旋输送机送至垃圾箱贮存并外运。过滤后的物料通过不锈钢管排至循环回用水池。

循环回用水池底部的泥浆由输出螺杆送至砂浆混合液泵，经泵提升后送至旋流除砂装置，将小于 0.2mm 的超细砂分离出来，并通过细砂提升脱水输送机送至垃圾箱贮存利用或外运，旋流除砂装置处理能力约为 $30m^3/h$。旋流除砂装置的溢流水一部分排至厂区污水管网，一部分回流至循环回用水池。

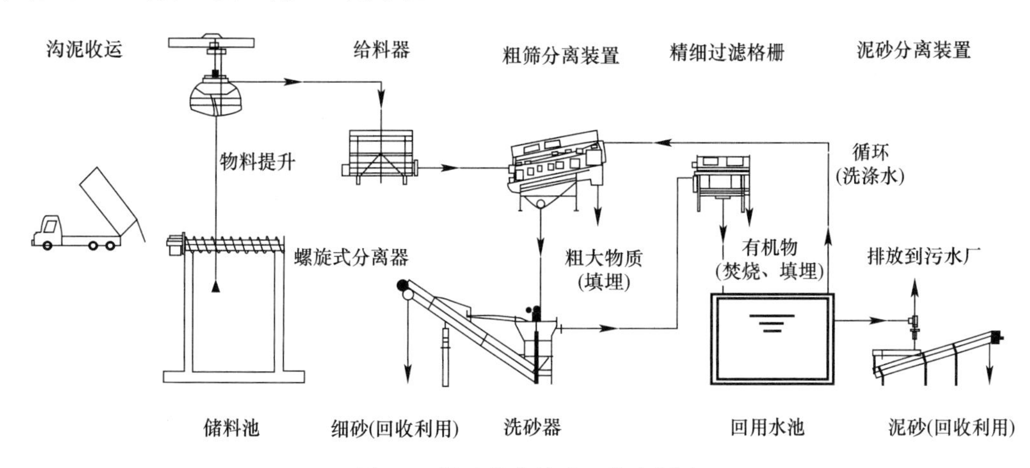

图 4-8　湿法分离处理工艺流程图

4.3　污泥处置

处置一词在《中华人民共和国固体废物污染环境防治法》中作了明确定义，是指将固体废物焚烧和用其他改变固体废物的物理、化学、生物特性的方法，达到减少已产生的固体废物数量、缩小固体废物体积、减少或者消除其危险成分的活动，或者将固体废物最终置于符合环境保护规定要求的填埋场的活动。处理则是强调污染物过程和方法，处置更多是强调活动及最终的消纳。

污泥处置的途径主要有：

（1）土地利用：主要包括园林绿化用土、盐碱地改良和滩涂填埋。脱水后的污泥虽然污泥含有丰富的养分，但同时含有重金属、有机污染物等污染物质，在绿地中连续施用会造成重金属的累积，同时它不同于污水厂污泥，管道污泥各个地区性质不均匀，大部分污泥的容重和孔隙度都难以满足标准要求，所以，纯粹的管道污泥则不太适宜于园林绿化利用。管道污泥若用于盐碱地改良或滩涂填埋，通常也只能起配角作用；

（2）填埋：主要包括混合填埋或作为填埋场终场覆盖土。填埋方式至今还是不少城市的污泥处置方式，一般不会建设专用填埋场，通常和污水厂污泥或城市固体垃圾填埋场在一起；

（3）焚烧：管道污泥与城市污水处理厂污泥性质差别较大，管道污泥的有机质含量较低，无机成分一般而言远多于有机成分，管道污泥的平均有机质含量为15%，单一的管道污泥是不能进行焚烧处理的，去除砂石等无机物后的泥饼可与污水厂的干化后的污泥混合焚烧；

（4）建筑材料：管渠污泥分离出的砂石，经过清洗后，可作为建材使用，如混凝土骨料、市政道路基层材料和行道砖原材料等。

思考题和习题

1. 什么是管道污泥？管道污泥和污水厂污泥有何区别？
2. 简述管道污泥的成分以及各成分的特点。
3. 污泥的危害有哪些？
4. 简单叙述污泥中转站的工艺流程。
5. 污泥处置有哪几种途径？其各自特点是什么？
6. 以某城市为例，根据管道的污泥产出量，提出污泥处理的解决方案。

第5章　封堵、降水和临时排水

在排水管道养护工作中，为了便于检测、疏通清洗以及修复等工序的有效开展，常要求管道全排空或半排空，即处于开放状态，因此，需采取封堵、降水或临时排水等措施，阻断水流，降低水位，让管道符合作业施工的前提条件。封堵、降水或临时排水是养护体系中的重要组成部分，特别在我国地下高水位或城市地势平坦的地区，常常会有涉及。

封堵、降水和临时排水工作中常需要潜水员来配合实施，其有关内容参见第6章潜水作业。

5.1　基本知识

5.1.1　封堵

城市排水管道是连接互通的网络工程，几乎不间断处于畅通运行状态，一旦存在阻断现象，就会扰乱市政公共设施的运行常态，重者会造成安全事故或环境破坏，但为了管道日常养护行为的顺利实施，不得不要求短时间封堵管道，拦截水流。排水管道的检测和养护一般都是在检查井等设施之间进行，为了保证养护工作的顺利进行和施工安全，需要在养护施工之前进行封堵堵水，需要临时封堵的情形通常包括：

（1）高水位运行的管道在采用CCTV、QV或人工检查之前；

（2）高水位运行的管道在人员进入管道内疏通之前；

（3）对管道或检查井进行开挖或非开挖修理之前；

（4）新管道施工过程中，发现旧支管内有污水流入沟槽时；

（5）在管道进行闭水或闭气试验之前。

封堵的目的是阻断上游来水和阻断下游回水，一般在封堵之后，伴随的是降水或临排等措施，一旦措施不到位，极易造成冒溢现象，因而，封堵后要密切关注水位的变化，按照事先制定的预案快速处置。封堵预案主要包括封堵点位置、水头设计、安置方法、风险点、封堵效果不强时的分析思路及处理方法、封堵后可能出现的险情灾害和对环境破坏以及应对措施。预案中水头与对封堵设施的压力需经过严格计算，从而选择稳妥的封堵方法。管道越大，承受水压越大，以6m水头为例，300mm管塞受到的推力为0.42t，2200mm管塞受到的推力则达到22.8t（图5-1）。

5.1.2　降水

在上游没有水持续流入或阻断上下游水的情况下，通过运用各种方法来抽除管道中的存留水的活动称为降水。降水作业是养护工作中常见的工序，它往往是管道清洗、检测、修理前必不可少的步骤。降水工作开展前，通常对上下游检查井以及连通管均进行

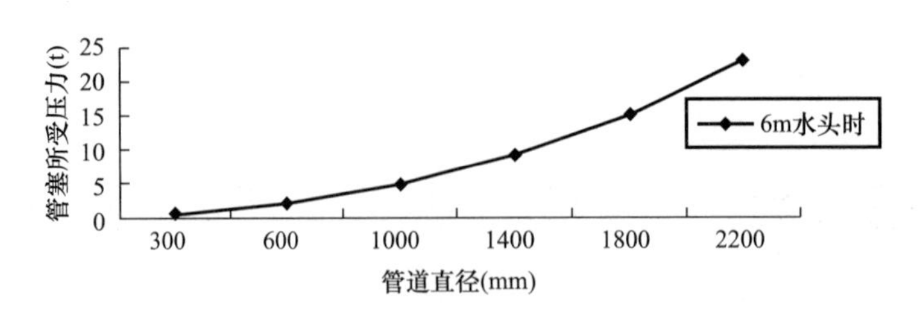

图 5-1　管塞所受压力与管径的关系曲线

封堵。降水区域通常为一段管或多段管。常见降水的方法是使用水泵将管道中的水抽取，并输送到另外同属性的管道或合法的接纳体。泵吸过程中，通常会遇到水位下降速度慢或不下降情形，这时需要停止泵排作业，查找原因后再继续开泵作业，主要由下列原因所导致：

（1）封堵点遗漏：多路管道连接，在水位以下，不易发现管口，特别是暗接（无检查井或检查井盖掩埋）情况；

（2）管道渗漏：管道破裂、接口脱节和错口、接口密封不严等管道结构性缺陷导致地下水入流；

（3）江河水流入：降水区域有排水口被江河水全淹没或部分淹没，排水口无单向止水设施或设施运行异常。

5.1.3　临时排水

临时封堵阻断了管渠排水的正常运行，因此需要通过临时的排水将上游管渠内的积水排放出去，这也就是临时排水的目的和意义。通常情况下临时排水与临时封堵是伴随进行的。通过临时性的排水，可以降低因封堵产生的积水对封堵部分可能造成的安全威胁。临时封堵和排水一般都要得到当地主管部门的批准，制定周密的封堵和临时排水计划，制定计划一般要考虑下列因素：

（1）在封堵期间内各时间节点的临时排水水量、水位；

（2）临时调水的出处是否符合最近、合规和可行三原则；

（3）临时排水管的管径是否与泵的流量相协调；

（4）水泵流量与扬程是否与来水量、井深和地形相匹配；

（5）场地空间布局是否有碍人车通行，是否存在扰民，是否有安全隐患。

与此同时，还必须有遇冒溢、雨天等因素造成危害的防范预案。

临时排水中使用的最重要的设备是各种类型的泵，根据水质的不同可以选择不同类型的泵，最常用的泵是潜水泵，一般情况下，为防止泵出现故障，都应在现场多备一定数量的泵，以防不测。

5.2　封堵方法

临时封堵的时长没有强制性的要求，通常将管道养护、检测和非开挖修复前的封堵都归属于临时封堵，它是指封堵设施在完成某特定工作后予以立即拆除的。封堵的方法一般有工具封堵、临时设施封堵和固定设施封堵三类，具体详见图 5-2。

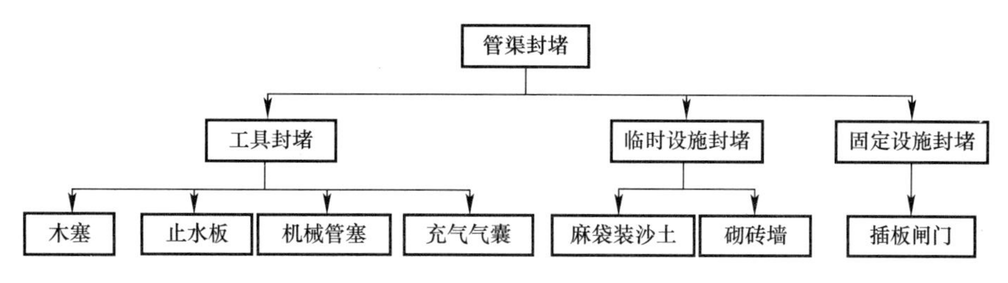

图 5-2　管道封堵方法

5.2.1　木塞和止水板

如图 5-3 所示，木塞是由木质材料制成的，近似于圆柱形，两端直径大小不一，小的一端直径略小于被堵管径，大的一端则略大。木塞一端安装有吊耳，便于与固定绳索连接。封堵安装方便、成本低，只适用于 300mm 以下小型圆形管道，可重复使用。

如图 5-4 所示，止水板是一种非标封堵工具，它是用胶水将橡胶板、木板、海绵止水条粘合成的组合件。止水板组合件卷成圆筒后可由井口送入，然后在管口摊平，止水板的尺寸比所封堵的管口略大，管口必须平整，最后加横撑和直撑，使止水板与井壁贴紧。止水板可重复使用，安装和拆除方便，但圆形和有流槽的检查井不宜采用止水板封堵。

图 5-3　木塞

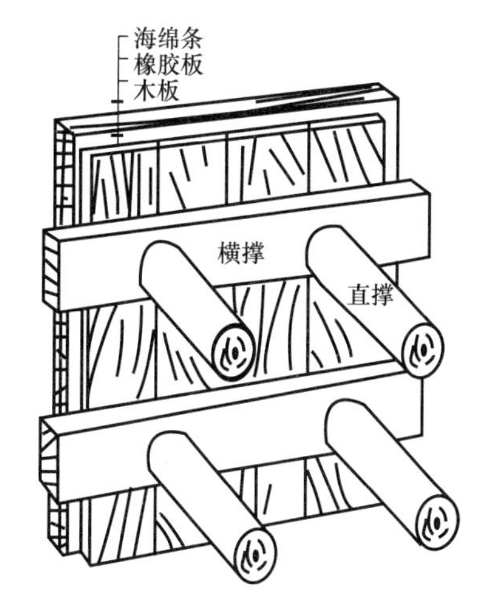

图 5-4　止水板

5.2.2　机械管塞

机械管塞又称碟型管塞，由穿心螺栓、钢（或复合材料）盘和橡胶圈（实心或空心）组成，机械管塞可分为封堵型和检测型两种，其形状有圆形和矩形（图 5-5）。机械管塞通常为固定尺寸，可封堵 *DN*100 至 *DN*2400 各种规格的管道，在美国等发达国家，也有采用机械式管塞封堵直径 4m 管道的记录。

它的基本原理是通过拧紧螺栓，让两片钢盘相互挤压而推动实心橡胶圈产生径向膨胀，这样橡胶圈可紧密贴合在管壁上，从而达到封堵管道的目的。机械管塞价格便宜，可重复使用，且密封性好，封堵时间长，操作方便安全，在管道充满度较低的城市有很好的

图 5-5　各种机械管塞

应用前景。机械管塞在封堵大口径管道时优势明显，且机械管塞可根据管道形状制作，方管和方渠也有专业的机械管塞配套使用。

如图 5-6 所示，机械管塞需要人员下井安装完成，如果管道内有水，则需要具有潜水作业资质的单位和操作人员安装。根据机械管塞的尺寸和设计的不同，小管径多为整体型，大管径可分为上片和下片，也有的分成四片设计。管塞放置到位后，旋转螺栓使管塞膨胀，亦可对空心橡胶圈充气（近似气囊）。中大口径的机械管塞一般都有中空孔洞的设计，作用在于管塞安装到位前平衡管塞两边的水压，也可接入软管，当作中通管塞使用。

图 5-6　机械管塞安装示意图

5.2.3　气囊封堵

1. 气囊种类

气囊又叫充气管塞，是采用优质橡胶与纤维加强层硫化后制成的空心囊，囊内亦可根据用途加装刚性结构物或空心管等。气囊主要有堵水、测试和修复三大类产品，如图 5-7 所示堵水类气囊常称作封堵气囊，或称堵水气囊，它的工作原理就是利用优质橡胶做成的管道封堵气囊通过充气方法使其膨胀，当气囊内的气体压力达到规定要求时，堵水气囊填满整个管道断面，利用管道封堵气囊壁与管道产生的摩擦力堵住漏水，从而达到目标管段内无渗水的目的。测试类气囊是为管道或检查井作密闭性测试而设计制作的专用气囊，它是闭水或闭气试验所必需的设备。修复类气囊又称修复承载器，它是具有管芯结构的气囊，气囊的作用不是堵水，而是通过充气膨胀来安装带状修复材料，实现远程控制非开挖修复管道的目的。由于气囊橡胶具有很好的弹性和柔韧性，基本能满足所有工况条件，且具有安装快捷和操作简单等优势，现已成为当今世界以及我国在排水管道维护工作中最常使用的辅助工具。

2. 堵水气囊

如图 5-8 所示，堵水气囊是当前最常用的排水管道封堵工具，它分为两类，第一类为

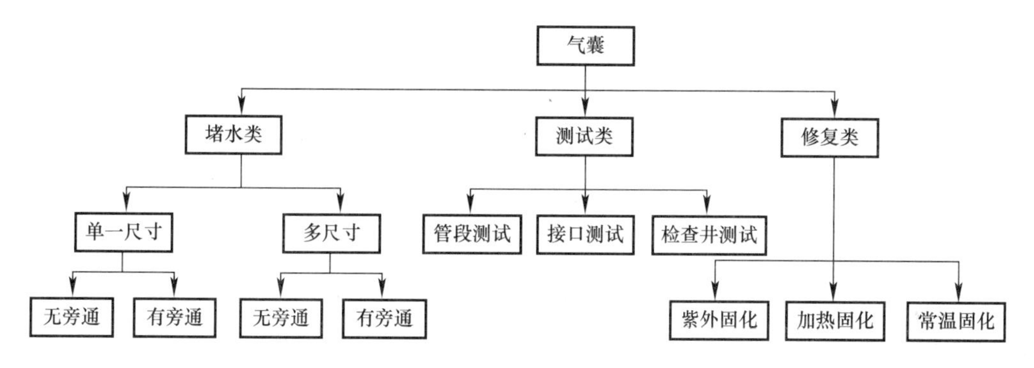

图 5-7　气囊分类

单一尺寸的（图 5-9），即气囊膨胀的外径范围有限，只能针对一种管径的管道实施封堵，常用规格为 DN300、500、800、1000、1200、1350、1500 和 1800，其具有价格低廉、便于安装和修复等优点，被我国很多养护企业所采用。现在市面上的单一尺寸的气囊多为国产，生产厂家较多，各种气囊的技术参数千差万别，在使用前，应详细阅读产品使用说明书，特别是对充气气压上限的规定，表 5-1 为常见的充气气压允许值。

图 5-8　气囊封堵示意图

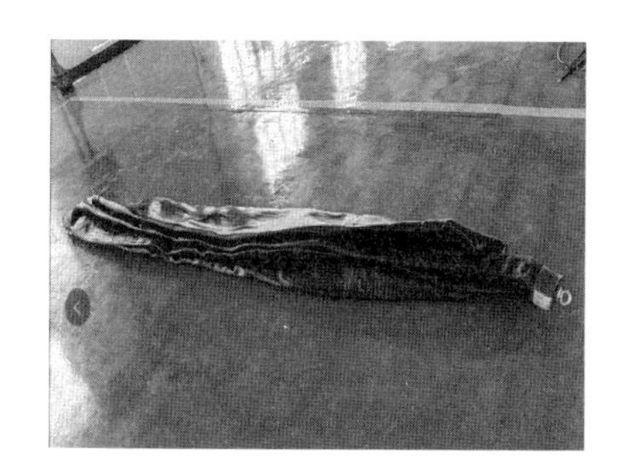

图 5-9　气囊充气前、后图

常见气压允许值参考表　　表 5-1

管径（mm）	300	400	500	600	800	1000	1200	1350	1500	1800
允许充气压力（MPa）	0.15	0.089	0.088	0.073	0.055	0.088	0.074	0.065	0.059	0.049

第二类为多尺寸的（图 5-10），即气囊膨胀的外径具有一定的安全范围，故可以对多级管径的管道进行封堵。多尺寸气囊一般采用大膨胀率的橡胶加筋制作而成，使用时管塞口膨胀口径变大，长度缩短，随着管塞形状的改变管道侧壁逐渐受力。多尺寸气囊一般都

图 5-10　多尺寸气囊

有环向与径向加强筋，有助于均匀分散管塞的受力，可封堵 DN100～DN1500 各种尺寸的圆形或蛋形管道。

堵水气囊安装时通常要注意下列事项：

（1）清除管口范围 2～3m 的淤积，特别是管底不能留有尖硬石子颗粒；

（2）气囊进入上游管内，展开、放平，尾端不能超出井壁管口，不能让绳子或尼龙布拉攀压在气囊下面。压力表及气阀需一定要留在地面以便于观察；

（3）安装防滑动支撑。小管道可采用一字形（图 5-11），大、中管道应采用竖撑和横撑组成的井字形或满堂支撑（图 5-12）；

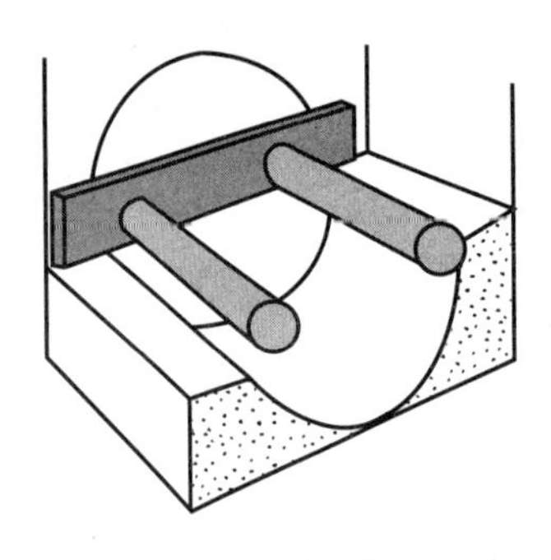

图 5-11　一字形支撑

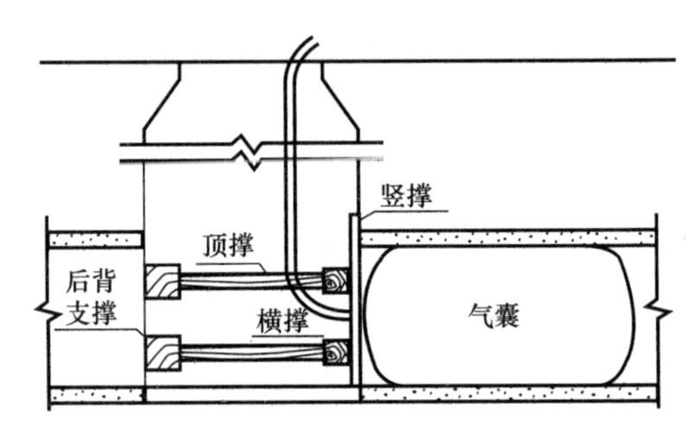

图 5-12　井字形支撑

（4）为了防止气囊脱落，通常将连接气囊的绳索固定在周边的牢固物体上，同时注意压力表的压力值，压力低于产品说明书所规定的压力时要及时补气；

（5）施工完毕后，打开放气阀放气，气囊在自然状态下放气速度很慢，时间较长，大口径的更甚，且不易放净，此时可采用抽真空设备，加快取出气囊。气囊取出后应及时洗净，晾干，检查完好状况。发现划伤及时修补，以备下次使用。

3. 中通气囊

中通式气囊（图 5-13）通常有两个或多个中间带导流通道，使用时可将各个不同支管或上游方向的来水通过中通式管塞导流到下游管道。中通式管塞非常适合在高水位运行的管道内使用，在不能断水作业和长距离调水（图 5-14）中发挥重要作用，常被用在修复管道或检查井时的排空作业。

图 5-13　中通式气囊

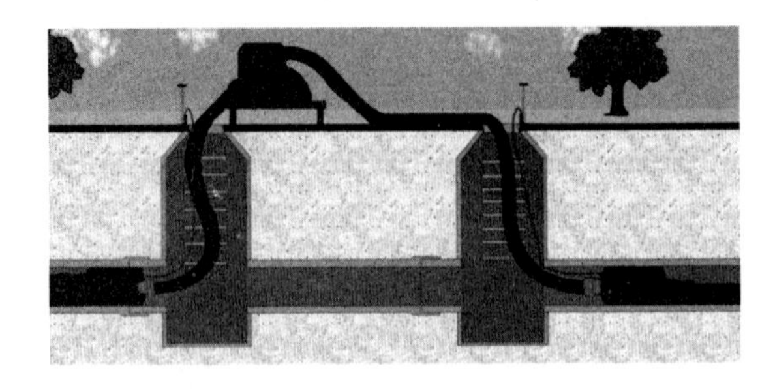

图 5-14　长距离调水示意图

该种气囊也有单一尺寸和多尺寸两种形式，通常单一尺寸的过流断面大于多尺寸的。

4. 堵水作业程序

封堵气囊时，将气囊的一端（带有气嘴的一端）用三根牵引绳拉住，慢慢将气囊放入井底，放入过程注意井口避免损坏气囊，气囊放入管道后应水平摆放，不要扭着摆放，以免窝住气体打爆气囊。井底人员配合与地面人员配合将气囊放入井底下游管道内插入气管，连接好气压表和气泵。

启动气泵，开始充气，缓慢打开充气阀，充气压力控制在压力表的红色区外的安全区域内。充气时应保持气囊内压力均匀，充气时应缓慢充气，压力表上升有无变化，如压力表快速上升说明充气过快，此时应放慢充气速度，将止气阀稍微拧紧一些，以减轻进气速度，否则速度过快，迅速超过压力很有可能就会打爆气囊。用压缩空气向气囊充气，直径小于 600mm 的堵塞，充气压力为 0.07MPa；直径 600mm 至直径 800mm，充气压力为 0.065MPa；直径 800mm 以上，充气压力不大于 0.06MPa。充气后，气囊膨胀，紧贴壁管，将管道封闭，并用尼龙绳拉住气囊上的固定带固定在地面上。

井底工作人员观察气囊的充气状况，确认充气状态正常后，迅速撤离井底。

为了防止气囊产生轴向滑动，保证气囊强度，必须用木板和木撑柱将气囊顶住。木板以宽为 20cm 和厚为 6cm 为宜，尽量布满气囊端部，木撑柱以直径 10cm 圆木为宜，每块板上顶 2 根，以坚固为原则。

通过气压表，观察气囊气压数据，当气囊气压达到技术规定数据时，关闭气压控制阀门，充气结束。结束充气后，20 分钟内气压表保持与气管的连接。观察气囊压力的数据变化情况，一切正常，拆除气压表。

封堵后，注意观察水位上升情况，水位高度不得超过相应技术指标高度。

受各种因素的干扰，随着时间的推移，气囊内压会有变化，必须注意压力表的示值，及时补气。如外界水压较高，气囊也需及时补气，以气囊内压高于外压 0.015MPa 为宜。应设置专人进行监护，定时测量气囊压力，压力下降后及时补气，若出现压力下降较快的情况，因及时更换气囊进行封堵。

气囊封堵时需设有保护措施，涉及人员下井的，还需在封堵气囊的上下游各多封堵一个气囊，并在检查井内设置支撑，预防安全事故发生。

拆除气囊时，首先要确认管道内没有其他人员在井下作业。检查牵引绳，必须拉紧、拴牢。连接充气阀门气压表，打开阀门放气，放气过程注意观察水位变化和牵引绳情况，观察气压表，确认气囊恢复原状，水位降低后，地面人员用牵引绳取出气囊。取气囊时注意保护气囊，避免划伤表面。

气囊在每次使用气囊后应用清水和软布对气囊进行清洗。去除气囊表面残留物，以免腐蚀气囊。气囊应该避免阳光直接照射，在常温下保存。远离有机溶剂和酸碱等化学药品，保持干燥、通风，远离火源和热源，避免尖锐物的划伤。

5.2.4 墙体封堵

墙体封堵作为一种传统管道封堵技术一直到现在仍广为使用。它适用于各种形状的大、中型管道，封堵时间长、封堵效果好，在我国墙体封堵仍是大型管道封堵最常用的办法，主要应用于以下项目中：

（1）在新管道建设时，新管与既有管道连通前；

（2）管道改向、开挖修理所需要的管道临时封堵；

（3）配合临时排水；

（4）大型、特大型管道进行检测前；

（5）所有需要人员进入管道施工前的断水作业。

墙体封堵主要材料为砖块、快速水泥、黏土、砂浆、一小节预留短管。人员下井砌筑期间必须保证管道内无水或处于低水位。使用在现场搅拌均匀的快速水泥，将砖块快速垒筑而成。

小管道作业时墙体可采用单层砖墙封砌，大型管道（一般管径大于1000mm）建议采用双道或三道墙体以增加管道封堵的安全性。由于墙体和黏土水泥完全硬化需要1～2天的时间，所以墙体初封时都设置预留短管（图5-15），以供临时排水，预留短管的位置宜在管道封堵的下半部分，这样可减少墙体两侧的水位差或水流较急时对墙体产生的压力。待黏土水泥完全结硬（一般需要2～3天）墙体结构性稳定后，可再次下井将预留短管封死，墙体封堵即完成。

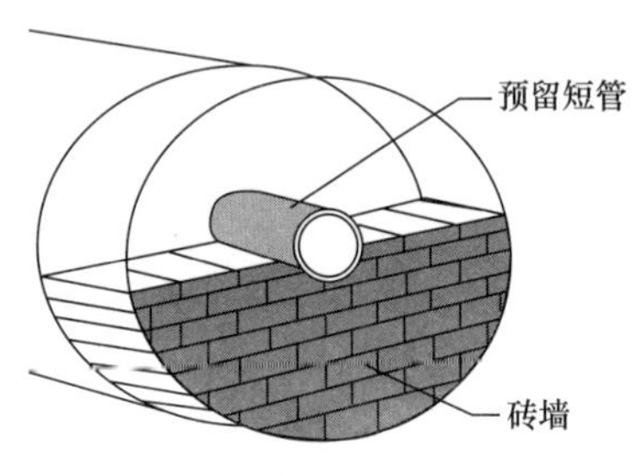

图5-15　墙体结构示意图

拆除砖墙时需先打开预留短管，使墙体封堵两侧水位齐平，不再有水位差，之后再拆除墙体，并要拆除完全、干净，不留残余坝头。

5.3　降水与临时排水

降水是指对充盈有水的管道或检查井实施泵排措施，将其中的水抽除至设施外，让设施暴露，使空间满足养护、检测、修理等要求。将管道中的水或地面积水短时间抽排至设施外的过程称为临时排水，简称临排。降水行为通常是在封堵工作完成后才能开始实施的。在降水作业过程中，由于管道的不密闭极有可能引起管道周边地下水的流动而将泥沙带入管道内，形成土体扰动和脱空，甚者出现道路塌陷、建筑物倾斜、路灯杆倒伏等灾害，因此，一要控制降水速度，不宜过快；二要在降水同时密切关注周边构筑物的变化情况，一旦发生变化，必须停止降水活动，待查明原因后再实施。

检查井冒溢或雨天时管道来不及排水都会产生地面或路面积水，这时也需要采取降水和临时排水措施。

5.3.1　排水方案

1. 流量计算

在进行管道封堵时，为了保证管道正常通水，同时也为了减少上游来水对气囊的压力，需要在管道上游使用抽水泵将上游来水排到下游，根据管道内流量大小选择合适的水泵。对于满管水的管道，流量计算公式可以按照式（5-1）计算：

$$Q = d^2 \times 3600 \times \pi \times V_c / 4 \tag{5-1}$$

式中：Q——排水量（m^3/h）；

d——排水管内径（m）；

V_c——管道中经济流速，取 2.3～2.6m/s。

根据计算得到的结果选择满足符合流量要求的水泵进行排水施工。

2. 现场规划

临时排水实施前要制定临时排水方案，综合考虑施工现场范围内的管道情况、交通情况、待排出的水量情况等因素，合理安排施工车辆和临排管的布置位置（图 5-16），尽量减少对周围居民和交通出行的影响。

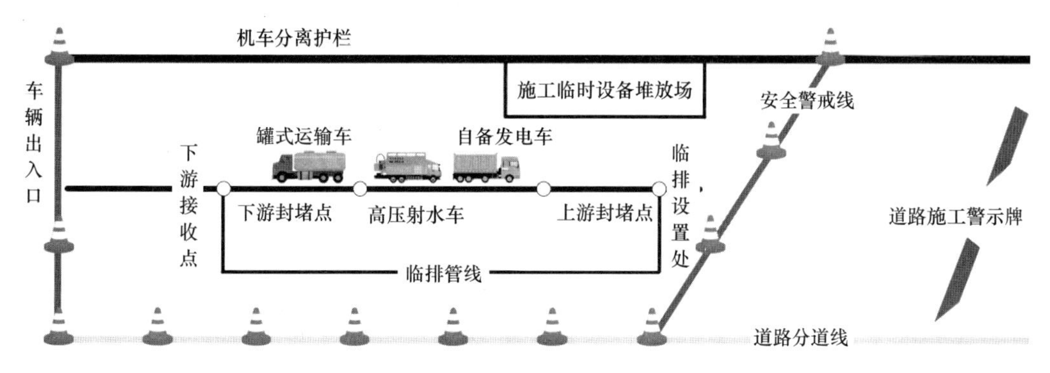

图 5-16　临时排水现场布置示意图

5.3.2　排水设备

如图 5-17 所示，排水设备通常有排水泵和排水专用车两大类。

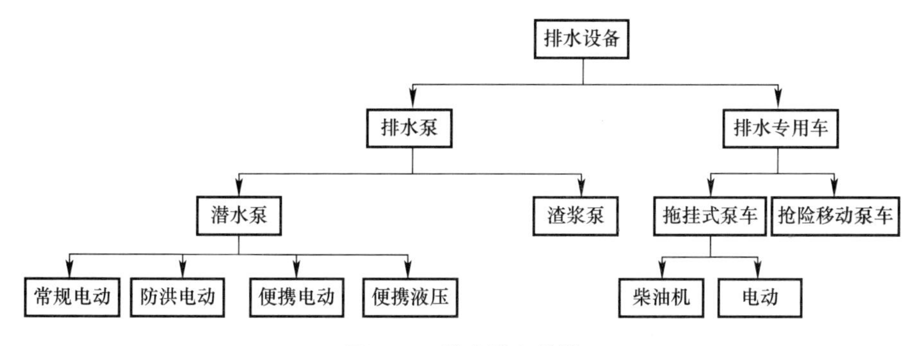

图 5-17　排水设备分类

1. 潜水泵

潜水泵是污水泵系列产品中的一种，因为它无需另外建设泵房，通常建设一个泵房需要不少的时间和成本，潜水泵只需接通电源，将水泵放入需要排污的地方，接上排水管即可排水作业。目前城市排水主要使用的潜水泵分为：

（1）常规电动潜水泵（图 5-18）：常规潜水泵价格便宜，流量大，单泵流量可达 $3000m^3/h$，扬程较高，但重量大，搬运不方便；

（2）防洪电动泵（图 5-19）：流量大，单泵流量可达 $1000m^3/h$，扬程低（扬程 10m），重量轻，只有 400kg，作业灵活性比常规潜水泵好，可以正着、斜着、卧着安放；

（3）便携式电动泵（图 5-20）：它是一种新型超轻型反轴流潜污泵与高速永磁电机以及专用的永磁电机变频控制器（一般转速控制在每分钟 5000 转内，高低速可调以专用变频器来控制）的组合，内部结构采用新型反轴流潜污泵，叶轮采用特制的反轴流式结构，泵出水部分采用卡箍式快装出水连接头连接，可以与外来通用的消防水带连接；具有现场快速应用的功能，提高了使用速度与强度。而且该系列泵采用铝合金或特制的不锈钢材质或不锈钢材质与铝合金组合的形式，不仅具有重量轻的功能，还具有耐磨、耐用的特点。流量达 400m³/h，扬程可达 8m，重量仅为 35kg，一个人可以搬运；

（4）便携式液压泵（图 5-21）：采用液压马达带动叶轮，高速液压马达转速可达 6000 转/min，流量 400m³/h，扬程 10m，重量 28kg。

图 5-18　常规电动

图 5-19　防洪电动

图 5-20　便携电动

图 5-21　便携液压

2. 渣浆泵（图 5-22）

渣浆泵从工作原理上讲属于离心泵，从概念上讲指通过借助离心力（泵的叶轮的旋转）的作用使固、液混合介质能量增加的一种机械，将电能或液压能转换成介质的动能和势能的设备。目前城市排水设备中使用最多的是液压渣浆泵，使用的品牌有进口和国产多个品牌，其流量基本是 50～200m³/h，扬程达 10m 以上，重量小于 30kg，通常情况下与液压动力站配合使用。它具有泵头轻、安装容易和低噪声等特点，但也存在叶片易被污水中硬质物碰坏等缺点。渣浆泵的价格通常远高于普通电动潜水泵。

图 5-22　渣浆泵

3. 拖挂式泵车

拖式泵车分为两类，一类是拖式电动泵车（图 5-23），另一类是拖式柴油发动机泵车（图 5-24）。由于拖式泵车一般工作地点附近没有电源，所以目前大多采用拖式柴油发动机泵车，其特点是：

图 5-23　电动拖挂

图 5-24　柴油发动机拖挂

（1）无需电源，灵活性好，适合防汛抗旱作业；

（2）集自吸和无堵塞于一身，既可像一般清水自吸泵那样不需安装底阀，不需引灌水、又可抽吸含有大颗粒固体块、长纤维的污物、沉淀物废矿杂质、粪便处理及一切工程污水物，完全减轻工人的劳动强度；

（3）使用、移动、安装方便、极少维修、性能稳定。

4. 抢险移动泵车

抢险移动泵车主要用于抗洪抢险严重内涝和其他紧急情况下排涝、排水。它的主要组成部分有汽车底盘、发电机组、各种泵、箱体、配电柜等。其特点是：一体化装备齐全、排水功能强大、效率高、行动迅速等，它安装有电源、液压动力源和气动源，可为各种设备提供动力。具体性能及操作详见第 7 章。

思考题和习题

1. 通常在哪些情形时需要封堵降水？CCTV 检测前，降水需达到何种目标？

2. 简述叙述堵水类气囊单一尺寸和多尺寸各自的优缺点。

3. 墙体封堵时，为何需预埋一截短管？

4. 直径为 1000mm 的排水管需要封堵，选择哪几种封堵方法可行？

5. 在堵水气囊安装时，应该注意哪些事项？

6. 如果你身边有一台普通电动潜水泵，请查明其电压、功率和流量等参数，并根据使用说明书，简述其注意事项。

7. 在现实中选择一段需要检测的管道，依据现场情况，草绘一张临时排水各类设施布置图。

8. 某管段需要降水，经过测量，已知管径为 1000mm，流速为 2.6m/s，且一直处于满管状态，试计算其流量，并选择市面上已有的泵的类型及流量大小。

第6章　潜水作业

排水管道作为重要城市基础设施，在管道检查、养护、维修，泵站和污水厂清淤等工作中广泛使用潜水作业技术，从事这个职业的潜水员被形象比喻为“城市蛙人”。近年来，我国政府排水主管部门和行业协会在逐步规范从事市政潜水作业的相关管理工作，已经形成了行业准入有门槛，从业之前有培训，作业过程有监管的整套体系，强调行业监管和安全自律，使其由“要我安全”向“我要安全”转变。随着城市化进程加快推进，我国城市建成区下水道设施总量在过去十年时间增长了一倍多，大量的排水设施需要维护，客观上增加了对“城市蛙人”的需求，为行业的发展带来难得的机遇期。

6.1　基本知识

6.1.1　潜水作业的含义

主动从水面潜入水下，再从水下上升出水的过程，称为潜水。潜水可为产业潜水、娱乐潜水、科教潜水和军事潜水四大类。潜水作为人类进入水下环境的一种手段，在原始时代就已开始，如今，潜水已成为经济建设、国防建设和科学研究中不可缺少的一个特殊的技术工种。潜水在军事上主要用于水下侦查、水下爆破、援潜救生和水下兵器的打捞等，在民用上主要用于水产和矿产资源勘察和开发、水下施工、沉船打捞、清扫航道、水库检修、水产养殖和海洋考察研究等方面。

潜水可按潜水员机体是否承受高压，分为常压潜水和承压潜水。潜水又可按潜水员机体组织内的惰性气体是否达到饱和，分为常规潜水和饱和潜水。随着潜水技术的不断进步，潜水方式越来越多，例如：按潜水员的呼吸气体种类可分为空气潜水、氧气潜水和混合气潜水；按呼吸气体来源，可分为自携式潜水和水面供气式潜水；按呼吸气体供气方式，可分为通风式（即连续供气式）潜水、供需式（即按需供气式）潜水；按呼吸气体回路，可分为开式、半闭式和闭式潜水等。

一般的工程潜水主要是指从事江、河、湖、海、水库等水下工程作业的潜水活动。在市政排水领域，潜水作业所要面对的不但是水下作业，还有有限空间和有毒有害气体。城市排水系统涉及的有限空间数量与类型众多，且易于具备产生有害气体的条件，会产生甲烷等易燃性气体和硫化氢等有毒气体，危险性与危害性大。近年来在下水道、检查井、化粪池、泵站、污水厂等排水设施空间作业过程中时常发生安全事故，因此从事该行业的潜水员们的工作环境十分恶劣，危险性大，从业人员心理压力大，更需要严格地培训上岗和规范操作。

6.1.2　水的物理学基础

人类生活在覆盖着大气层的地球表面，而潜水员则工作于水下高压环境。水下环境对人类来说是陌生的，是充满危险和挑战的场所，潜水员要想安全地工作，就必须了解下水环境的特点并掌握减轻环境影响所必需的技术。

1. 水的物理性质

水分子由两个氢原子和一个氧原子组成。其分子式为 H_2O。纯净的水是一种无色、无味、透明的液体，在 4℃时密度最大，为 $1g/cm^3$，比空气的密度大 770 倍，水的沸点是 100℃，冰点是 0℃。

水与空气比较是不可压缩的。但是，一定量的水当加压至 20MPa 时，它的体积会减少 1%。由于水的压缩性很小，几乎可以忽略不计。因此，我们通常称水是不可压缩的。

2. 水的压强

单位面积上受到的压力叫做压强。压力既可以由物体的重量产生，例如大气的重量和水的重量可分别产生大气的压力和水的压力；又可以由物体间的作用力产生。压强的基本单位是帕斯卡（Pa），因为帕的单位很小，一般在计算水和气体的压强时，常用兆帕（MPa）。

$$1Pa=1N/m^2 \tag{6-1}$$

$$1MPa=10^6 Pa \tag{6-2}$$

需要注意的是，在国家法定计量单位颁布前，潜水领域经常使用大气压、公斤力/厘米^{2}等作为压强单位，现已不允许使用。大气压作为压强的一个概念仍在使用，不过已不再是压强的法定单位。在医学和潜水等领域，经常把压强称作压力，这个压力不是物理学概念的压力，而是特指压强。

由于水的重量而产生的压力叫做静水压力。单位面积上承受的静水压力就是静水压强。液体内部同一点各个方向的压强都相等，而且深度增加，压强也增加。在同一深度，各点的压强都相等。若 ρ 为某种液体的密度，则深度为 h 处的静水压强 p 为：

$$p=\rho gh \tag{6-3}$$

式中：p——静水压强（Pa）；

g——重力加速度（N/kg）；

ρ——液体密度（kg/m^3）；

h——水的深度（m）。

在潜水中，我们经常近似认为江河湖海的水密度都是 $1g/cm^3$，重力加速度取10N/kg，静水压强以 MPa 为单位，则式（6-3）可简化为：

$$p=0.01h \tag{6-4}$$

当 $h=10m$ 时，$p=0.1MPa$（相当于一个大气压），也就是说当水深每增加 10m 时，静水压强即增加 0.1MPa（一个大气压）。

潜水员在水中所承受的压强包括由水的重量所产生的静水压强，以及由水面大气的重量所产生的大气压强，是两者之和。

3. 水的浮力

浸在液体中的物体会受到一个向上的力，这种向上的托力称为液体的浮力。实验证明，浮力的大小与浸入物体的体积及液体的密度有关。在同一种液体中，浸入物体的体积越大，浮力也越大；液体的密度越大，浮力也越大。

浮力的大小等于浸没物体排开液体的重量。这就是阿基米德定律。用公式表达为：

$$D=\rho gV \tag{6-5}$$

式中：D——物体受到的浮力（N）；

　　g——重力加速度（N/kg）；

　　ρ——液体的密度（kg/m^3）；

　　V——物体排开液体的体积（m^3）。

对于纯水，如果 D 的单位用 kN，g 取 9.8N/kg，则上式可简化为：$D=9.8V$（kN）。

一块钢板放入水中会沉到水底，但是用钢板制造的船却可漂浮在水面。造成这一现象的原因就是浸在水中的物体除受到向下的重力 W 外，还受到向上的浮力 D，物体的沉浮是由 D 和 W 共同作用的结果（图 6-1）。

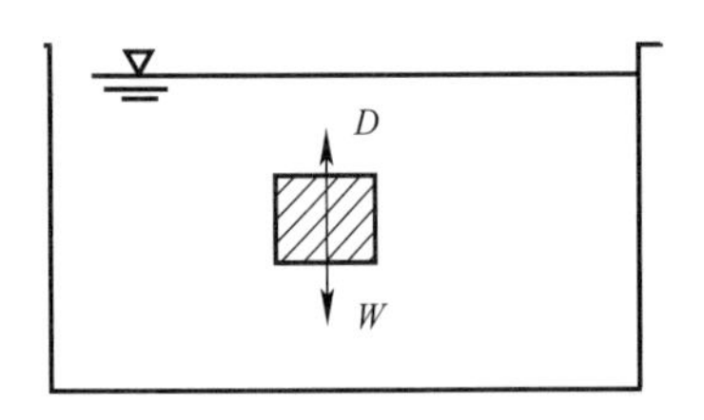

图 6-1　水中物体受力情况示意图

当 $W=D$ 时，合力 $D-W=0$，此时物体可以在液体内部任何位置平衡。我们把这种状态叫悬浮状态，也称中性状态；

当 $D>W$ 时，合力 $D-W>0$，方向向上，物体会漂浮在水面，我们把物体的这种状态叫漂浮状态，也称正浮力状态；

当 $D<W$ 时，合力 $W-D>0$，方向向下，物体会沉到水底，我们把物体的这种状态叫沉状态，也称负浮力状态。

显然，在水中的物体只能处于这三种状态中的一种。我们调节 D 和 W 的大小，可以改变物体的沉浮状态（简称浮态）。

对物体的浮态进一步分析，实际上决定物体沉浮的因素是物体和液体各自的平均密度。当物体的平均密度等于液体的密度时，呈悬浮状态；当物体的平均密度小于液体的密度时，呈漂浮状态；反之，呈下沉状态。

潜水员在水中的沉浮和一般物体在水中单纯的沉浮有所不同。一般物体在水中浮态完全取决于物体所受到的浮力与自重的差值，这个差值是固定不变的，故只能处于三种浮态中的一种。一般物体的沉浮可以称作重力沉浮。潜水员和鱼类在水中的沉浮相类似。我们知道鱼类在水中的沉浮，一方面通过腹内的鳔，改变自身的排水体积，从而改变浮力和自重的差值，达到沉浮目的，这属于重力沉浮；另一方面，运用尾和鳍的推力达到潜游和浮游的目的，这种沉浮称作动力沉浮。

潜水员在水中的沉浮，一种是重力沉浮，另一种是动力沉浮。重潜水属于重力沉浮，重潜水运用了压重物（如压铅），结合调节潜水服内的空气垫，使重力和浮力的差值可以在较大范围内任意调整，达到沉浮目的。而轻潜水服内没有（或者很少）可任意调节的气垫，也就是说重力和浮力的差值无法随时改变，所以，轻潜水主要依靠脚蹼等的推力达到沉浮目的。

4. 潜水员的稳性

潜水员在水下作业时，需要采取各种不同的体位（比如：站立、半屈位、跪姿等），不论采取何种体位，都要求潜水员保持身体处于稳定的平衡状态。

潜水员的重心是指潜水员自身的重力和潜水装具的重力共同作用形成的合力的作用点。对于潜水员来说，重心一般在腰带部位。在潜水运动中，一般认为在正确着装基础上，不施力于物体，潜水员的重心位移很小，在直立的静态状态下，重心不变，而徒手运动时，虽因体位的变化造成重心的位移，但这种位移仍然是小范围的。由于重心在小范围发生偏离，潜水员可轻易控制稳性，保持平衡。

重心的变化只有在潜水装具各部分配重不当，着装时佩挂物的位置偏差，运动时发生压铅、潜水鞋脱落，搬运重物时用力不当时才会出现较大幅度的位移。如果重心位移后仍在浮心的下方，则仍属稳定平衡范围。如果重心位移后处于浮心上方，则为不稳定平衡。这时如果潜水员有准备，可以迅速将重心和浮心调整在同一铅垂线上，仍可保持一个暂时的平衡，当然这是不易掌握的，一旦重心和浮心偏离同一条铅垂线时，倾覆力矩将使潜水员失去平衡，这是很危险的。

潜水员的浮心是指潜水员（含装具）在水中所受到的浮力的作用点。对于重潜水员来说，浮心一般在乳头的高度上，直立体位时，重心和浮心的垂直距离约为200mm，这个距离也叫稳性高度。浮心的变化是随时随地发生的。因为潜水员在水下作业时，空气垫浮力的大小和位置随时都在变化。我们知道，空气垫浮力的大小是通过改变排水体积来实现的，而空气垫体积和位置是随时变化的，这种变化往往是不对称的，这就使得浮心随空气垫的变化而产生位移。浮心总是向排水体积相对增大的方向移动。由于浮心的随时变化，从而随时改变着重心和浮心的相对位置关系，影响稳定性。潜水员在水下保持身体平衡的能力，称作潜水员的稳性。它取决于重心和浮心的相对位置以及潜水员本身的平衡感。

潜水员的平衡分为稳定平衡、不稳定平衡和中性平衡三种情况。稳定平衡的基本条件是保持浮心在上，重心在下，并且在同一条铅垂线上。但潜水员在水下作业过程中，需经常变换体位，因此，也就不可能永远保持在一种平衡状态。由于不断变换动作，潜水员的重心和浮心随之不断发生位移，因而原有的平衡不断被打破，而产生新的平衡。造成重心和浮心位移的原因很多，主要为身体长度的改变、重量的增减、潜水服内空气垫的位移等。潜水员在水下应保持稳定平衡。

潜水员水下不稳定平衡的条件是：重心在浮心的上方，或浮心与重心不在同一条铅垂线上。造成潜水员不稳定平衡的原因主要有：①压铅位置挂得过高，潜水员进入水后，重心位置在浮心之上，潜水员感到头重脚轻，极易倾倒，当潜水员两只潜水鞋都脱落时，也会产生同样现象；②一侧压铅脱落或者一只潜水鞋脱落，会造成浮心与重心不在同一铅垂线上，重力和浮力形成的倾覆力矩使潜水员倒转放漂。潜水员应避免不稳定平衡。

中性平衡是指潜水员在水下浮力和重力相等，且浮心与重心重合的情况下，此时，潜水员可悬浮于任何位置，并可绕重心与浮心的重合点做任意转动，这将不利于潜水员水下工作的正常进行。

6.1.3　气体的物理学基础

1. 空气的组成（表6-1）

空气是无色、无味、透明、易压缩的气体。密度为1.2～1.3g/L。空气可溶解于液体，人体中含有大量水分，空气会以一定的比例溶解在人体中。空气主要由氮气、氧气、二氧化碳、水蒸气及惰性气体组成。

潜水中会遇到各种气体，其中主要有氧、氮、氦、氢、氖、二氧化氮、一氧化碳和水蒸气等八种。在某些潜水作业时也可以将空气中某些成分的气体与氧气混合，组成特殊的混合气体。在常规潜水作业时（市政领域潜水作业一般属于常规潜水作业），最常用的是空气，空气是一种天然的潜水混合气体。

空气中主要成分含量及密度 表 6-1

气体名称	分子式	体积百分比（%）	密度（g/cm³）
氮	N_2	78	1.25×10^{-3}
氧	O_2	21	1.43×10^{-3}
二氧化碳	CO_2	0.033	1.97×10^{-3}
氦	He	0.0005	1.8×10^{-4}

2. 气体在液体中的溶解

在一定的温度下，0.1MPa 一种气体，溶解于 1mL 某种液体中的毫升数，称为该气体在这种液体内的溶解系数。溶解系数大，表明气体在液体中的溶解量多，反之则少。影响气体在液体中的溶解量的因素主要有：①气体本身的性质；②液体的性质；③气体和液体的问题；④气体的分压。

由于温度越高，分子的运动速度越大，所以气体越难溶解于液体。实验证明：在一定温度下，气体在液体中的溶解量与这种气体的分压成正比。我们把这个结论叫亨利定律。

当一种不含气体的液体首次暴露于气体中时，这种气体的分子在分压的作用下，会迅速进入液体中。当气体进入液体后，增加了气体的张力（即气体在液体中的分压)。液体内气体张力与液体外这种气体分压之间的差值，叫做压差梯度。压差梯度大，气体溶解在液体中的速度就快。随着时间的推移，溶解在液体内气体分子数量不断增加，气体的张力随之增加，与此同时，液体外的气体因部分溶解在液体内，它的分压降低，溶解在液体中的气体又有一些分子从液体中逸出，增加气体的分压。这样，分子气体不断溶解和逸出，当压差梯度为零时，逸出和溶解的气体分子数量相等，液体中溶解的气体分子数量保持平衡，我们称之为液体被气体饱和了。

气体在溶解度（即液体被气体饱和时，单位体积液体内溶解的气体质量）除与气体的分压有关外还与温度有关，温度越高，溶解度越小，反之，温度越低，溶解度越大。

气体在液体中的溶解规律对保障潜水员安全作业具有重要的指导意义。潜水员吸入的混合气体中各种气体将按照各自的分压成比例地溶于体内。由于不同气体的溶解度不同，因此某种气体的溶解量与潜水员在高压下呼吸这种气体的时间有关，如果时间较长，这种气体将会在潜水员体内达到饱和，当然这种饱和过程较慢，不同的气体在体内达到饱和需要 8～24h。

只要潜水员所处环境的压强不变，已溶解在体内的各种气体的量就会保持原有的溶解状态。当潜水员从水下上升出水时，随着水深变浅，静水压强越来越小，溶解在潜水员体内的混合空气的总压也越来越小，各种气体的分压也随之减少，溶解在潜水员体内的各种气体因分压减少，不断地逸出体外。如果按照减压表控制上升速度，那么已溶解在体内的气体将会被顺利输送到肺部并呼出体外。如果对上升速度和幅度控制不当，压力的降低超出了身体所能调节的速度，则会形成气泡并积聚在小血管内，引发减压病。

6.2 潜水装具

6.2.1 装具分类

自携式潜水装具的呼吸气体储存在气瓶中，由潜水员潜水时随身携带，故称自携。自携式空气潜水的最大安全深度为 40m。自携式潜水相对于重装潜水来说，具有轻便、灵活、水下活动范围大、容易掌握使用、应用范围广等优点，在军事、科研、水下勘测、水下简单作业以及娱乐潜水灯领域获得广泛应用。

水面供需式潜水装具有两路供气系系统：一路是由水面向潜水员提供气体，称为主供气系统；另一路是由潜水员自携的背负式应急供气系统向潜水员提供应急气体。水面供需式潜水装具兼具自携式和通风式潜水装具的特点，具有安全可靠、供气调节灵敏、呼吸按需供给、佩戴轻便、通信清晰及水下活动灵活等特点，广泛应用于各种开阔水域潜水作业中。

通风式潜水装具主要由穿戴物、配重物及通信工具三大系统组成。使用这种装具时，新鲜的压缩空气从水面不断地通过潜水软管送入头盔，并定时地从头盔排气阀排出头盔和潜水服内多余的气体，以达到呼吸气体更新的目的，故称使用这种装具的潜水为通风式潜水。市政排水管道、泵站、污水厂集水池、调蓄池等常见的市政潜水作业环境中，多数属于有毒有害有限空间作业，与开阔水域潜水作业有明显不同，因作业空间有限，水下可视范围几乎为零，不适宜自携气瓶作业，通风式潜水装具成为主要的市政工程潜水作业装具。

6.2.2 通风式潜水装具组成

目前，国产的通风式潜水装具主要分为轻装和重装两类，重装主要有 TF-12 型、TF-3 型及 TF-88 型等。TF-3 型和 TF-88 型通风式潜水装具与 TF-12 型相比有很多相同之处，只是在头盔、领盘、潜水服以及连接方式上有所不同，其中，TF-88 型通风式潜水装具增配了应急供气装置和自动排气阀，性能更加稳定，技术成熟。TF-12 型和 TF-3 型通风式潜水装具的主要潜水深度为 45m，最大潜水深度为 60m，在水流速度不超过 2m/s 的情况下使用。潜水服结构大同小异，主要由头盔、领盘、潜水服、潜水软管、压铅、潜水鞋、腰节阀、信号绳、腰绳、潜水电话等组成（图 6-2）。

轻潜水装具又称浅潜水装具，常见的轻潜水装具如 JQ83 型，与重潜水装具相比，轻装简化很多，取消了头盔和铅鞋的设计，使用帽子、潜水服、靴子一体化设计，大大缩短穿、脱时间，主要包括：潜水服、呼吸器、供气管、腰节阀、压铅、手箍、供气设备、对讲电话等（图 6-3）。轻潜水装具适合在水深不超过 12m 的深度水下作业，由于多数的市

图 6-2　重潜水装具

图 6-3　轻潜水装具

政排水管道、泵站集水池、污水厂等工作环境水深不会超过12m，因此轻潜水装具比重潜水装具有更高的使用频率。

重潜水装具和轻潜水装具的配置区别参见表6-2。

重潜水装具和轻潜水装具配置对照表　　表6-2

	重潜水装具	轻潜水装具
头盔	3个观察窗；呼吸系统；通信系统	一体式设计；1个观察窗；呼吸系统
领盘	用于连接头盔和潜水服	一体式设计，无单独领盘
潜水服	一般分为大、中、小号	一体式设计，一般分为大、中、小号
潜水软管	30m/60m两种规格	30m
压铅	增加潜水负浮力保持稳性20～30kg 前、后两片	增加潜水负浮力保持稳性20～30kg 前、后两片，或缠于腰间
潜水鞋	铅底鞋	一体式设计
腰节阀	调节供气量的单向供气节流阀	调节供气量的单向供气节流阀（选备）
信号绳	传递信号、工具，必要时救援	传递信号、工具，必要时救援
潜水电话	电话线从头盔引入	不是必备部件
附属器材	水下照明、潜水刀、潜水梯等	

6.2.3　潜水员生理影响

通风式潜水装具的头盔和潜水衣连接在一起形成一个密闭空间，潜水员就在这个空间里呼吸压缩空气，它可容纳一定的气量，称为气垫。通过潜水软管，从水面不断地将新鲜的压缩空气送入气垫中，并定时地从排气阀排出潜水衣内多余的空气，以此来实现气体交换，供给潜水员呼吸，故称为通风式潜水。由于气垫内的能够容纳的气量有限，潜水过程中须维持一定的供气量，当供气量不足时，二氧化碳含量会很快增高，当达到相当于常压下的3%（0.003MPa）时，潜水员就会出现呼吸困难。因此，在使用通风式潜水装具潜水时，气垫里的二氧化碳浓度不应超过1.5%（常压下）。增加头盔内的通风换气量可以有效地降低二氧化碳浓度。在中等劳动强度时，向头盔内的供气量不应少于80L/min（常压下）。

潜水作业时，潜水员应根据作业强度，通过腰节阀及时调节头盔和潜水服内的空气量，如果供气量是由地面控制的，则应与潜水员保持沟通。如果供气量大，气体不能及时排出潜水服，潜水员受到的浮力增加，会不由自主地快速浮出水面，这个现象称为“放漂”。如果排气量过多，潜水服内留下的气体过少，就可使潜水员的躯体四肢受压，这个现象叫“挤压”。两种结果对潜水员都是很危险的。

潜水员在水下时，不同部位收到的静水压力也不同，应特别注意手箍的松紧或是潜水服紧贴身体，会导致潜水员血液循环不畅，容易局部麻木、感觉迟钝，水下擦伤也不易察觉。如果水温较低，还应在潜水衣内加穿全毛保暖服、保暖袜，选择合适的作业手套。

6.3　潜水作业

6.3.1　准备工作

潜水作业有高危险性的特点，特别是在受限空间中进行的潜水作业，潜水前的充分准备工作对完成潜水任务、降低风险，有着非常重要的意义。潜水作业前准备工作包括下列内容：

1. 人员组织与分工

潜水小队按分工应包括潜水长、潜水员、潜水监督、预备潜水员、电话员等。其中，潜水长负责整个潜水作业现场指挥，并应保证潜水安全；潜水监督负责具体完成每次的下潜任务，在下潜过程中潜水监督不得擅自离岗，当项目规模较小时潜水监督可由潜水长兼任；电话员、信绳员是潜水作业现场主要的辅助人员，协助潜水员穿戴和脱卸潜水装具，负责下潜过程中与潜水员保持沟通，传达信息和传递工具。

一般潜水小队应不少于 5 人，作业前由潜水长负责作业技术交底，明确岗位职责。

2. 潜水方案

潜水作业前应了解作业现场的管径、水深、流速、天气以及管道内的淤积情况，上下游泵站应提前协调一致，超过一定规模的项目，还应将作业任务以书面形式向排水主管部门报备。一方面，避免因泵站或污水厂开泵、关泵未及时通知到潜水作业小队而带来的风险；另一方面，也避免了因潜水作业（如潜水封堵）导致排水系统暂时封闭，影响城市防汛排涝总体部署。

在充分了解潜水任务要求和现场作业条件的基础上制定潜水作业方案，包括作业地点、作业内容、持续时间，安全应急预案，交通占路施工方案等，明确项目负责人、监理工程师等主要岗位人员，经批准后方可实施。

3. 潜水装具检查

每次执行潜水作业任务前均应逐一检查潜水装具。重点检查潜水服有无破裂、漏气、磨损，与手箍、帽子、观察窗连接处是否密封良好，如果是重潜水装备应增加与零盘、压铅鞋等部件的链接部位检查。供气系统重点检查地面空压机、供气控制台及气管连接处阀门和接头等部件是否灵活好用，各种仪表显示功能是否良好，下潜前试用从水面供气到水下呼吸、排气，包括腰节阀调节排气量等供气排气系统，保证其处于良好的工作状态。检查通信设备潜水电话通话质量是否良好，信号绳长度、质量，并检查下潜过程可能用到的各种工具，如潜水刀、潜水梯等均应放置在现场适合位置处。检查医疗急救设施的完整，状态良好，以备不时之需。

6.3.2 作业基本方法

1. 下潜

潜水员着装完毕，得到现场负责人和潜水监督的确认下潜指令后，潜水员沿潜水梯或检查井爬梯开始缓慢下潜。在下潜至获得正浮力时，潜水员应检查潜水服密封性并调节排气量，确认无误后继续下潜。地面潜水监督根据潜水员下潜速度随时条件供气量，信绳员应保证气管和信号绳释放的速度与潜水员下潜相适应，潜水员下潜过程中如果感觉身体不适，比如耳膜疼痛气压不均匀等，应暂停下潜，尝试做吞咽动作或上浮 1～2m 再次下潜。下潜过程中应潜水员应保持缓慢，避免碰擦井壁或突出的尖锐物体，导致潜水服漏气，同时通过潜水电话或信号绳与地面保持沟通。下潜至作业地点后应拉一下信号绳示意已达到指定深度，准备开始作业。

2. 水下作业

潜水员下潜至作业点后，首先探摸周围作业环境，确定检查井、管道口的尺寸和相对位置，淤积程度，是否存在异物等，并检查供气软管、信号绳防止纠缠，适当调节排气阀提高舒适度。根据《城镇排水管渠与泵站运行维护及安全技术规程》CJJ 68 的要求，人员井下作业时管道内流速不得超过 0.5m/s，如因作业需要，潜水员需进入管道内的应倒退行动，先脚后身，任何时候都应保持头部高于脚步，以免发生头朝下脚朝上的“倒栽葱”事故。

常见的水下作业任务有潜水清淤、潜水砖墙封堵及拆除，都需要地面人员与潜水员配合完成工具和材料的传递。其中，管道封堵时应先封上游再封下游，拆除时则应先拆下游再拆上游，如果拆除的是水下砖墙封堵，作业时应特别注意墙体两侧不能有很高的水位差，以免拆除过程中水突然涌出，潜水员承受巨大正压，甚至被水流冲走或被吸入孔洞内难以脱身。拆除墙体的废料或清除的淤泥和垃圾用吊桶提升至地面。一般水下连续作业时间不宜过长，应控制在 1.5h 以内，如果不能完成任务，应由预备潜水员交替下潜作业。

潜水作业结束或潜水员接到中止作业上升出水的指令时，应立即上升出水，与下潜时一样，通过控制气垫气体或地面控制的方法增加潜水员正浮力，按原路返回上升蹬梯，上升或下潜的速度不宜过快，控制在 8m/min 以内。上升过程中如需减压，须听从水面指挥，潜水员应随时做好停止上升的思想准备，到达水面时应有辅助人员接应，将潜水软管、信号绳随潜水员上升的速度同步收回，并协助潜水员卸装。

6.3.3 应急处理

虽然潜水作业有充分的准备工作，但由于潜水本身的高风险性以及水下环境的复杂性，难免会出现紧急情况，如放漂、绞缠、供气中断、潜水服破损等都会对潜水员的安全构成巨大威胁。在潜水作业前应对各种突发情况有充分地认识，并懂得冷静、快速地处理才能转危为安。

1. 放漂

已经下潜的潜水员，失去控制能力，在正浮力的作用下，身不由己地迅速漂浮出水面的整个过程称为放漂。放漂发生的原因主要是潜水员对正浮力的控制不当，潜水服中存在过多的气体，因此适当排气，并保持头部向上的漂浮状态，排气不能过多，以免造成重力大于浮力，同时使双脚下沉，调整自身稳性，防止“倒栽葱”造成二次危险。

2. 绞缠

潜水员的信号绳、软管被水下障碍物缠绕、钩挂、阻挡而不能上升出水，以致被迫在水中长时间暴露，这种情况称为水下绞缠。潜水员发现绞缠应立即停止工作，查找绞缠原因，切忌盲目扯动，同时联系信绳员配合缓慢收回气管和信号绳，如按动作逆向操作一般可以解脱，如果不能解脱，应上升出水再详细检查。

3. 潜水服破损

潜水服长期使用可能产生老化，破损常见于潜水服袖口破裂或橡胶变硬老化，防水性能下降，如果仅有少量进水或渗水可继续作业。如破口裂缝较大，进水较多，应停止工作，开大腰节阀增加供气量，同时将损坏的潜水服位置向下，准备上升出水。

如果潜水服破裂较大，特别是在上半身，水会很快灌满潜水服，这很危险，会造成潜水员窒息。遇此情况，人应保持站立姿势，发出上升信号并急速上升出水。在此之前，应开大腰节阀增加进气量，用手把压铅往下拉，以防头盔升高使进入潜水服内的水淹没头部。出水后迅速脱下保暖衣服，采取防寒保暖措施。

4. 供气中断

潜水过程中，由于某种突然中断对潜水员供气，这种潜水事故称为供气中断。供气中断的原因很多，可能是供气软管局部打结或受到挤压，也可能是软管破裂或供气系统操控台发生故障。此时应立即停止作业，通知水面升井；预备潜水员立即下水救援，携带另一根供气管塞入潜水员头盔或面罩内。

5. 倒栽葱

“倒栽葱”是指潜水员由于操作不慎，脚部高于头部使空气灌入潜水服下半身，造成下半身获得的正浮力迅速增加，形成倒栽葱。潜水事故中倒栽葱并不常见但极其危险，可能潜水员不熟悉水下环境，用脚去试探孔洞或水下不平整，潜水员跌落使得身体失去平衡所致。因此预防倒栽葱的办法就是潜水员始终保持头部高于脚部，如发生倒栽葱，立即使用信号绳通知地面人员，地面人员立即拉动供气软管和信号绳，将潜水员拖到水面。如果中途遇到障碍物，应立即派预备潜水员应急救援。

由于市政排水管道内水下能见度几乎为零，虽然潜水服有玻璃观察窗，但实际操作中几乎完全依赖潜水员探摸和经验去熟悉作业环境，因此相比广域江、河、湖、海、水库等潜水作业，执行市政排水管道任何潜水任务都应控制速度，不可盲目操作。

6.4 排水管道潜水作业

6.4.1 潜水检查

潜水检查是为进行查勘排水管渠的内部情况，具有潜水资质（或经专业培训）的作业人员，进入检查井或管道在水面以下进行检查的活动。

在很多地下水位高的城镇，管道运行水位很高，特大型或大型管道通常封堵降水有困难，排水口常淹没在水位线以下，一些积水池排空难度大、代价高，在遇到这些情景时，常需要潜水员进入水面以下进行检查。潜水员通过手摸或脚触管道、积水池等设施内部状况来判断水面下是否有错位、破裂、坝头和堵塞等病害，找寻排水口的位置。潜水员发现情况后，应及时用对讲机向地面报告，并由地面记录员当场记录。由于该种方法是肢体感觉的判断，有时带点猜测，检测结果的准确性和可靠性无法与通过视觉获得的信息相比，全凭下潜人员口述，因此在不完全确认的情况下，还须采取降水等措施，实现视觉或摄像等获取真实现状。

潜水检查工作一般要遵循下列原则：

（1）潜水员一般从上游检查井进入管道开始检查，顺坡缓慢行走，目的是节省体力；

（2）潜水作业人员必须熟悉使用信号绳的规定及事先约好的联络信号。特别是在深水、流急及管道、水库处作业必须系信号绳，以备电话发生故障时，可利用信号绳传递信号；

（3）潜水员在水下作业时，应经常与地面电话员保持联系，将手摸到的和脚触到的情况随时报告给地面电话员。遇有险情或故障，应立即通知水面电话员，同时保持镇静，设法自救或等待水面派潜水员协作解救；

（4）潜水员在水下工作时，必须注意保持潜水装具内的空气，始终保持上身（髋骨以上）高于下身（髋骨以下），防止发生串气放漂事故；

（5）潜水员水下作业应佩带潜水工作刀，在深水中作业应尽可能配备水上或水下照明设备；

（6）作业水深超过12m，潜水员上升必须按减压规程进行水下减压；水深不足12m，但劳动强度大或工作时间长，也应参照减压标准进行水下减压。

6.4.2 潜水清淤

对于*DN*1200或以上的污水主干管以及大型的雨水箱涵等市政排水管道，其疏通清淤工作量大、难度高，高压射水疏通方法在这种大型管道清淤工作中效果甚微，因此采取降低水位后，由人员进入管渠中借助一些传统工具或高压水枪进行清淤是当前我国普遍采用的方法。由于管道中长年堆积的有机物经过厌氧发酵形成溶解于水中的有害物质，即使能够降低管道水位，人员也不敢轻易下井作业，这时携带正压式呼气系统或者地面供气的潜水作业优势尽显。

根据《城镇排水管渠与泵站运行、维护和安全技术规程》CJJ 68—2016中相关规定：采用潜水作业的管道，其管径不得小于1200mm，流速不得大于0.5m/s，潜水清淤多数情况下只清理检查井井底淤积，满水情况下如果要进入管道内作业，进入距离一般也不超过5m。如果管道口径大，淤积位置距离检查井远，则应在一定的降水措施下，仍然由潜水员下井清淤。

6.4.3 潜水封堵

高水位运行的管道如需要采取工程措施，比如清淤、CCTV检测、开挖或非开挖修复，都需要局部断水作业。目前主流的临时封堵措施有气囊封堵和墙体封堵，这两种封堵常常需要潜水员来实施。

1. 气囊封堵

潜水员进行潜水气囊封堵一般按照以下流程进行：

（1）连接好三相电源，调试空压机，检查空压机气压表至正常气压；

（2）医用氧气瓶装氧气表和气管并与空压机连接好当应急气源用；

（3）潜水员穿好潜水装备，调好对讲系统，进入管道做第一次水下探摸，并检查管道内是否有杂物毛刺，并做清理至符合气囊安装条件；

（4）检查气囊表面是否干净，有无附着污物，是否完好无损，充少量气检查配件及气囊有无漏气的地方。确定正常方可进入管道内进行封堵作业；

（5）管道的检查：封堵前应先检查管道的内壁是否平整光滑，有无突出的毛刺、玻璃、石子等尖锐物，如有立即清除掉，以免刺破气囊，气囊放入管道后应水平摆放，不要扭着摆放，以免窝住气体打爆气囊；

（6）做气囊配件连接及漏气检查：首先对管道堵水气囊附属充气配件进行连接，连接完毕后做工具检查是否有泄漏处。将管道堵水气囊伸展开，用附属配件连接进行充气，充气充到基本饱满为止，压力表指针达到0.03MPa时关掉止气阀，用肥皂水均匀涂在气囊表面上，观察是否有漏气的地方；

（7）将连接好的管道堵水气囊里面的空气排出，竖着卷一下，通过检查口放入，达到指定位置后，即可通过胶管向气囊充气，充气至规定的使用压力即可。充气时应保持气囊内压力均匀，充气时应缓慢充气，压力表上升有无变化，如压力表快速上升说明充气过快，此时应放慢充气速度，将止气阀稍微拧紧一些，以减轻进气速度，否则速度过快，迅速超过压力很有可能就会打爆气囊。

2. 墙体封堵和拆除

墙体封堵分为有水和无水两种状态下作业。前者多数是在新敷设未使用需要封堵时使用，无需潜水作业。后者通常需要由潜水员来完成，需注意下列事项：

（1）井上操作人员须距离井口 2m 以上拌合封堵所用的混合料；

（2）下井人员必须佩戴潜水全套装具缓慢潜入水中；

（3）由于封堵在水中操作，水泥砂浆易被水冲走，因此胶结料采用水泥拌黏土，比例为 1∶1.5，它具有黏性强、结硬快、不易在水中溶解和被水冲走等优点。制作方法是先将黏土加水和匀，后加水泥拌匀，再根据需要添加水玻璃、促凝剂等辅助料。这种混合料应随拌随用，以免结硬失效造成浪费；

（4）墙体的断面结构通常为梯形，即底宽顶窄；

（5）正式拆除墙体前，首先要打开预留管的堵头，让墙体两侧水位一致后，方可拆除墙体，直至完全拆净，不留残余坝头。

思考题和习题

1. 工程潜水和市政潜水分别是指什么？
2. 在排水管道维护工作中，哪些场景需要潜水员来配合作业？
3. 通风式潜水装具通常由哪些部件组成？各部件起什么作用？
4. 一旦发现潜水服破损，应该采取哪些措施和补救方法？
5. 潜水员的重心、浮心和稳性分别是什么意思？
6. 简述墙体封堵所用的混合料制作方法。
7. 在管道满水工况下，潜水员进入管道检查性工作，叙述其作业方法和注意事项。
8. 潜水员出现放漂情形时应采取哪些措施？
9. 某潜水员潜入 12m 水深处，试计算其承受的压强值。

第 7 章　常用养护专用车操作与保养

排水管道养护专用车是采用品牌汽车底盘加装专用设备在具有相应资质的工厂改装而成的，其类型通常包括高压清洗车、吸污车、清洗吸污车、清淤车、移动泵车、CCTV 检测车、污泥运输车等工程车辆。养护专用车通常具有大功率、高转速、高压力、高真空、高温、高压电的工作特点，操作不当极易发生严重事故，导致人身伤亡和财产损失。由于各制造商生产的设备在操控、保护系统方面有所区别，所以使用设备前一定要仔细阅读相应的产品操作手册，操作人员需接受专业培训。同时，司机必须具备驾驶该类车辆的驾驶资格，专用功能的操作人员应具有一定的专用设备使用和现场交流能力，操作人员必须穿戴个人保护装备，包括硬帽、安全眼镜、带有钢覆盖脚趾的鞋（附有防滑脚底）以及高度可见的交通背心。如果在特定时间内，当操作者处于高噪声级别的区域进行相关操作时，应佩戴听力保护装置。

我国对养护专用车的型号编码有强制性的规定，其含义见图 7-1。

CEH	5	25	0	G	QW
企业名称代号	车辆类型代号	汽车总吨位	产品开发序号	结构特征代号	用途简称

图 7-1　型号编码释义

7.1　高压清洗车

7.1.1　作业前准备

高压清洗车在进行管道清洗作业前，应将车辆停靠在将要工作的合适区域，车辆进行停车制动及防滑措施后，并关闭发动机，对车辆进行如下步骤的检查：

（1）检查传动部分的连接螺栓是否松动，否则应紧固螺栓；

（2）检查高压水泵、取力器、液压油箱内的油是否变质乳化，油位是否达标；否则应更换或加注；

（3）检查燃油箱内的燃油是否足够，如果燃油量不够，应加注燃油；

（4）检查并保持水泵的进水管道、过滤器清洁、通畅；

（5）检查高压水泵进水阀是否打开，没有打开时，必须打开；

（6）检查高压软管是否损坏，如果橡胶外层被磨损、内部钢丝裸露，应更换高压软管；

（7）将清水箱的水加到所要的位置。通过水箱液位计检查水箱中是否有足够的水。如水量不够则通过消防水栓向水箱中加入清洁水。清洗作业时，从液位计上观察水位，水位低于红线时应及时补水（或者低水位报警后应停机加水）。

如果以上各检验项目一切正常，则可启动发动机，将车辆调整到最合适的位置（使高压胶管垂直进入井口），如无法到达合适位置请使用井口护管器。发动机怠速、拉手刹，远程油门开关至开的位置。踩下离合器，挂挡（指定挡位）、等待 5s，将取力器离合器开关打开，缓慢松开离合器。检查高压水泵的传动轴是否运转良好，检查取力器、高压水泵的运转有无异响。如有问题要停止作业，排除故障。

以上步骤均无异常的情况下，根据工况选择安装最合适的喷头（参见 7.1.3）准备开始清洗作业。

7.1.2 清洗作业

将车辆停靠在将要工作的合适区域，对车辆进行停车制动及防滑措施。启动车辆，踩下离合器，停顿 3～5s 后挂上取力器，缓慢松开离合器使高压水泵和液压系统运转，此时发动机怠速，水路系统在回水状态，即水箱中的水进入高压水泵然后又排入水箱内，此时因没有连接喷头，没有外加负载，水路系统的压力很低。

将高压胶管放入护管器或护管套中，防止高压胶管与井口摩擦，根据工况选择相应喷头，连接时要检查喷头喷嘴是否堵塞，如堵塞有可能油门加不上去、高压水泵转速不能增加，故要保持所有喷嘴畅通。

将操作面板上旋钮旋至放管位置后，将喷头缓慢地、尽可能深地送入要疏通的管道中。缓慢增加油门使喷头缓慢向前进入排水管中。将操作面板上的冲水开关开启，然后控制油门旋钮，用点动的方式，慢慢加大油门，缓慢增加水压，并让喷头在管道中开始移动，在喷头移动时不要增加油门，待喷头已深入管内 3m 以上方可逐步加大油门。在给喷头增压前，确保检查井口区域内的所有人员已经撤离。否则，喷出的水流可能导致严重的身体伤害。作业期间要注意观察，特别是在清洗大管道时，防止喷头在管道中调头，出人意料地从入口飞出，发生安全事故。

在喷头向前行进顺利的情况下，无需使高压水泵的转速、压力达到最大，避免长时间在最大负荷下工作。根据管道的淤积情况，喷头向前行进几米后，可控制卷盘反转使喷头后退、回收，使管道内污泥、垃圾被冲刷至检查井，喷头往回拉的过程中，一般将水压降至 100bar。根据管道淤积情况反复放管、收管，逐段清理效率更高。

喷头行进至下一个检查井附近，必须逐步减小油门，避免喷头冲出造成安全事故。

高压胶管卷筒往回收管时，在喷头退至入口的检查井附近时，注意控制油门，不允许喷头从井口飞出造成安全事故。当遇到紧急情况时，应迅速按下控制面板上的急停按钮开关。

在作业结束阶段，减小油门至怠速，操作面板上的水路旋钮至回水位置，并通过胶管收放开关控制高压胶管及喷头回收。

作业结束后，用低压水系统进行作业面清洁，并清洁车辆的污染部件。

在驾驶室内踩下离合器，将取力器开关关闭，使取力器和高压水泵停止运转。

设备使用过程中要注意观察传动系统运行是否平稳、无异响，水路系统是否异常抖动，注意观察水箱中的水位，不允许无水工作。按照操作步骤杜绝喷头飞出管道。要匀速加减油门、操作平顺。同时还要注意以下事项：

（1）如果需要拉回高压胶管，只能使用高压胶管卷盘来操作，不要启动车辆来拉动。

（2）当在满水的下水道工作时，应使用钩子或其他设备将喷头推入管道内。在怠速下，缓慢增加水压，直到喷头进入管道中并运行一段距离后方可加压。

（3）必要时尽量使用引导软管、护管器及喷头组件。

（4）不要使污泥或其他物质在管道的入口处堆积过多，需及时清理。这些障碍物可以导致在增压后，喷头、护管装置、高压胶管从管道中反向飞出，造成危险。

（5）当下高压胶管和喷头悬挂着的时候，应不要开启冲水开关。

（6）喷头与清洗管径要适应，大口径管道应使用重型喷头来避免喷头在管道内的转动。

（7）不要控制胶管卷盘的转速比喷头可以人力直接拉出管道的速度还快。这可以避免反射水流导致软管掉头或者从井口喷射出。

（8）当低压水系统连接手持式冲洗枪时，其最大压力为50bar，只允许水泵怠速使用。

中高端清洗车一般配置了关键件保护系统、智能化操控系统，如CAN总线控制系统，可实现低水位报警及自动转换工作模式，显示高压水泵的供水情况，可严格控制、设定最高转速，可匀速加油门，可诊断、显示故障点，可根据时长自动提醒、显示维护保养的内容，可远程无线即时传输车辆工作时的数据，提高用户对车辆使用、维护保养情况的远程管理与监控，大大提高设备使用寿命。

7.1.3 喷头选择

喷头是根据水力学原理设计的，它的构造决定了其出水形式和压力。清洗车随车配置的喷头是根据高压水泵的压力、流量匹配的，通常出厂配置的喷头只有常用的1～4种，特种喷头一般需另外采购。喷头的种类较多，应根据不同的工矿选择最合适的喷头类型，以达到最大的工作效率。常用的清洗喷头及所对应的使用工况见表7-1。

常用喷头及适用工况 **表7-1**

喷头类型	示图	适用工况
蘑菇形喷头		两个喷射角设计使该款喷头兼顾了清洗管壁以及拖拉管道功能
菱形喷头		拥有极强的穿透堵塞的能力，前方喷嘴撕开堵塞，后方喷嘴大推力顶进堵塞物内部。可以有效地疏通完全堵塞、油脂及石灰岩质淤积附着的管道。

续表

喷头类型	示图	适用工况
榴弹形喷头	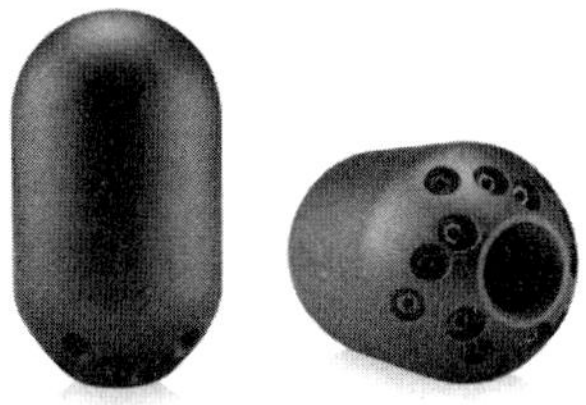	低喷射角度的组合喷嘴拥有极其强大的推力，对上部管壁清洗效果欠佳，更适合用拖拉管道下部的大量沉积物
振动喷头		管道有硬质的结块、水泥板结、石灰岩质结块时，可选用振动式喷头进行破碎处理。但要注意管材是否适合使用该喷头
旋转喷头	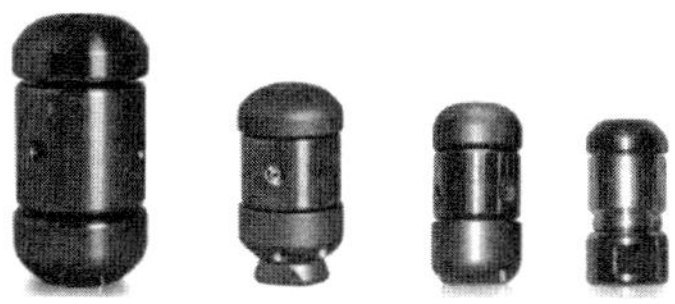	管壁上有严重的污物附着或有固体沉淀物时，可选用旋转喷头进行清洗；旋转喷头还可清洗干的管道，清洗管道的横截面
转子喷头		有效处理并移除管道中的沉淀物，与各种不同种类的喷射角度都可以搭配使用
船形喷头		当疏通清洗大管径或箱涵且底部淤积严重时应选用船形喷头。多角度、斜向下的喷射，喷头在管底形成一个向下扇形冲击面，并可以轻松地越过各种障碍物向前推动，对管底诸如淤泥、砂石等各类沉积物进行强有力的清除
旋转链条式喷头		链式切割机可配置不同的链条（锁链、自行车链条、带刀片锁链），配合支架使用，让其保持在管道中心，最有效且最强力地切除管道内树根，也可用于清洗管壁结垢、硬质淤泥等
研磨喷头		水力驱动研磨刀头，磨削水泥浆结块、砖墙等坚硬堵塞物，它可与检测设备配合使用

7.1.4 清洗车维护保养

清洗车的维护保养就是定期检查、定期维护和排除隐患，使设备保持良好状态。汽车底盘的保养建议在指定的汽车维修服务站，专用部分的维护保养应按照厂家提供的使用说明书要求进行。专用部分的维护保养一般是定期加注、更换各类润滑油，清洁过滤器，检查紧固件，检查易损件的磨损情况及时维修、更换，检查各种管路的密封情况，检查电气连接件及插件是否松动、元器件是否灵敏正常。

高品质的产品也离不开日常的维护保养，否则也会故障频出，大大降低产品的使用寿命。随着管理水平的提高，维护保养越来越受到用户和厂商的重视，有些高端产品采用CAN总线控制（参见图7-2）通过远程传输，已经实现维护保养双方共管，根据设备实际工作的时长，在屏幕上弹出需要做保养的内容，双方均可即时看到有关内容，使维护保养得到监督和落实，大大提高产品的可靠性和使用寿命。

图7-2　总线控制显示界面

汽车底盘属通用类货车型，基本具有相同的结构，其维护保养需根据汽车底盘制造商或销售商提供的维护保养手册在专业汽车维修工厂进行，一般专用车改装厂不负责这部分的维修保养。

专用部分（上装）维护保养除施工作业前必做的检查外，根据改装车提供的使用手册进行，通常分为传动系统、水路系统、液压系统、控制系统以及其他等五个方面保养。

传动系统维护保养，一般高压清洗车的传动系统传递的功率较大、转速较高，一定要注意各部件的润滑、各部件连接紧固情况，按要求对各黄油嘴加注油脂。检查取力器内润滑油的油位、油是否变质，检查传动系统的运转是否平稳有无异响，检查传动皮带的磨损情况，即时更换，检查高压胶管卷筒的链轮是否松动并涂抹黄油。取力器是高压冲洗车动力输出的核心部件，其维护保养请参照取力器使用说明书。

水路系统维护保养，定期清洁过滤器，保障高压水泵的供水通畅，检查高压水泵油位是否在规定范围，检查高压三通阀是否内泄，检查管路固定是否松动、漏水，检查水箱是否清洁。高压水泵的维护保养，参照高压水泵产品说明书。

液压系统维护保养，是将机械能通过液压传动再变成机械能的系统，其维护保养的内容是定期检查、清洁、更换各过滤器，检查管路是否有渗油、漏油现象，高压胶管有无磨损，液压油是否清洁、变质，按期更换液压油，液压油位是否在规定的范围。

控制系统维护保养，检查线路有无破损、裸露，各插头插件是否松动、接触不良。

整车及外观油漆维护保养，汽车底盘的维护保养：参照汽车底盘使用说明书。水箱内要定期除锈刷防锈漆，保持外观干净、油漆漆面完整。每年冬季停止使用后，进行一次检修，主要部件涂滑润脂。

加注（或更换）润滑油、润滑脂、液压油可参见表 7-2。

清洗车润滑油、润滑脂、液压油的加注参照表　　表 7-2

<table>
<tr><th colspan="2">加注点</th><th>油品种类</th><th>型号规格</th><th>加注量</th><th>更换频次</th></tr>
<tr><td colspan="2">取力器</td><td>齿轮油</td><td>85W-90 或同底盘变速箱用油</td><td>加注至溢流口，约 10L</td><td>每年</td></tr>
<tr><td rowspan="2">卷筒</td><td>轴承座</td><td rowspan="3">钙基脂</td><td rowspan="3">2G—2</td><td rowspan="3">压至溢出</td><td rowspan="3">每周</td></tr>
<tr><td>支架转轴</td></tr>
<tr><td colspan="2">水泵传动轴万向节</td></tr>
<tr><td colspan="2">高压水泵柱塞、阀芯</td><td>润滑脂</td><td>硅脂润滑脂
或真空硅脂</td><td>压至溢出</td><td>每周</td></tr>
<tr><td colspan="2">液压油箱</td><td>液压油</td><td>冬季：ISO 46＃
夏季：ISO 32＃</td><td>至油位计上限处，约 30L</td><td>每年</td></tr>
<tr><td colspan="2">高压水泵</td><td>齿轮油</td><td colspan="3">参照高压水泵产品说明书</td></tr>
</table>

车辆专用部装保养检查项目及周期可参见表 7-3。

清洗车保养检查周期表　　表 7-3

项目		每天	每周	每月	备注
高压水泵	传动轴	★			
	润滑油油位		★		
	泄漏		★		
气路系统	空气软管		★		
	电磁气阀	★			
	调压阀		★		
	泄漏检测	★			均在压力下检测
液压系统	油管			★	
	油箱油位		★		
	换向阀			★	
	泄漏		★		
	油过滤器			★	
水路系统	水过滤器	★			
	水罐污染		★		
	泄漏		★		
	高压软管		★		
	三通阀		★		

续表

项目		每天	每周	每月	备注
卷筒	大卷筒			★	
	小卷筒			★	
电气及控制系统			★		

7.1.5 常见故障与解决方案

清洗车在使用过程中，必然要产生各种故障，一些常见故障及解决方案可参见表 7-4，若按照表 7-4 的解决方案未能排除故障，那就应和车辆的生产厂家或供应商取得联系，等待专业维修人员上门处理或返厂维修。

清洗车常见故障及解决方案 **表 7-4**

故障点	故障现象	常见故障原因	解决方案
远控油门	油门控制旋钮失灵	1. 离合器开关没有复位； 2. PTO 开关没有打开； 3. 水箱内没水或水位过低； 4. 喷头堵塞	1 将离合器开关复位； 2. 打开 PTO 开关； 3. 加水； 4. 清洗喷头，排除堵塞物
液压系统	油路噪声过大	1. 管路内存有空气； 2. 油温太低； 3. 滤油器堵塞； 4. 油箱油液不足； 5. 吸油管吸扁或折死	1. 排除空气； 2. 油箱加温或换油； 3. 清洗滤油器； 4. 加油； 5. 检查调整吸油管
卷筒轴活接头	泄漏	密封圈磨损或损坏	更换密封圈
高压水路系统	压力不上升	1. 过滤器堵塞； 2. 吸水管压扁或堵塞； 3. 管路漏水； 4. 喷头未上紧； 5. 三通阀阀芯磨损； 6. 水泵转速太低； 7. 喷嘴孔磨损扩大； 8. 压力表损坏	1. 清除堵塞物； 2. 更换吸水管； 3. 排除渗漏； 4. 重新上紧喷头； 5. 更换阀芯； 6. 调整水泵转速； 7. 更换喷嘴； 8. 更换压力表
	压力表抖动大	1. 水泵转速不稳定； 2. 压力表损坏； 3. 取压管损坏	1. 检查，排除故障； 2. 更换压力表； 3. 更换取压管
	压力过大	1. 喷头孔堵塞； 2. 管路堵塞； 3. 超过泵的额定转速； 4. 压力表损坏	1. 清理喷头孔； 2. 排除堵塞； 3. 降低转速至额定值； 4. 更换压力表
作业控制部件	操作失灵	1. 取力器未挂挡； 2. 车辆储气罐气压不足； 3. 气源总开关未打开	1. 挂取力器； 2. 待气压大于 6bar； 3. 打开气源总开关

7.2 吸污车

吸污车属于城市专用罐式作业车，在道路行驶时请遵守道路交通行驶安全相关规定，由于该车装载的是污泥、污水等可流动物质，具有较大的惯性，满载时要低速行驶，尽量避免急转弯，急刹车。

7.2.1 作业前准备

吸污车作业前，应将车辆停靠在将要工作的合适区域，车辆进行停车制动及防滑措施后，在确保车辆发动机关闭的情况下进行如下检查：

（1）观察驾驶室仪表盘显示是否正常。如果发现有异常，建议立即进行维修、排除故障工作；

（2）检查传动部分的连接螺栓是否松动，否则应紧固螺栓；

（3）检查液压油箱内是否有足够的液压油。如果油量不足，应加注液压油；

（4）检查燃油箱内的燃油是否足够。如果燃油量不够，应加注燃油；

（5）如果以上检查项目一切正常，启动车辆发动机，发动机怠速、拉手刹，踩下离合器，挂挡（指定挡位）、等待5s，将取力器离合器开关打开，缓慢松开离合器。怠速状态下检查取力器、真空泵是否运转平稳、无异响，如采用的是旋片式真空泵，要注意观察润滑油进入泵体的量是否满足真空泵使用说明书的要求。再均匀加大油门重复检查，如发现问题要立即停止车辆操作，排除故障；

（6）检查吸污阀及排污阀操纵是否正常，是否泄漏。检查吸污管道是否连接紧密；

（7）检查吸污罐是否排空，罐门是否关闭锁紧。真空状况下气路系统是否正常；

（8）检查液压系统是否正常，液压驱动的各动作是否灵活、平稳、可靠。

完成以上步骤后，启动车辆发动机，将车辆移动到最合适的位置后，进行开机检查。发动机怠速、拉手刹，远程油门开关打至开的位置，并打开自动报警开关。踩下离合器，挂挡（指定挡位）、等待5s，将取力器离合器开关打开，缓慢松开离合器。怠速状态下检查真空泵的传动轴是否运转良好，取力器、真空泵的运转有无异响。如有发现问题要立即停止车辆操作，排除故障。通过遥控器或控制按钮，操作查看吸污吊臂收放管、罐门开闭、吸污卷盘及罐体顶升等部件的动作是否正常。调整操作面板上的油门控制旋钮，使真空泵的转速达到泵的额定转速。将操作面板“正压/负压”开关转换至负压处，观察真空压力表，判断吸污罐内是否逐步形成真空。如正常则立即关闭“正压/负压”开关转换至中间位置。连接吸污管及辅助装置，准备吸污作业。

7.2.2 吸污作业

由于吸污车是在驻车状况下工作，且高真空、高转速、大功率，因此要封闭现场，不允许闲杂人员靠近。正确的操作方法可避免安全事故、设备损坏，还可提高施工作业效率。

为提高效率，不同配置的吸污车的操作有所不同，小流量的真空泵的吸污车在打开吸污阀门前，通常先将罐体内的空气排出，将罐体当成储能罐，在高真空的状态下打开吸污阀，提高抽吸效率。大流量的真空泵吸污车、风机式吸污车可直接进行吸污作业，因为这类车在作业时，适量的空气进入吸污管中抽吸效率会更高。

将车辆停靠在将要工作的合适区域，对车辆进行停车制动及防滑措施

启动车辆，踩下离合器，停顿3～5s后挂上取力器，缓慢松开离合器使真空泵和液压系统运转，此时发动机怠速，调节油门控制旋钮，使真空泵的转速达到泵的额定转速，在作业过程中一般不需要再调节油门。操控吸污吊臂或吸污管将吸污管头放入下水道沉井污物处，调节“正压/负压”开关转换至负压处，待罐体内的形成负压，达到真空泵的要求压力后，打开吸污阀，开始抽吸作业。

抽吸作业开始后，注意观察罐体的液位显示计，液面到规定位置，立即关闭吸污阀。防止因冒罐污物进入真空泵，造成设备损坏。配置较高的吸污车在液面到达规定位置时，报警器会自动报警，吸污阀会自动关闭。不管设备配置如何，一定要观察液位显示位置，防止保护系统故障。

有的吸污车装有正压排水装置，操纵四通阀可将污泥罐内上层的污水原地排入下水管道，腾出污泥的有效装载容积。然后继续、反复进行抽吸作业，直至完成作业。

作业完成后立即减小油门，使发动机处于怠速。将“正压/负压”开关转换至中间位置。收起吸污管，将吸污吊臂或吸污管归位。踩下离合器，将取力器脱离，取力器和泵停止工作。

将污泥转运至指定的倾倒地点。倾倒污泥时，尽可能将车辆停在平坦、坚硬的地方。采用重力方式排放时，首先确认“正压/负压”开关转换至中间位置，然后打开后罐门或排污阀门，边排污边慢慢顶升罐体，污泥排尽后，先落下罐体，在关闭罐门前要清洁密封面，最后关闭后罐门或排污阀门。正压方式排放时，首先打开排污阀，再将“正压/负压”开关转换至正压位置，观察排污口是否排放正常，观察压力表指数不要超过规定值，否则停止排放。

设备使用过程中要注意观察传动系统运行是否平稳、无异响，注意观察罐体内液面的位置，杜绝污物吸入真空泵内。要匀速加减油门、操作平顺，将真空泵的转速控制在额定值内。同时还要注意以下事项：

（1）不同配置的吸污车的操作有所不同，小流量真空泵的吸污车在打开吸污阀门前，通常先将罐体内的空气排出，在高真空的状态下打开吸污阀；大流量的真空泵吸污车、风机式吸污车可直接进行吸污作业，因为这类车在作业时，适量的空气进入吸污管中抽吸效率会更高；

（2）一般风冷式旋片真空泵长时间运行，泵体发热会造成真空泵损坏，连续工作时间不要超过15min。禁止在满罐排放时顶升罐体；

（3）不允许污物进入真空泵泵体内；

（4）不允许设备存在隐患的情况下继续作业；

（5）作业时不允许将手或脚靠近吸污管管口，以免造成伤害；

（6）使用水环泵的吸污车在寒冷地方冬季施工要防止水结冰，造成设备损坏；

（7）使用风冷式旋片真空泵的吸污车作业时间通常不允许超过15min，该泵运行时间过长会发热严重，造成泵损坏；

（8）在寒冷地方冬期施工完成后，打开罐门使真空泵运转几分钟，排空真空管道及真

空泵内的冷凝水，以免结冰、冻住泵的转子；

（9）在寒冷冬季室外放置的车辆启动前，先用手转动真空泵，检查泵是否冻住，以免贸然启动损坏真空泵；

（10）禁止在满罐未开罐门或排放阀时顶升罐体。

7.2.3 维护保养

吸污车的维护保养与清洗车的维护保养类似，但由于其结构和功能不一样，吸污车的维护保养也有所不同。

作业前需检查取力器、传动轴、变速箱、联轴节等部位各连接件、紧固件是否有松动现象；各密封处、接合处是否有漏油、渗油现象；各部件运转是否轻便、灵活、平稳正常，有无冲击、振动等异响；检查真空气路系统次级止回阀是否有污物；检查下步气路管道、真空泵是否进有污物，否则绝对禁止启动真空泵；检查各密封处、接合处是否有漏气现象；检查液压管路各密封处、管路连接处是否有渗漏油现象；注意作业时液压油温升不得超过 40℃；每月检查一次液压油箱中过滤器是否堵塞或损坏；发现液压油混浊时应即时更换；检查气动控制系统有无渗漏气现象；检查各电气连接件及接插处有无松脱现象。

另外，每年冬季停止使用后，进行一次整车检修，主要部件涂滑润脂。汽车底盘的维护保养使用说明书。真空泵的维护保养应该参照真空泵产品说明书。取力器的正常使用注意事项和高压冲洗车相同。润滑油、润滑脂、液压油加注或更换可见表 7-5。

吸污车润滑油、润滑脂、液压油的加注 **表 7-5**

部件	用油牌号	每天	每周	每月	每年	其他
真空泵	以空泵说明书为准					
油气分离器						
取力器	46#双曲线齿轮油				★	
万向轴	普通润滑脂			★		
轴承润滑点	普通润滑脂			★		
罐门铰链	普通润滑脂		★			
倾翻铰链	普通润滑脂		★			
吊臂润滑点	普通润滑脂		★			
液压油箱	32cst 的液压油	★			★	
油缸润滑点	普通润滑脂		★			

车辆专用部件保养检查项目及周期参见表 7-6。

吸污车保养检查周期表 **表 7-6**

部件	检查内容	每天	每周	每月	每年
真空泵	润滑情况	★			
油气分离器	油位	★			
水环泵储水罐	水位	★			

续表

部件	检查内容	每天	每周	每月	每年
取力器	油位				★
万向轴	润滑情况			★	
V—带	张紧情况		★		
	更换 V—带				★
污泥罐	清洗	★			
罐门密封圈	清洗	★			
	更换				★
吸污管	清洗	★			
	更换				★
罐体内止回阀	清洗浮球		★		
管体外滤气器	清洗浮球		★		
进气过滤器	清洗	★			
液压油箱	油位	★			
液压油缸	油缸座磨损情况		★		
	垫圈泄漏情况		★		
气控系统	阀门和软管	★			
电路系统	电器元件是否损坏	★			
	限位开关位置	★			

7.2.4 吸污车的常见故障及处理方法（表 7-7）

吸污车常见故障及处理方法 **表 7-7**

现象	可能原因	处理方法
吸污罐无真空	真空泵未工作	启动真空泵
		调整真空泵驱动
	四通阀位置不正确	四通阀手柄置在“吸入”位置
	止回阀堵塞	清洗
		调整浮球位置
	过滤器堵塞	清洗
有真空不抽吸	浮球液位计保护装置打开	清洗浮球调整浮球位置
	吸污管堵塞	清洗
	吸污管内壁脱层	清洗
		更换吸污管
吸污能力不足	真空泵转速过低	调整至规定转速
	止回阀堵塞	清洗
	过滤器堵塞	清洗
	吸污管堵塞	清洗

续表

现象	可能原因	处理方法
液压系统不能有效工作	油泵未工作	启动油泵
		调整油泵驱动
	系统压力过高或过低	调整至规定压力
吊臂无动作	液压系统溢流阀堵塞	清洗溢流阀
控制开关失控	取力器控制开关未打开	打开
	储气罐压缩空气压力过低	调整至 6bar
	气控系统漏气	检查并维修
外置油门失控	车辆巡航开关未打开	将巡航开关置于"ON"位置
	离合器踏板上方开关未回位	压到位
	刹车踏板上方开关未回位	压到位
电路不工作	电线或触电受损	检查并维修
罐门锁紧不正常	行程开关未调整到位	调整开关

清洗吸污车又称联合吸污车，它集清洗车功能和吸污车功能于一体，在同一台汽车底盘上，同时具备清洗车和吸污车的两套系统，且两套系统均可独立操作或同时操作，因此其操作使用及维护保养方法综合了清洗车和吸污车的功能，可详见清洗车和吸污车的相关介绍。

7.3 移动泵车

如图 7-3 所示，移动泵车是用于防汛抢险、引流倒水的专用作业车，特殊时可用于应急抢险。它是以汽车底盘为平台，集成发电机组、大流量离心式自吸污水泵、电动潜水泵、液压潜水泵、渣浆泵、液压动力源、空压机、照明灯及各种工具于一身的一种工程车，根据用户需求可有多种配置、多种组合，且有 220V、380V 电源，液压动力源，高压气源，可配置电焊机及各种电动、液压、气动工具。移动泵车是一个移动泵站，也是一个移动的动力站。

图 7-3　移动泵车

7.3.1 作业前准备

开始作业之前，操作人员需按照有关说明书的要求，对底盘、柴油发电机组、直联式自吸离心泵等装置和部件进行检查，同时检查发电机组是否有足够的燃油。

7.3.2 现场操作

1. 准备工作

准备工作必须在停车状态下进行，具体步骤如下：

(1) 作业时车辆应停在尽可能平坦的地方，以免车架等部件产生扭曲变形，合上手刹。伸出液压支腿，使车辆后轮离地，保持车辆平稳；

(2) 联接接地卷盘（图 7-4），将接地钎插于地面，插入点距离车体不小于 3m，将接地卷盘中接地线全部拉出联接接地钎。在车辆作业时，请确保接地卷盘是否联接好，否则可能会发生安全事故；

(3) 启动直联式自吸离心泵之前，认真阅读《直联式自吸无堵塞排污泵使用说明书》。连接直联式自吸泵的进出水管路。

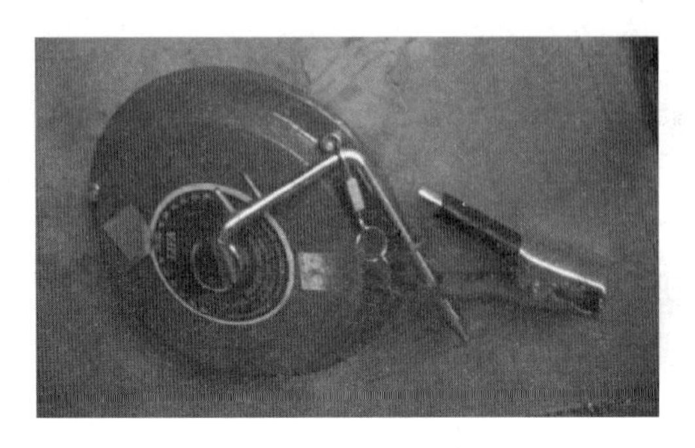

图 7-4　接地卷盘

2. 发电机组启停

首先旋动电源开关，其次点击 Manal 按钮，再点击 Start 按钮，发电机开始启动。作业完毕，点击面板上的 Stop 按钮，发电机关闭。遇紧急情况需要关门发电机时，拍下红色的紧急停车按钮，发电机立即停止工作。发电机控制面板如图 7-5 所示。

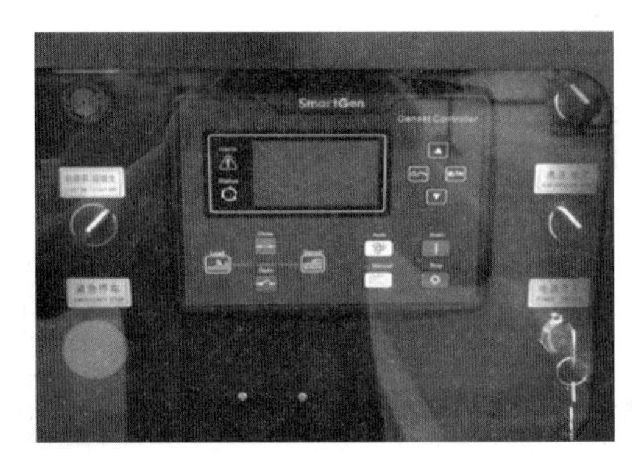

图 7-5　控制面板

3. 直联自吸泵的启停

首先将发电机组启动，打开电箱将总开关打开，然后关闭电箱并将黑色按钮旋到手动位置，其次点击绿色水泵启动按钮，水泵开始工作。

首先点击水泵停止按钮，待到水泵停止工作后打开电箱将总开关关闭。水泵电控箱如图 7-6 所示。

4. 车内照明启闭

车内照明为 24V 照明灯，若要启动照明时，首先打开直流电源，然后打开直流电源开关即可。若要长时间照明应启动发电机组。

图 7-6 水泵控制面板

5. 工作灯启闭

工作为 220V 照明灯，需要启动发电机组。发电机组启动，按照发电机组操作要求执行。

7.3.3 注意事项

作业完成后，通常需要完成下列动作：

（1）检查所有设备是否按照使用要求整理完毕；

（2）先关闭所有分电路开关，然后关闭总电路开关；

（3）关闭所有侧门、后门；

（4）将所有抽拉梯放入储藏箱内并锁紧；

（5）将外接电力线、地线钎等物品放回厢体内；

（6）再次检查有无遗漏物品；

（7）车辆行驶前必须检查车内各种设备等是否按要求固定牢固，工具箱等是否关闭并锁好，以免行驶中出现危险和损坏。

车辆长期闲置不用时，需将水泵中的水排出。每隔一段时间检查车辆及车载设备的工作情况。保持车内干燥，注意防火。

车辆的行驶按一般汽车驾驶方法进行，并严格遵守汽车使用手册的要求。车辆行驶初次投入使用或闲置时间超过 2 个月，在投入使用前应检查车辆所有连接件、装夹件是否连接牢固，如：厢体副车架与底盘纵梁的连接件、车载设备固定螺栓、工具箱内物品装夹件。车辆行驶 1000 千米后再次检查，以后每行驶 5000 千米检查一次。另外应不定期抽检，例如长途行驶前后检查。车辆行驶前检查所有门、窗是否关闭牢固、所有物品柜是否关闭锁紧、侧梯是否已收回储藏箱内并已关闭和锁紧。

7.3.4 车辆的维护与保养

底盘的维护与保养见《底盘说明书》；柴油发电机组维护与保养见《柴油发电机组操作使用说明书》；直联式自吸离心泵维护与保养见《直联式自吸无堵塞排污泵使用说明书》。

思考题和习题

1. 高压清洗车在正式进行管道冲洗之前应做哪些检查工作？

2. 试述蘑菇形和船形喷头所适用的工况。
3. 当吸污罐无真空时，分析可能的原因有哪些？怎样处置？
4. 吸污车在正式进行管道作业之前应做哪些检查工作？
5. 高压清洗车作业时，冲水压力不足，请分析可能引起的原因有哪些方面？
6. 简要叙述高压清洗车使用步骤。
7. 简要叙述吸污车的操作步骤。
8. 移动泵车的主要操作步骤有哪些？

第 3 篇　测绘与信息化

第8章　排水管道测绘

详细掌握排水管道的空间分布及基本情况是排水管理的必然要求，测绘其位置，摸清其属性是排水养护的一项重要基础工作。近些年来，我国大多数城市都开展了地下管线普查工作，排水管道作为市政的重要设施亦被纳入排查对象，其成果资料为排水规划、管道体检、雨污混接调查、外来水调查、养护管理调度等工作提供了强有力的支撑，但在一些城市或区域仍存在管道图缺失、管道图件的表达与实地不符、企事业单位和小区等内部无图件覆盖、管道变更测绘不及时等问题，这些都严重制约或干扰了各专业管理工作的实施，必须予以补齐和纠正。

8.1　基本知识

8.1.1　排水管道图

排水管道图是指按统一坐标系统、高程基准和一定比例尺，以及规定的要素符号、代码和表达方法，表示排水管道及附属物平面位置及高程的正射投影图。排水管道图常分为排水管网系统图（简称系统图）和排水管道详图（简称管道图），系统图一般表达某特定区域的主要排水管网和设施，这个特定区域通常是整个城镇、污水厂服务范围、流域、泵站服务范围或汇水区等。排水管道图（附录1）则是以标准格网矩形形式，局部详细表达排水管道的空间位置以及属性要素。为便于在图上查找和定位排水管道，管道图通常还应包括与排水管道相邻的部分地物和地貌等要素。管道图表现形式分为二维和三维。

排水管道图所要表示的要素主要包括：

（1）排水管道的位置及尺寸：管径和长度，排水管道与周围地物的关系；

（2）管线桩号：桩号排列自下游开始，起点为0+000，向上游依次按检查井间距排列出管道桩号，直到上游末端最后一个检查井并作为管道终点桩号；

（3）检查井位置与标号：检查井位置一般用栓点法、角度标注法和直角坐标法三种方法来表示。检查井的井号编制是自上游起始检查井开始，依次顺序向下游方向进行编号，直到下游末端检查井为止；

（4）雨水口和排水口的位置与形式：位置与结构形式、支管的位置、长度、方向与接入的井号；

（5）管线及其附属构筑物：与地上、地下各种建筑物、管线的相对位置（包括方向与高程情况）；

（6）水准点位：管线沿线临时水准点设置的位置与高程情况。

排水管道系统图一般采用自由比例尺（通常小于1∶2000）。排水管道图成图比例尺和分幅一般与所采用的基础地形图比例尺一致，成图比例尺可采用1∶500、1∶1000和1∶2000，图幅编号和图名沿用基础地形图的图号和图名；如果没有基础地形图，排水管道图的分幅和编号按照现行标准《国家基本比例尺地形图分幅和编号》GB/T 13989的规定执行。排水管道图也可按工程图方式进行成图，分幅和编号按照现行标准《工程测量标准》GB 50026的规定执行。

排水管道图通常采用矩形分幅，包括标准分幅和工程图分幅两种，标准分幅分为50cm×50cm和40cm×50cm两种规格；排水管道图成图比例尺为1∶500或1∶1000。

8.1.2 排水管道测绘基准

排水管道设施的平面位置一般基于当地的城市坐标系。城市坐标系是为满足城市建设、城市规划、工程施工和科学研究需要，减少投影变形，在城市地区建立的相对独立的平面坐标系统。按照《中华人民共和国测绘法》的规定，建立城市坐标系时，通常应经省级测绘地理信息主管部门，同时应与2000国家大地坐标系和1985国家高程基准进行联测，建立换算关系，坐标单位：米（m）。

排水管道设施的底部高程一般基于1985国家高程基准面。1985国家高程基准面是根据青岛验潮站1952～1979年27年间的验潮资料计算确定，根据这个高程基准面作为全国高程的统一起算面，称为“1985国家高程基准”。所有水准测量测定的高程都以这个面为零起算，也就是以高程基准面作为零高程面。

8.1.3 探查和测量精度

管线点通常是指管道以及附属设施几何中心，通常包括检查井中心或井内的两通或多通交汇点、管道与构筑物的连接点等。排水管道埋深是指地面至管道内底或沟渠道内底的深度，其高程是指管底或沟渠底的海拔高度。管线点测量精度是从另一角度评价测量误差大小的量，它与误差大小相对应，即误差大，精度低；误差小，精度高。排水管道测绘精度应满足现行标准《城市地下管线探测技术规程》CJJ 61的要求，具体如下：

（1）市政排水管道隐蔽管线点的探查精度：平面位置限差（δ_{ts}）为0.10h；埋深限差（δ_{th}）为0.15h（式中h为排水管道的中心埋深，当h<100cm时以100cm代入限差公式计算，单位为cm）；

（2）排水管道明显管线点埋深量测精度：量测限差（δ_{td}）不得大于±5cm；

（3）市政排水管道点的测量精度：平面位置测量中误差（m_s）不得大于±5cm（相对于邻近控制点），高程测量中误差（m_h）不得大于±3cm（相对于邻近控制点）。

8.1.4 探查和测量技术

探查是查明管线的位置、埋深（高程）、规格、材质及权属单位等。调查对象包括检查井、管线特征点、附属设施、相关建（构）筑物等。探查的范围通常包括市政雨污水管道、小区和工矿企事业单位雨污水管道，一般取舍标准可参照表8-1。

排水管道探查取舍标准 表 8-1

地下管线种类	取舍标准	备注
市政排水（含雨、污、合流）	方沟≥400mm×400mm，管径≥200mm	也可业主指定
小区排水（含雨、污、合流）	建（构）筑物外的埋地管	需保持构网完整

1. 探查技术

地下管线探查主要针对明显管线和隐蔽管线两大类，前者几乎无需采用特殊技术手段即可完成探查工作，而后者则需要使用一些专业仪器或技术方法才得以完成。与大多数地下管线不同，排水管道大多为直线且对检查井的设置密度有明确的要求，几乎都属于明显管线。明显管线探查通常在实地直接打开雨污水管线检查井井盖和沟渠盖板进行量测调查的方法。埋深量测采用经检验合格的钢卷尺配合量杆进行，以米为单位，读数至厘米。圆形断面规格量测记录内径。矩形断面量测其内壁的宽和高。此外，还应调查管道的材质、埋设方式等。

在城市个别地区，由于非开挖敷设、道路改建、绿化工程和建筑工程等因素的影响，造成部分排水管道变成了隐蔽管线，探查其空间位置必须采取特殊技术手段，针对金属管道通常使用金属管线探测仪（图 8-1）进行探查，对于非金属管道，通常采用探地雷达（图 8-2），它是利用脉冲雷达系统，连续向地下发射脉冲宽度为毫微秒级的高频脉冲，然后接收从管壁反射回来的电磁波脉冲信号。该方法对非金属管道具有较好的探查效果，主要用在常规方法无法探查的情况下，用来探查各种排水非金属管线。

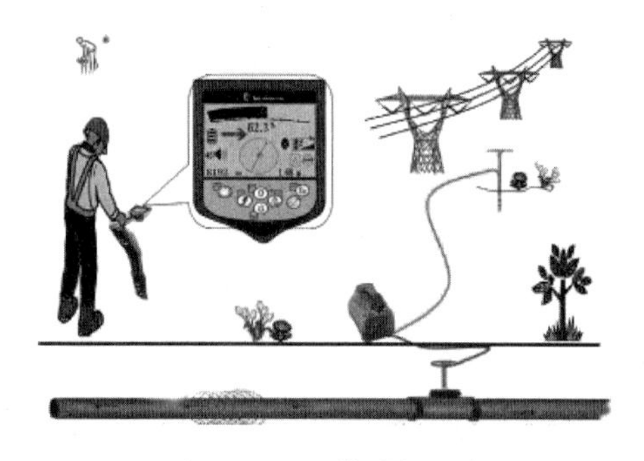
图 8-1 金属管线探测仪

图 8-2 探地雷达

2. 测量技术

测量技术方法多种多样，最常见是使用全站仪和 GNSS RTK 进行现场获取必要的数值和参数，通过计算后得到管线点的平面坐标和高程。

全站仪（图 8-3），即全站型电子测距仪（Electronic Total Station），是一种集光、机、电于一体的高技术测量仪器，是集水平角、垂直角、距离（斜距、平距）、高差测量功能于一体的测绘仪器系统。它由电源部分、测角系统、测距系统、数据处理部分、通信接口及显示屏、键盘等组成。

图 8-4 为 GNSS RTK（Global Navigation Satellite System Real-Time Kinematic），即全球卫星导航系统载波相位差分技术，是实时处理两个测量站载波相位观测量的差分方法，将基准站采集的载波相位发给用户接收机，进行求差解算坐标。这是一种新的常用的卫星定位测量方法，以前的静态、快速静态、动态测量都需要事后进行解算才能获得厘米

级的精度，而 GNSS RTK 是能够在野外实时得到厘米级定位精度的测量方法，它采用了载波相位动态实时差分方法，是 GPS 应用的重大里程碑，它的出现为工程放样、地形测图等各种控制测量带来了新的测量原理和方法，极大地提高了作业效率，它是当前我国排水管道测量最常见的方式。

图 8-3　全站仪

图 8-4　GNSS RTK

8.2　排水管道测绘

地下管线普查项目的主要工作是地下管线探测。地下管线探测从狭义上说是在非开挖的情况下探测地下管线的走向与埋深，从广义上指从现状调绘、数据采集（明显点调查、隐蔽点探查、管线点测量）、数据处理、成果生成等一系列活动，其目的是摸清地下管线的敷设情况，并经采集、处理，最终形成地下管线空间地理信息数据。地下管线探测涉及物探技术、测绘技术、数据库技术与计算机技术，属于地理信息空间数据服务领域。

排水管道测绘分为普查和更新测绘，前者是指对整个城镇或某个区域的排水管道全面进行探测，后者则是对已有排水管道图依据现状进行更正、删除和添加测绘，以保持排水管道图的现势性。

排水管道测绘的工作内容一般包括：资料收集与分析、现场踏勘、技术设计、实地调查与探查、管线点测量、数据处理、数据库建立、管线图编绘、管线点成果编制、信息系统建设、成果检查与验收等内容，其技术路线如图 8-5 所示。

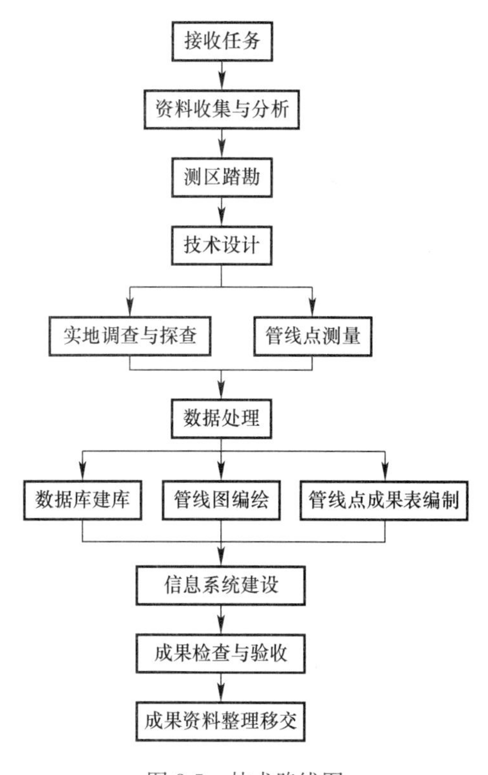

图 8-5　技术路线图

8.2.1　资料收集与分析

排水管道测绘工作开展前，测绘单位通常需

搜集下列资料：

（1）排水管道现状调绘图：根据已有的排水管道竣工资料、施工资料、设计资料等，将排水管道标绘在 1∶500 或 1∶1000 地形图上，形成排水管道现状调绘，供排水管道测绘参考使用；

（2）已有调查成果图：指城市地下管线普查、探测或者场地施工进行地下管线探查所形成的各类排水管道图，可供排水管道测绘参考使用；

（3）排水管道竣工图：由于目前调查、探查技术手段还不能完全查明排水管道的建设年代、权属单位、管径、材质等属性信息，一般根据收集的排水管道现状调绘图、已有调查成果图和竣工图的内容直接采用；

（4）基础地形图是排水管道测绘的基础地形图和工作底图，如果基础地形图现势性较差，会影响排水管道图的编制和外业的工作效率。因此，尽可能搜集测区内现势性较好的基础地形图可以提高排水管道测绘的工作效率；

（5）各等级测量控制点成果是排水管道测绘的起算数据，包括平面控制点和高程控制点，收集各等级控制点时还需收集各等级控制点的点之记或点位说明，便于实地找到各等级控制点；同时还须收集各等级控制点的坐标系统名称，高程基准名称等，便于成果使用与坐标转换。

8.2.2 测区踏勘

测区踏勘目的是为技术设计编制提供基础依据，工作质量的好坏会直接影响到技术设计质量，影响到技术设计是否有针对性。具体来说，测区踏勘需要做好以下工作：

（1）核查排水管道现状图、已有调查成果图和竣工图与实地是否一致，同时核查测区内排水管道一般的材质、埋设方式和埋深范围；

（2）核查收集测区基础地形图的现势性，确定基础地形图的可用程度，能否满足排水管道图基础地形图的要求，确定哪些地段不能满足要求，需要进行带状地形图修补测；

（3）核查所收集的各等级测量控制点的位置和保存情况，确定其位置和保存情况，分析评估是否需要进行补充控制测量，为排水管道测绘提供平面、高程起算数据；

（4）核查测区内对排水管道测绘可能有影响的各种干扰因素，如交通护栏、交通流量、井盖类型以及地面绿化情况等，为技术设计、管线探测仪一致性对比试验和方法试验提供技术支撑；

（5）现场踏勘结束后应形成踏勘报告，内容一般包括测区概况、资料收集情况、排水管道铺设情况、基础地形图情况、控制点情况以及排水管道测绘的环境情况。

8.2.3 技术设计

技术设计是指导实地调查与探查、管线点测量、数据处理、数据库建立、管线图编绘、管线点成果编制、信息系统建设和成果质量检查与验收的重要技术工作文件，技术设计为排水管道测绘各工序提供必要的信息，便于工序衔接，以及更好地理解工序的相互关系，可以保证不同作业台组对技术要求理解的一致性；为项目质量控制和质量检查提供技术依据；为排水管道测绘技术交底培训提供依据。因此工作开展前，项目技术负责人要组织技术人员，根据合同、相关现行技术标准的要求，以及资料收集分析情况、测区踏勘报告等，编制项目技术设计书。技术设计书包括以下内容：

（1）主要说明任务的来源、目的、任务量、作业范围和作业内容以及完成期限等任务基本情况。作业区环境概况和已有资料分析利用情况。说明工程项目设计书编写过程中所引用的标准、规范或其他技术文件。成果（或产品）主要技术指标和规格；

（2）作业所需的仪器的类型、数量、精度指标以及对仪器校准或检定的要求，规定对作业所需的数据处理、存储与传输等设备的要求。规定对专业应用软件的要求和其他软、硬件配置方面需特别规定的要求；

（3）技术路线、工艺流程、作业方法、技术指标和要求，提交和归档成果（或产品）及其资料内容和要求；

（4）质量保证措施和要求、安全生产保障措施；生产过程中涉及安全生产组织、预案、防护的主要要求。

技术设计编制完成后，项目建设单位要组织进行评审并批准，以确保技术设计内容完整、结构恰当、规定明确和方法可操作。项目实施过程中可对技术设计的进行修订或补充设计，修订和补充设计同样也履行评审、批准手续。技术设计经批准后要下发至所有需要文件的人并进行技术设计的交底培训，培训结束后还要进行考试或考核，合格后才能参加项目施工作业。

8.2.4 实地调查与探查

排水管道探查分为实地调查和仪器探查。实地调查（明显管线点调查）就是采用特制工具，直接打开排水管道各类检修井，调查排水管道材质、规格和埋深，获取排水管道的材质、管径、埋深等属性数据。仪器探查（隐蔽管道点探查）就是采用仪器探查方式，进行排水管道追踪定位和定深，并将排水管道投影至地面，并在地面设立标识，同时获取排水管道的埋深等属性数据。

排水管道调查应在现场查明各排水管道的敷设状况，即管线在地面上的投影位置和埋深，同时应查明管线类别、材质、规格及附属设施等，具体调查项目可参见表 8-2。

排水管道实地调查项目 **表 8-2**

管线类别		埋深（内底）	规格		材质	构筑物	附属物	流向	埋设年代	权属单位
			管径	断面						
雨（污）水	管道	▲	▲		▲	▲	▲	▲	△	△
	沟渠	▲		▲	▲	▲	▲	▲	△	△

排水管道探查应在充分收集资料和分析已有资料的基础上，遵循从已知到未知和从简单到复杂的原则，采用实地调查与仪器探查相结合的方法进行。

1. 实地调查

排水管道实地调查是以打开检查井井盖为主要工作方法，查明每一条管线的性质、类型和空间位置。实地量测排水管道的埋深，单位用米表示，误差不得超过±5cm。排水管道内积水、淤泥较少，可以直接用经检验的合格钢尺量测；也可以采用 L 尺或特制的量测工具，配合钢尺进行量测；排水管道内积水、淤泥较多不能直接用钢尺量测时，则采用 L 尺在地面进行量测，L 尺的长轴方向须保持与地面线垂直，读数时要在地面拉水平线，水平线与L尺长轴方向的交点即为读数起始位置；如果L尺的长轴方向与地面线不垂直则需进行深度修正。当检修井被掩埋物、淤泥等覆盖，不能直接量测埋深时，采用仪器探查、打样洞等方法查明排水管道埋深。

排水管道的规格调查一般采用量测管底埋深和管内顶埋深的方式来确定排水管道的规格。如果排水管道内雨污水较多，无法直接量测排水管道的规格时则采用采用坚硬工具，如钢管量杆确保一端管道内底，擦挂管道壁，从钢管量杆遗留物质位置来确定排水管道的规格。

排水管道的材质通常以收集到的资料为准，再在现场核实。无法辨别时，可采用坚硬工具擦挂管道壁来确定。

确定排水管道连接关系（走向）的方法通常是打开检查井，当排水管道内积水、淤泥较少时，可以直接看到排水管道的连接关系（走向）和管径，并在走向方向找到下一个检修井；排水管道内积水、淤泥较多时，则采用L杆进行触探，以此感知排水管道的走向，并扩大范围搜索下一个检查井验证。

调查排水特征点和附属设施均需调查，这些特征点一般有、三通、四通、多通、格栅、变材、变径、预留口、转折点、进出房点、交叉点、变坡点、一般管线点、偏心点、井边点、非普查等；附属设施一般有检查井、雨水口、排水口、泵站、化粪池等。

为了便于下一步测绘量，调查同时必须实地设置地面标志，编写管线点点号。管线点设置地面标志，柏油路面应用钢钉打入地面至平，水泥地面凿刻“十”字，松软地面应打入木桩，用红色油漆标示在中心（或附属物中心位置），标注符号“⊕”及管线点号，可在管线点附近明显地物点上拴注点号（尽量标注在道路路牙石立面，必须书写工整、美观），以便实地寻找，但不得影响市容市貌；当排水管道中心位置的地面投影和附属设施（检修井、化粪池、小区污水处理站等）中心位置偏离排水管道中心或附属设施中心距离大于0.4m时，则在当排水管道中心位置的地面投影和附属设施中心设在排水管道明显管线点。检修井或附属设施单独作为附属设施处理，只记录管线点属性。管线点点号一般由管线类型编码＋管线点序号组成。在无特征点和附属物点的直线段上应设置隐蔽管线点，管线点间距应小于100m。

所有现场调查的内容需记录在探测草图（如附录2）上，探测草图最好利用已有地形图作为工作底图。探测草图的内容一般包括排水管道连接关系、走向、排水管道点编号、管径、管材、埋深等。图上的文字和数字注记整齐、完整，图例、文字和数字注记内容须与排水管道探查记录表中的记录一致。排水管道调查结束后，还要对探测草图进行接边，接边内容包括排水管道空间位置接边和属性接边。排水管道调查与探查结果也可以采用经过鉴定的PDA或移动终端进行记录。

实地调查中可以邀请排水管道权属单位的管理人员协助调查。当检修井被掩埋物、淤泥等覆盖，不能直接量测埋深时，要通知排水管道权属单位的管理人员及时清理、疏通。当排水管道缺乏明显管线点或已有明显管线点不能满足探查需求时，须邀请排水管道权属单位的有关人员协助或查阅排水管道设计、竣工图资料等予以解决。实地调查中还需查明测区范围内无检修井、非金属材质的排水管道的具体位置、管径、长度、大致埋深等，为仪器探查提供信息。

2. 管线探查

在排水管道实地调查的基础上，针对测区内无检查井无开口排水管道，使用管线探测仪、探地雷达进行探查定位、定深，获取排水管道的地面投影位置和埋深。对于铸铁、钢等金属管道可采用金属管道探测仪精确定位，探测时保持接收机天线与排水管道的方向垂直，横切过排水管道移动接收机，确定响应最大的点。不要移动接收机，原地转动接收机（图 8-6），当响应最大时停下来。保持接收机垂直地面，在排水管道上方左右移动接收机，响应最大处即是为垂直地下是管道。标志排水管道的位置和方向。

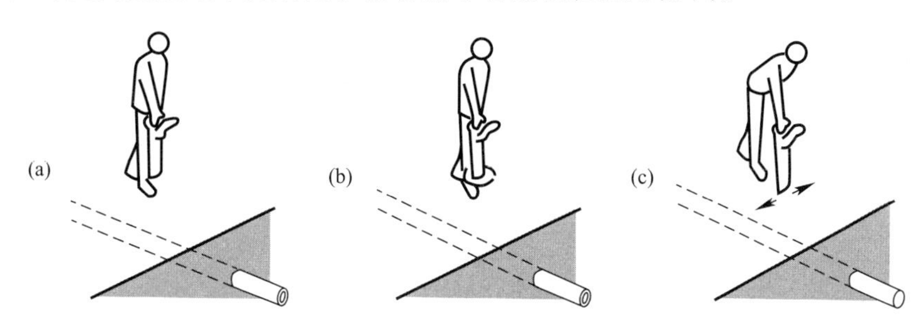

图 8-6　金属管道探测仪探查操作示意图

对于非金属管道，通常采用探地雷达确定管道位置。地质雷达由地面向地下发射电磁波信号，经过地下地层和排水管道的反射后返回地面，被接收天线接收，通过计算机相应处理软件处理，即可确定排水管道的存在及位置。这种方法在我国地下水位高的地区，使用效果不理想，主要是管道周边介质的差异不明显，故采用金属管道探测仪和信标发射器联合作业的方法在查找非金属管道方面非常有效（图 8-7）。它是将信标发射器固定在穿线器一端或 CCTV 爬行器上，然后人工推送或 CCTV 自爬进入管道，同时地面上用接收机进行追踪和定位。

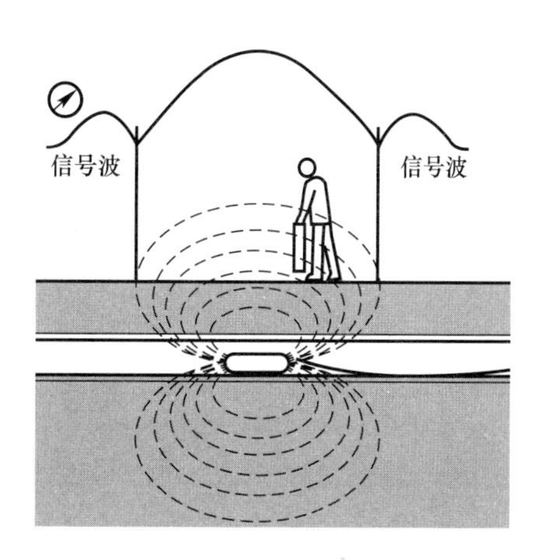

图 8-7　信标配合作业示意图

8.2.5　管线点测量

排水管道点测量是在已有控制点的基础上，利用 GNSS RTK 或全站仪对管线点的地面标志进行平面位置和高程连测，计算出管线点的坐标和高程，测定排水管道有关的地面附属设施和排水管道的带状地形图，编制出成果表。

1. 控制测量

排水管网普查的范围内，可根据建设方提供的控制点作为首级控制点，在此基础进行图根控制测量。图根控制测量一般采用 GNSS RTK 测量或电磁波测距导线方式施测；图根控制点的选点、埋设按《城市测量规范》CJJ/T8—2011 要求进行，在城市主干道及条件许可的次干道上，采用 GNSS RTK 图根点测量，其他道路可采用电磁波测距导线方式测量。

GNSS RTK 测量可采用单基准站 GNSS RTK 和网络 GNSS RTK 两种方法进行，GNSS RTK 图根控制点测量方法及技术执行《全球定位系统实时动态测量（RTK）技术规范》CH/T 2009—2010 的要求。GNSS RTK 图根点测量时，地心坐标系与地方坐标系的转换参数可直接利用已知的参数，也可以在测区现场通过点校正的方法获取。采用网络 GNSS RTK 测量图根点可不受流动站到基准站距离的限制，但应在网络有效服务范围内。

单基准站测量图根点，流动站到基准站距离应控制在5km之内。RTK图根点测量流动站观测时应采用三角架对中、整平，每次观测历元数应大于20个。图根点测量观测次数不少于2次，且每次观测之间流动站应重新初始化。作业过程中，如出现卫星信号失锁，应重新初始化，并经重合点测量检测合格后，方能继续作业。每次作业开始前或重新架设基准站后，均应进行至少两个同等级或高等级已知点的检核，平面坐标较差不应大于±7cm。图根点测量平面坐标转换残差不应大于±3.5cm，各次测量点位较差不应大于±5cm，各次结果取中数作为最后结果。由于管线点测量高程精度要求较高，RTK图根高程测量较难满足管线点测量的需要，需按图根水准方法及精度进行高程联测。GNSS RTK图根控制测量须满足表8-3的要求。

RTK图根控制测量要求表 **表8-3**

等级	时段数	总测回数	观测历元数	同一时段测回间互差		时段间互差		相邻点间距离（m）
				平面	高程	平面	高程	
图根	2	4	≥15	≤5cm	≤3cm	≤6cm	≤6cm	≥100

当采用电磁波测距进行图根控制测量时，应尽量采用附合导线（网）的形式布设，局部区域可布设图根支导线。图根平面控制以城市等级导线点为起算点，布设成电磁波测距附合导线或结点导线网，高程布设为附合高程导线或高程导线网，采用电磁波三角高程测量与平面同步施测。图根控制点一般起闭合于等级控制点，平面采用电磁波测距附合导线（网）或支导线的方法施测，用电子手簿记录。主要技术要求见表8-4。

电磁波测距导线测量的主要技术指标 **表8-4**

附合导线长度（m）	平均边长（m）	导线相对闭合差	方位角闭合差（″）	测距中误差（mm）	测角测回数	测距测回数（单程）	测距一测回读数次数
					DJ6		
900	80	≤1/4000	$\pm 40\sqrt{n}$	±15	1	1	2

图根点高程可用光电测距高程导线代替图根水准测量，并可与图根水准测量交替使用，同时还可以采用GNSS拟合高程测量。图根高程可组成高程水准路线或水准网，但起闭点布设在不应低于四等水准的控制点上。图根三角高程路线可起闭合于图根水准点。

图根水准测量一般采用电磁波测距三角高程导线代替，也可交替使用。施测时与图根导线测量同时进行。图根高程导线可布设为单一附合高程水准路线或水准网，起算点布设在不得低于四等水准的控制点上。采用电磁波测距高程导线测量图根控制点高程时一般与平面导线观测同步进行。

采用GNSS高程测量方法进行图根控制点高程测量时，所用高程异常模型的内附合中误差一般不大于±2cm，高程中误差不大于±3cm，作业按四等GNSS网的观测要求进行。先通过静态或动态方法测出WGS-84大地坐标系坐标，仪器高精确量至毫米，选择城市似大地水准面模型的方法或高程拟合法获取待定点的正常高。区域地形起伏不大、较平坦的测区可采用GNSS高程拟合法，联测不低于四等水准的高程控制点，通过二次多项式拟合方法确定图根点的高程，联测高程点数一般不得少于5点，点位均匀分布于测区范围。如拟合高程与已知高程差值不大于±5cm，则拟合计算的成果可作为图根点高程。区域地形起伏较大的测区建议不采用GNSS高程拟合法。

2. 管线点测量

排水管道点测量时以探测草图管线点物探点号为准，依据实地管线点号、现场栓距标识、管线点定位标志作为测量点位，从探测草图上排水检查井、附属设施和建构筑物等明显附属设施开始，按照探测草图上的管线连接关系，一一找到探测草图上管线点，分别进行排水管道点的三维坐标采集，采集完成后根据测量数据计算出管线点三维坐标，使用专业管线处理软件，与排水管道属性数据进行集成建立排水管道数据库，生成并编绘排水管道图，由调查人员审核是否遗漏管线点、连接关系是否正确，然后再进行遗漏和错误补测。补测时需邀请调查人员参与，协助寻找未测到的排水管道点，确保所有排水管道点位正确和不遗漏。测量管线点的解析坐标中误差（指测点相对于邻近控制点）不得大于±5cm；高程中误差（指测点相对于邻近高程控制点）不得大于±5cm。常用管道点测量方法包括：

（1）全站仪极坐标法（图 8-8）：测量前须进行控制点间距离检核，与反算距离、高差核对，边长较差不得大于±5.0cm，高程较差不得大于±3.0cm。检核合格后才可进行排水管道点测量。距离测量记两次取中数，水平角和垂直角各测半测回，观测数据采用全站仪自动记录。每站测定气温、气压作气象改正，仪器高和觇标高用钢卷尺准确量至毫米。一般采用长边定向，测站至地下管线点之间测距长度不得大于 150m，测量结束，需进行定向检查，定向检查的限差为±40″。所有管线点均是全野外数字采集，隐蔽点以“+”字为中心，明显点以附属物几何中心进行观测，测量时将有气泡的棱镜杆立于管线点上，并使气泡严格居中，以保证点位的准确性。P 点坐标计算公式如下：

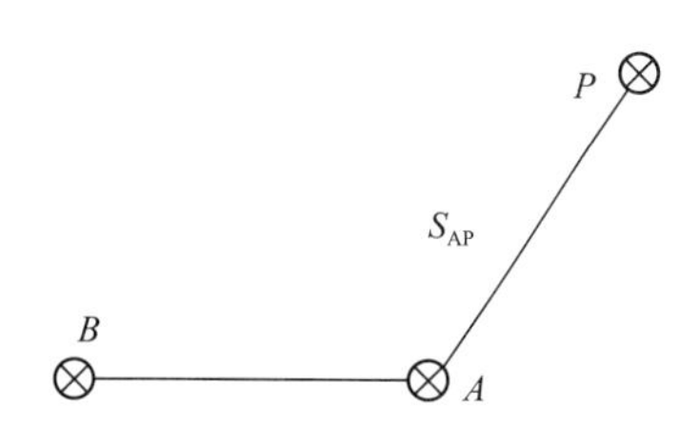

图 8-8 极坐标法示意图

$$X_P = X_a + S_{AP} \times \cos\alpha_{AP} \tag{8-1}$$

$$Y_P = Y_a + S_{AP} \times \sin\alpha_{AP} \tag{8-2}$$

式中：S_{AP}为测点 A 至测点 P 的水平距离；α_{AP}为 AP 的方位角。

（2）GNSS 测量法：该方法的基本要求是基站、移动站空旷，且没有干扰信号。施测前后在测区范围内各检测一个已知控制点，并比较其坐标，当平面坐标差或高程差大于 50mm 时，该基准站施测成果不能使用；基站设站时需对中置平，并准确量取天线高，读数至 mm。施测前需连测 3 个以上且分布均匀的等级控制点，求解测区坐标的转换参数，准确求取基准站的 CGCS2000 坐标。流动站采用流动杆模式测量，辐射半径不得小于 5km。测量时流动杆要扶直，历元数不得小于 5 个，观测精度不得小于 30mm。

（3）导线串测法：测量前需进行已知控制点校核和定向检查。选择的全站仪技术参数需符合现行行业标准《城市测量规范》CJJ/T8 的规定。测量前进行已知控制点间距离检核，与反算距离、高差核对，边长较差不得大于±5.0cm，高程较差不得大于±5.0cm。检核合格后才可进行地下管线点测量。高程测量和平面测量同时进行，高程测量采用三角高程。地下管线点解析坐标中误差（测点相对于邻近控制点）不得大于±5.0cm；高程中误差（测点相对于邻近高程控制点）不得大于±5.0cm。距离测量记两次取中数水平角和垂直角各测一测回，仪器高和觇标高用钢卷尺准确量至毫米，观测数据采用全站仪记录。主要将地下管线点布设成电磁波测距附合导线，局部区域可布设图根支导线。以图根及以上控制点为起算点，布设成电磁波测距附合导线，高程布设为附合高程导线或高程导线网，采用电磁波三角高程测量与平面同步施测，用电子手簿记录。附合导线一般不超过两次附合。在一次附合图根导线点上可以直接加密二级图根导线点，但测距边长不得超过150m。支导线边长需对向观测各一测回，也可单向变动仪器高或棱镜高各一测回，变动值不得小于10cm。每站测定气温、气压，作气象改正和仪器加、乘常数改正。水平角观测首站需联测两个已知方向，观测一测回，其他站水平角需分别左右角各一测回，其固定角不符值与测站圆周角闭合差不得大于±40"。

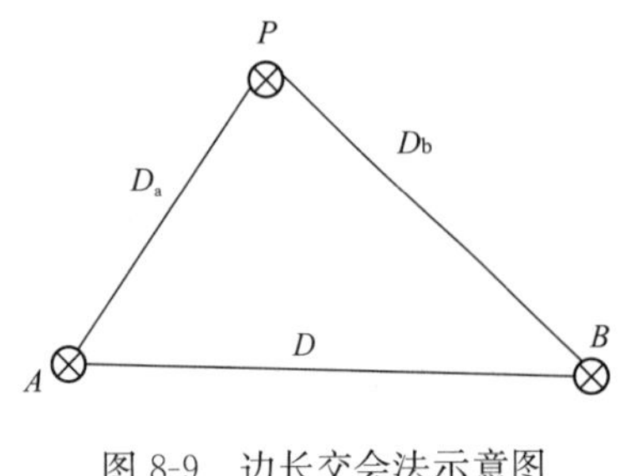

图 8-9　边长交会法示意图

(4) 边长交会法：因地形限制图根导线无法进入时，可采取固定地物（房角、电杆等）补测管线点，即边长交会法（图 8-9），每个点位不少于 2 个尺寸。管线点高程采用附近硬质地面高比高获取。坐标计算公式如下：

$$Xp = Xa + \frac{q(Xb - Xa) + h(Yb - Ya)}{D} \tag{8-3}$$

$$Yp = Ya + \frac{q(Yb - Ya) + h(Xb - Xa)}{D} \tag{8-4}$$

式中：

$$q = \frac{D^2 + D_a^2 - D_b^2}{2D}$$

$$h = \pm\sqrt{Da^2 - q^2}$$

8.3　数据处理

排水管道测绘数据处理包括排水管道调查数据和探查数据录入、测量数据处理、排水管道数据检查建库、排水管道图编制和排水管道点成果表编制等。数据处理一般采用经鉴定合格的商用或定制研发软件自动化处理、辅以人工协助方式进行。

8.3.1　数据处理流程

排水管道测绘数据处理包括根据外业调查探查数据录入，建立排水管道属性数据库。对排水管道测量数据进行计算处理，建立排水管道空间数据库。对属性和空间数据二者进行检查、叠加，融合形成排水管道数据库，编辑处理输出排水管道点成果表和排水管道数据库。将排水管道数据库生成排水管道图形，并与基础地形图叠加，编辑处理形成排水管道图。排水管道数据处理流程参见图 8-10。

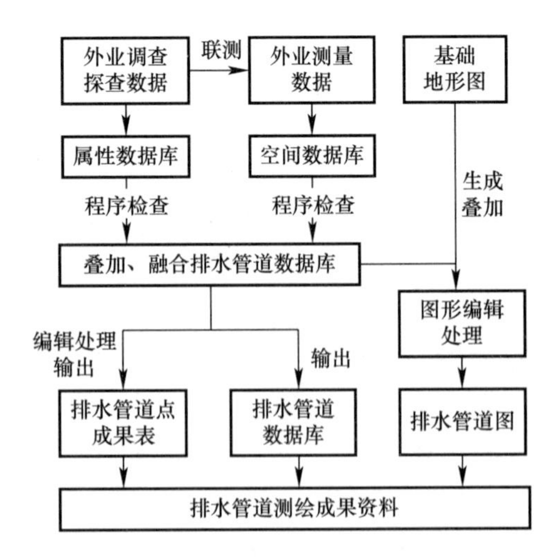

图 8-10　排水管道数据处理流程图

8.3.2　标准化处理

现场测绘获得的数据，应进行质量检查，

建立数据项的映射关系，导入数据库中相应的数据表。同时排水管道调查探查数据录入完成后，对照技术设计、探测草图进行检查，并对照相关技术标准进行属性名称、代码进行规范化标准化处理，最后再照标识码编码规则用数据处理软件进行编码，形成排水管道数据库。

8.3.3 数据处理方法

管线数据处理作业流程应尽量减少人工录入和干预，实现内外业一体化作业流程。外业探测成果数据使用管线数据处理软件现场录入，外业测量数据由相应仪器所带电缆直接传入计算机，通过计算使两者结合形成管线属性、坐标数据。在属性数据与空间数据合并后，利用管线数据处理软件对数据进行数据处理和图形编辑，并对排水管道数据进行逻辑错误检查，根据检查的结果，对数据进行修改，保证管线数据完整、可靠、准确、唯一，最后形成排水管道数据库和排水管线图形库。数据处理所使用的管线数据处理软件应经过验证，同时具有如下功能：

(1) 一体化的数据录入、处理、检查、成图（成果表生成）：具有调查探查数据录入、处理以及测量数据处理及坐标校正入库，建立排水管道数据库；

(2) 自动构建拓扑结构和错误检查：根据排水管道数据库自动生成排水管道拓扑结构，包括排水管道流向、排水管道和附属设施连接准则检查等，输出检查记录；

(3) 生成并输出排水管道图：自动生成并输出排水管道图，进行编辑，最终形成排水管道图；

(4) 生成并输出排水管道成果表：自动生成并输出排水管道成果表，形成排水管道成果表成果；

(5) 管线调查成果表制作：根据读入的测量资料，自动生成管线调查成果表；

(6) 数据输入/输出：输出其他标准图形交换格式（如 DXF 格式）的数据。

8.3.4 排水管道数据录入处理检查

排水管道调查、探查结束后，将探测草图提交数据处理组进行排水管道调查、探查数据的录入与处理，录入与处理采用商用或定制研发的数据处理软件进行，建立排水管道属性数据库；同时探测草图提交排水管道测量组进行排水管道点测量，排水管道点测量结束后，提交数据处理组进行排水管道点测量数据处理，测量数据处理采用商用或定制研发的数据处理软件进行，建立排水管道点空间坐标数据库，再采用商用或定制研发的数据处理软件将排水管道属性数据库与空间坐标数据库进行融合，建立排水管道数据库；采用商用或定制研发的数据处理软件将排水管道数据库生成 AutoCAD 和 ArcGIS 图形数据，以图形和数据互动的方式进行属性及图形检查，并把排水管道数据打印出来，由外业探查人员进行 100%检查，最终形成排水管道数据库。排水管道数据库建立前，利用经检验合格的数据处理软件对排水管道数据库进行以下检查：

(1) 重点孤点检查：利用商用或定制研发的数据处理软件进行排水管道点号重复、连接点号重复和孤点的自动检查，辅以人工识别并修改完善；

(2) 管段重复检查：利用商用或定制研发的数据处理软件进行排水管道管段重复的自

动检查，辅以人工识别并修改完善；

（3）规范性检查：利用经验证合格的数据处理软件进行排水管道测绘数据库规范性、逻辑性的自动检查，辅以人工识别并修改完善；

（4）连接关系检查：检查排水管道连接关系并修改完善；

（5）平面位置检查：检查排水管道平面位置检查并修改完善；

（6）高程合理性检查：检查排水管道高程合理性、流向等检查并修改完善。

数据库建立方面的内容详见第9章：排水管网地理信息系统。

8.4 管道图编绘与成果表编制

在检查合格的排水管道数据库基础上，采用验证合格的数据处理软件生成排水管道图，叠加基础地形图形成排水管道图，对排水管道图进行编绘。排水管道图的符号、颜色、标注及线形等标准以相关国家标准为准。

8.4.1 数据和编辑

排水管道图数据提交格式通常为 *.DWG，AutoCAD 2000 及以上版本。排水管道图要素分层设色及符号标准通常按附录3执行。

8.4.2 要素符号标准

图上管线点封闭型图形符号（圆形、矩形）以其中心点为点位中心，不得炸碎管线图块。各类阀门（栓）圆圈符号中心为点位中心，管线符号要在所属图层上制作，颜色、图层要与表一致，插入点要为符号中心点，管线两端Z值应为管道内底或沟渠道内底高程。线状符号的中心线为管线垂直投影中心。点状符号以“BLOCK”的方式建立。点状符号不得炸碎。出图时不做符号化表示，但管线点不允许出现丢失。所有管线点的高程值均放在三维坐标和扩展属性中。

线状符号要求直线部分用 LINE 表示，线上的Z值为对应的管道内底或沟渠道内底高程。如有曲线用 ARC 表示，曲线的起点和终点只允许在管线点位置。管线附属物特征码及点状符号详见附录2。管线图的注记要求可参见表8-5和表8-6。

注记字体定义表 **表 8-5**

字体名称	Shx 字体	大字体	颠倒	反向	垂直	宽度比例	倾斜角（°）	备注
HZ	黑体		无	无	无	1.0	0	管线注记
KHZ	Txt. shx	Hztxt. shx	无	无	无	1.0	0	图幅号、比例尺注记

管线图注记内容表 **表 8-6**

管线种类	明显点地面高程	明显点各方向管顶高	下游方向管底高程	管径（断面尺寸）	材质	备注
雨水	△	△	△	△	△	
污水	△	△	△	△	△	

排水管道图的注记要求按表8-7的规定执行。

排水管道图注记要求 **表 8-7**

类型	方式	字体	字大（mm）	备注
管线点注记	字符、数字混合	文鼎 CS 细等线	1.6	
管段注记	字符、数字混合	文鼎 CS 细等线	1.6	
其他说明注记	汉字、数字化混合	文鼎 CS 细等线	2.4	
图幅号、比例尺	汉字、数字化混合	宋体	3	

8.4.3 编绘要求

排水管道图编绘的主要要求如下：

(1) 排水管道图按管线权属分层，排水管道的线放在 * Line 层，管线点、窨井等点符号放在 * Point 层，管线面符号放在 * Area 层，排水管道图上线标注放在 * Mark2 层，图上点号标注放在 * Text 层；

(2) 检修井地下空间的外轮廓线和以沟（道）的边线放在相应辅助管线 * FZLine 层，偏心（井）点发在相应辅助管线点 * FZPoint 层；

(3) 排水管道图上的注记内容按要求执行。排水管道图上的各种文字、数字注记不得压盖管线及其附属设施的符号。雨水篦子、非普查区、进出水口、预留口和管堵等符号，应适当旋转角度。综合管线图点号特别密集的时，为保证综合图图面整洁，可适当删除图面注记；

(4) 排水渠大于 1.2m，按比例以虚线绘出边线，井盖不在中心的用地物表示，沟内注记“暗渠”(用排水颜色)，线条按排水颜色，并表示流水方向，管线点标在渠中心线上，但图面不连接；

(5) 管线进入非普查区的，用非普查区去向符号表示（管线点符号加实部 2mm，虚部 1mm，长度为 8mm 的虚线）；

(6) 一井多盖的工作室，边长大于 2m 的实测井边线，用虚线表示（实线 2mm、间隔为 1mm)，颜色用排水管道颜色表示，几何中心加注管线符号，井内不连线，边缘处定点作为隐蔽管点。一井多盖、分支点、管线点集中，在综合管线图上，可视图上荷载注记密集程度，选择主要的管线点 1 个或 2 个标注，其他点记录在表格中（即同一坐标，不同埋深，不同属性)，应全面完整的展绘出；

(7) 排水管道在跨越河流的出露部分用点划线表示，点划线实部为 2mm，间隔为 1mm，中间的点 0.2mm。线宽、颜色与同类管线一致；

(8) 排水管道图管段注记内容：代码、材质、管径等；排水管道图管线点注记内容：点号、地面高程、管底标高等；

(9) 排水管道图管点注记、数字注记字头朝正北跨图幅的文字、数字注记需在两幅图内分别注记；

(10) 排水管道图管段文字、数字注记要平行于管段走向，字头朝向须符合图式阳光法则规定，跨图幅的文字、数字注记需在两幅图内分别注记；

(11) 管径（断面尺寸）注记在排水管道管径发生变化处两侧或三通、四通点（分支点）及拐点两侧（一般注记在管线上方或右侧)，直线段相同注记可选择注记；

（12）排水管道图中点号、各种注记不得压盖排水管道及设施设备符号；

（13）背景地形套合时需调整管线与地物注记，使地物注记不应压线，DLG 高程注记字高不变。

8.4.4 成果表编制

排水管道点成果表的编制以排水管道数据库为依据进行，管线点号与图上点号一致。排水管道点成果表编制内容应包括：管线点号、类别、管径（断面尺寸）、流向、材质、埋深及地面坐标、高程、管底标高、权属单位、建设年代。编制排水管道点成果表时，对各种窨井坐标只标注窨井中心坐标，对井内各个方向的排水管道情况按上述要求填写清楚。排水管道点成果表以 1∶500 或 1∶1000 图幅为单位，分类别和权属进行整理，装订成册。成果表装订成册后在封面标注图幅号并编写制表说明。排水管道点成果表格式参见附录 4。

思考题和习题

1. 什么是排水管道图？通常分成哪几种？

2. 排水管道图一般包括哪些要素？

3. 简述 GNSS RTK 的工作原理。

4. 在设置管线点地面标志时应注意哪些事项？

5. 地面只发现两检查井盖，两井间距离约 120m，若需测绘，怎样实施为妥？

6. 如图 8-9 所示，已知地物点 A（216293.658，199060.287，512.034）、B（216296.308，199073.414，512.034），实地测量点 A 至点 P 的距离为 $D_{AP}=16.16$m，点 B 至点 P 的距离为 D_{BP}12.19m，排水管道点 P 与地物点 A、B 基本处于一个高程面上。求新增排水管道点 P 的坐标和高程。

7. 实地通过测量边长获得某新增地物点坐标。

8. 开井调查主要包括哪些内容？

9. 简要叙述排水管道测绘的主要工作内容。

10. 简述排水管道数据处理流程。

11. 在我国南方地区，经常会遇到检查井水位高且管口淹没情形，请思考如何采取简单有效的方法来确定检查井几何中心以及各方向管道的直径和埋深。

12. 排水管道数据库检查通常包括哪些项目？每一项指的是什么？

第9章　排水管网信息系统

做好排水管渠普查，掌握地下管渠现状，完善地下管渠信息管理机制，建设排水管网信息系统，对于维护城市“生命线”，保证人民的正常生产、生活秩序和社会发展都具有重要的现实意义和深远的历史意义，更是我国经济社会健康快速发展的迫切需要。

9.1　基本知识

9.1.1　排水管网地理信息系统的含义

GIS（Geographic Information System），即地理信息系统，它是集计算机科学、地理学、测绘遥感学、环境科学、城市科学、空间科学、信息科学和管理科学于一体，以地理空间数据库为基础，在计算机软、硬件系统支持下，对现实世界（资源、设备与环境）各类空间物体的定位分布及与之相关的属性数据进行采集、管理、操作、分析、模拟和显示，建立起来的描述关于这些空间数据特性的技术系统。从20世纪60年代初，加拿大的Roger F. Tomlinson和美国的Duane F. Marble在不同方面、从不同角度提出了地理信息系统（GIS）概念以来，其含义与应用正在不断扩大，GIS已成功地应用到了包括资源管理、自动制图、设施管理、城市规划等类别中的百余个领域。

排水管网地理信息系统是利用GIS技术与排水技术之间的相互融合，提供城市排水管网数字化管理和专业化分析的应用系统。排水管网地理信息系统的体系结构主要包括数据和功能，管网数据包括空间数据和属性数据，这些数据为经过处理与验证合格的数据，可以在存储器中进行统一存储和管理，操作人员通过操作浏览器或客户端实现业务功能，包括地形图管理、管网输入编辑、管网管理维护、管网检修维护、管网专业分析、管网图表输出等。

从网络架构上讲，通常可以将排水管网GIS分为基于C/S（Client/Server）架构的数据编辑与维护系统、基于B/S（Browser/Server）架构的综合展示系统和基于M/S（Mobile/Server）架构的移动终端系统。管网编辑系统支持对多来源海量管网数据的编辑维护处理，解决大量管网地图编辑入库的需求，为管网管理、规划设计、管网运维、工程施工、综合运营等提供详细、准确的数据服务。管网应用系统提供管网数据的可视化展示，掌握管网资产与分布情况，为管线的正常运行和规划设计提供科学有效的支持工具。移动终端系统是集成地理信息、移动互联网、位置定位、移动通信和空间数据库等技术的信息服务系统，可以随时随地提供空间信息服务，为管网浏览和户外工作提供便利。

9.1.2　GIS对排水管网管理的作用

1. 高效管理多源可视化数据

排水管网GIS系统是一个包含海量数据的复杂系统，其数据库用于存储和管理空间数据和属性数据，不仅包括管网数据，还集成了不同来源、不同数据格式和不同空间尺度的基础地理信息数据，如：地形数据、航空影像、DEM 等，改善了传统管网数据单一、记录分散、不完整的局面，为市政管理部门的业务应用、决策分析和数据共享奠定了坚实的数据基础。通过多种数据的叠加和可视化显示，可以更加直观地了解排水管网周边的交通、居民地、水系、植被和地形等分布情况。数据库能有效管理不同历史时期的排水管网数据，通过对比显示能够较清楚地发现数据间的差异和联系，这对于城市未来的发展规划有着重要意义。对管线点、管线数据进行自动三维建模并叠加道路、建筑物等三维模型，实现管线数据任意角度的三维浏览，还原管网地上和地下的三维立体场景。

2. 提升巡检、养护工作的效率和管理水平

排水管理部门需要定期对辖区内的管网及相关设施进行巡查，及时发现和清除管网中的“病患”，保障城市的排水安全。随着智能终端和移动网络的普及，结合 GIS 和 GPS 等先进技术的手持移动设备成为排水管网巡检、养护的重要工具。排水管网管理信息系统采用移动端与 Web 端相结合的方式，实现排水管网巡检、养护工作的流程化与精细化管理。现场巡查、养护人员通过移动端将巡检信息和养护进展及时上传到监控中心，而监控中心的管理人员通过 Web 端实时查看巡查和养护现场的详细信息，便于对巡查和养护工作进行动态监管，对发现的排水管网问题进行人员的科学调度。通过自动化监管实现巡检养护工作的高效执行，降低管网养护的成本，提高人员对紧急事件的响应速度，保障管网的安全高效运行。

3. 提供空间分析与辅助决策支持

GIS 强大的空间分析功能完全依赖于地理空间数据库，排水管网完整的数据体系为查询分析、缓冲区分析、拓扑分析提供了强大的支撑，通过深层次的信息挖掘，解决用户关心的涉及地理空间的实际问题，为排水管线规划、城市建设、防灾减灾等提供辅助决策分析的合理性建议数据。如管线规划部门通过在限定排水管线的布设界限，可轻松获取一个排水管线埋设的建议方案，辅助管线规划设计；在排水模型的支持下，结合现状地形数据，通过分析排水管线数据，科学计算并模拟城市地下排水管线的实际运行情况，发现排水的薄弱点和可能溢水的检查井，为各级领导制定减灾决策、快速开展抢险工作提供依据和参考。

4. 提高排水事故应急处置能力

城市排水管网承担着收集输送污水和天然降水的功能，排水管理信息系统能够充分整合现有的数据资源、硬件网络资源，实现资源的高效节约。以在线监测数据、管网空间数据为基础，充分利用管网水力计算模型及其他有关模型，结合 GIS 的数据管理和空间分析能力，对管网的运行状况进行分析评估，为管网的日常维护提供数据支持。当流量、流速、液位或压力等运行参数出现异常甚至超出警戒值时，市政管理人员可快速反应、快速诊断、快速行动，提高对管网突发紧急事件的处理能力，保障公共利益和人民生命财产安全，保证排水设施正常运转。

9.1.3 国内排水管网管理存在的问题

国内排水管网管理模式的发展可分为以下四个阶段：

（1）传统管理模式：主要靠图纸和管理者的记忆和经验进行管理；

（2）简单的计算机管理模式：以 AutoCAD、Excel 等文件格式对管网系统进行简单的信息化存储；

（3）基于 GIS 的管理模式：将管网数据以空间和属性数据一体化方式存储，实现基本的地图显示和查询功能；

（4）基于监测和模拟的综合管理模式：实时采集管网在线监测数据，进行动态分析和模拟，为排水管网的规划管理、运行养护提供动态可靠的专业分析依据和方案。

目前，国内大多数排水管网管理模式处于第二或第三阶段。普遍存在数据丢失、数据信息更新不及时、完整性不够、管网之间的联通和拓扑分析较弱、数据共享较差等数据问题。虽然近年来，各大城市建立了排水管道地理信息系统，但这些 GIS 也多是仅标注了管径、标高、长度、管材等属性，维护管理信息没有包括在内，GIS 数据库数据结构混乱导致数据共享更新不及时，更没有建立起城市排水管网的动态模型，辅助管理者对排水管网管理的日常运维和科学决策。存在的主要问题包括：

（1）测绘成果衔接问题：随着计算机技术和 GIS 的发展，测绘与 GIS 的关系日益密切。许多测绘工程的直接目的就是为 GIS 做基础数据；另外以前与 GIS 无关的测绘工程正在或即将要与 GIS 发生关系。现在大部分测绘部门所提交的成果已经从模拟转为数字，如何对数字成果的检查和规范化、数字成果数据与 GIS 衔接，成为测绘和排水管网 GIS 建设时需解决的问题；

（2）测绘成果规范问题：主要表现为数据结构混乱和属性数据不规范。前者是一个工程中可能涉及多个测绘单位所提供的数据成果，数据结构不统一，数据存储格式各不相同，这些结构混乱的数据不能满足构建 GIS 数据库的要求。后者则是属性数据不规范直接影响 GIS 的建库质量，如同一属性字段不同单位在成果中用不同的属性名表示，导致重复字段，属性数据存在的完整性缺失，许多属性信息无法由测绘单位补充完整；

（3）测绘成果检查问题：成果检查是数据入库前的重要工作，至少要经过甲乙双方二次检查。一是精度指标不能反映属性成果的质量，GIS 不仅要求有精确的几何信息，而且还要有准确的属性信息，但当前对属性信息的准确性没有衡量指标，对属性的检查往往被忽视；二是难以检查属性数据本身的错漏，在测绘产生的数据，几何数据和属性数据一般分开存放，图面质量并不反映属性成果的质量，而属性数据离开了图形又无法检查，大量的问题到 GIS 中才暴露。

9.1.4 解决办法

综上所述，由于测绘单位传统的习惯，未能充分考虑排水管网 GIS 建库的要求，在技术、标准和成果检查等方面存在一系列问题，造成了测绘成果与 GIS 工程的脱节。为使数字化测绘成果能与排水管网 GIS 顺利衔接，需从以下几个方面着手：

（1）建立数字成果的数据标准：制定满足排水设施专业性的测绘数字成果标准。包含对测区的总体描述（数据标准的版本号、投影、坐标系、高程系、起算坐标等）标准；实体对象描述（实体的代码、属性、定位点线性质、坐标精度等）标准；可在《城市排水防涝设施数据采集与维护技术规范》GB/T 51187—2016 的基础上制订适合当地排水管网运营需求的数据标准，为后续数据共享和数据交换提供基础；

（2）开发数字成果检验及标准转化软件：数字化测绘成果的检验包含语法检查、几何数据和属性数据匹配性检查、实体间几何点位的一致性检查、实体几何信息的冗余点检查、实体间几何拓扑关系检查（表 9-1 是常见的拓扑问题以及解决办法，供拓扑关系校核时参考）。数字化测绘成果标准转化包含字段编辑、字段映射匹配、匹配文件导出和保存；

排水设施常见拓扑问题类型及判别解决方法　　表 9-1

问题类型	问题描述	查询方法	解决方法
管线错接	管线上游或下游连接节点关联关系错误，导致管线错接到其他位置	在管线属性表或电子地图中查找长度过长的管线	根据管线数据中的所属街道和管线周围其他连接管线的位置等信息判断，若无法通过经验确定，则进行现场勘察，并将错误的管线重新连接到正确的节点上
节点空间位置偏移	节点位置与实际偏差较大，通常由节点坐标错误记录所致	在管线属性表或电子地图中查找长度过长的管线	根据上下游关系，参考基础地形图或实测数据，将位置错误的节点进行修正
管线反向	管线流向与实际流向相反	通过网络上下游分析查找有两条上游连接管线的节点	修正管线的流向
连接管线缺失	两个节点之间缺少连接管线	通过网络上下游关系，查找孤立的检查井	根据实测数据或上下游插值方法，补充缺失管线或其他排水构筑物
管线逆坡	管线下游管底高程高于上游管底高程	通过管线上下游高程差查找存在逆坡现象的管线	首先判断逆坡是否符合实际情况，若不合实际，则进行修正
环状管网或断头管	多条管线之间互相连接成环	通过网络上下游关系，查询连接成环的管线，或通过模型计算的错误提示查找	一般需经现场勘查后根据实际情况进行修正
管线重复	两个相邻检查井之间连接多条管线	通过网络上下游关系，查询有两条及以上上游连接管线的检查井，并检查上游管线是否重叠	删除多余的重复管线
管线中间断开	一条管线被分为多段，而且缺失上游或下游关联节点	通过网络上下游关系，查询没有上游或下游连接节点的管线，并检查管线是否相邻	合并分段的管线为一条管线

（3）建立完善的数据监理体系：实行数据监理制度，要求测绘单位在测绘过程中接受数据监理介入，监理认可签字后，测绘单位才能进行下一步作业。完成外业勘测和内业成图后，必须按照统一规定的数据格式提交成果，监理用专门软件对提交的数据审核，经各项检查后试入库，合格后再进入 GIS 系统（图 9-1）。

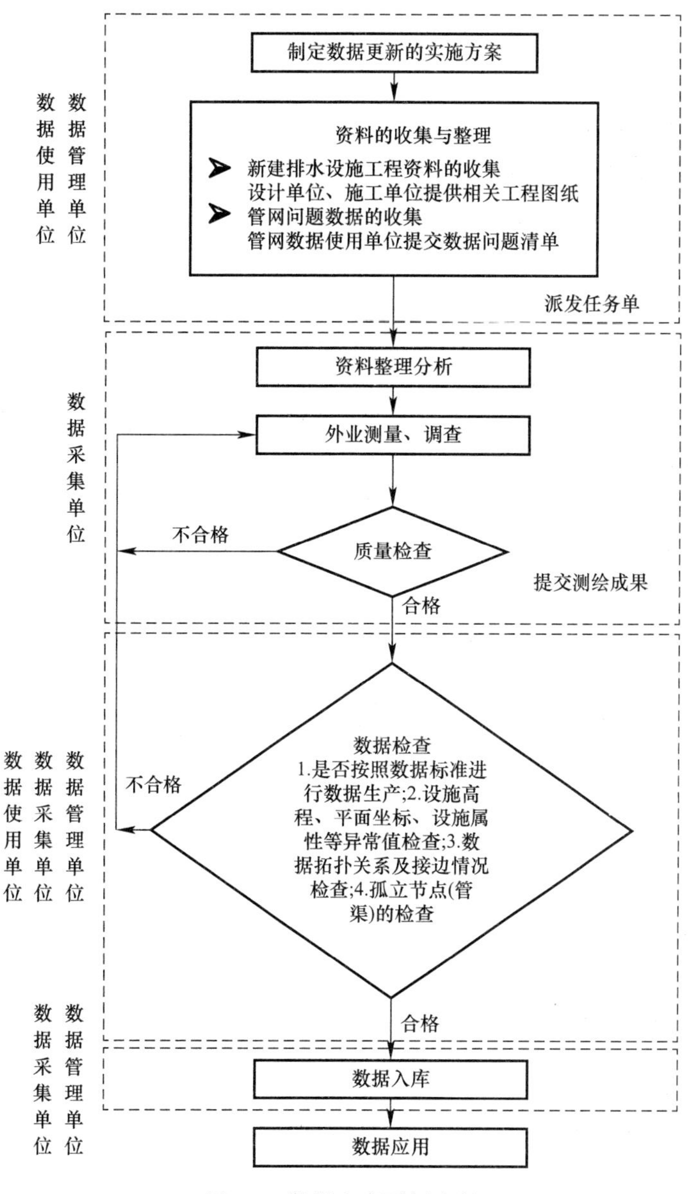

图 9-1　数据入库更新流程

9.2　排水管网数据建库

数据库为整个城市排水管网地理信息系统提供数据支持，是系统功能实现的基础，直接影响系统的工作效率和用户使用，而各类的排水管网数据又是数据库建立的前提。所以获取标准化、规范化的排水管网数据，在此基础上建立排水管网 GIS 数据库，对于系统的使用和维护，以及为后续应用系统提供数据服务和平台支撑有至关重要的作用。

9.2.1　数据分类

数据分类与数据内容的标准化、规范化是建立数据体系的基础，是排水管网信息化建设的基石。排水管网地理信息系统建库数据在逻辑上可分为：

（1）基础地理类：基础地理类数据主要为排水监管系统提供便捷化、可视化的地理信息服务，为避免政府资源重复建设，基础地理类数据可根据各地具体情况共享当地已形成的信息资源。基础地理类数据包括基础地理要素、矢量地图、遥感影像、公共电子地图。其中，基础地理要素包括行政界线、地理编码、市政道路、桥梁、河流水系、植被等基础要素数据；

（2）排水设施类：排水设施类数据包括检查井、排水管道、排水沟渠、雨水口、排放口、管点、缺陷、排水泵站、污水处理厂、闸门、阀门、溢流堰、调蓄设施、接驳点、易涝区域、受纳水体（河道、湖泊）、排水户、汇水区、排水分区、预处理设施、监测点等；

（3）规划设计成果类：规划设计成果类数据主要包括排水管网工程规划、排水管网工程设计等各类规划设计成果数据，包含线路、走向、成果等信息；

（4）业务管理类：业务管理类数据和排水管网的巡检养护、维修抢修等业务的进行密不可分，业务管理类数据主要包括管养维护数据、监测检测数据、运行调度数据、工程管理数据、档案管理数据、综合分析指标数据等。管养维护数据包括设施权属及养护数据、清障数据、抢维修数据、外业人员车辆管理数据、热线投诉数据等；监测检测数据包括监测点液位数据、监测点压力数据、监测点水量数据、监测点水质数据、管渠内窥检测数据表、日常巡视检查数据、检测影像文件数据、检测结果数据等；运行调度数据包括日常调度方案数据、管网调度数据、泵站调度数据、污水处理厂调度数据等；工程管理数据包括工程设计数据、工程施工数据、工程验收数据等；档案管理数据包括管网档案数据、泵站档案数据、河流档案数据等；综合分析指标数据包括资产指标、巡检业务指标、养护业务指标、抢维修业务指标、泵站运行指标、污水处理厂运行指标、物联监测指标等。

9.2.2 数据来源

地下排水管线具有很强的隐蔽性，如何准确地采集地下排水管线信息是数据库建设的基础，管线的数据的来源主要分为：

（1）管线探测：管线的探测包括探查和测绘两部分，探查和测绘是城市地下管线普查外业两个联系密切的工序，常用的探测工具包括管线探测仪和管线探测雷达。城市地下管线的探查是采用实地调查和仪器探查相结合的方法，查明地下管线的敷设现状、在地面上的投影位置和埋深、管线的相关位置及走向、地下管线的属性等。管线的测绘在城市等级管线点和等级水准点的基础上进行，以探查工序中留下的管线点为主要对象进行地下管线的测量和绘制，其作业内容包括图根控制测量、地下管线点平面位置和高程测量及相关地形的测量，管线测绘数据的获取按本书第8章的规定执行；

（2）竣工测量：由于城市的管线工程几乎每天都在进行，所以地下管线资料的动态更新主要依靠管线竣工测量来动态获取管线的资料。地下管线的竣工测量在地下管线敷设以后、覆土以前进行，其任务是测定地下管线的平面位置、高程，量测地下管线的埋深、规格以及规划审批的定位尺寸，记录地下管线的性质、材质、走向、埋设时间和权属单位等。在此基础上绘制地下管线竣工平面图和编制地下管线成果表，同时按要求填写地下管线工程竣工测量验收记录册；

（3）已有管线数字化：对于已有的管线图，可以将其进行数字化，从而获取相应的管线数据。管线图的数字化包括手扶跟踪数字化和扫描数字化，主要应用于作业区内管线图及其他管线属性资料较完整的情况。通过这种方式获取管线数据，内业工作量较大，而且管线数据的精度没有外业直接采集的数据精度高，另外对于扫描数字化方法，还必须经过一个矢量化的处理过程；

（4）系统间数据转换：通过数据转换技术对已有系统的数据进行转换，把其他系统的管线数据转换为本系统兼容的管线数据。这种方法主要用于作业区范围较大、多单位作业、多系统管理的情况。通过这种方式获取管线数据，内业与外业工作量都较小，管线数据的精度取决于原系统管线数据的精度及数据转换的精度。

9.2.3　数据入库

数据入库是基于统一的坐标系统，按照统一的数据标准和分类标准要求，对现有的排水管网数据资源，在空间、时序、比例尺上对各类数据进行标准化整合、建库、去重、融合、分层，对于采集到的数据，经数据处理后得到的数据成果可以录入相应的数据库进行存储，形成能够支撑排水相关业务管理与应用的排水 GIS 数据库。数据入库的流程如图 9-2 所示，主要包括以下步骤：

（1）原始数据汇集与检查：将收集到的各类数据进行逐项检查，检查合格的数据方可入库。数据检查主要包括矢量数据几何精度和拓扑检查，属性数据完整性和正确性检查，图形和属性数据一致性检查和完整性检查等；

（2）数据入库：在入库前要按照统一要求对数据进行完整性检查、标准化处理、数据项补充、数据格式转换、坐标转换、图层拓扑重建、数据入库、构建数据索引、建立数据字典、图形符号库整理等内容。数据包括矢量数据、表格数据、影像数据、元数据等数据；

（3）运行测试：在数据入库后需要进行运行测试，检查数据在入库过程中是否发生修改或丢失，如果运行测试正常，则完成入库操作提交验收，如果测试出现异常，则需要重

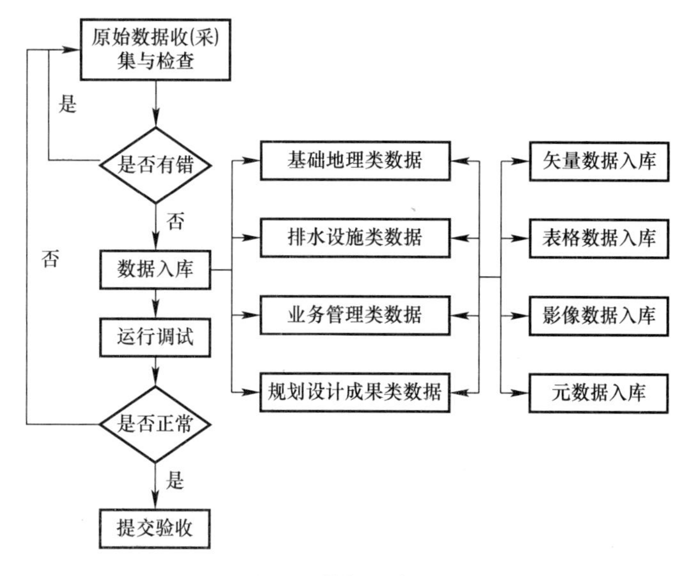

图 9-2　数据入库流程

新进行数据检查，直至运行测试通过。

9.3 排水管网GIS系统

排水管网地理信息系统具有专业便捷的数据录入、校核、维护等功能，对排水管网空间数据和属性数据进行动态更新，对已有的管网数据提供数据导入的功能。另外，排水管网地理信息系统通常还具备数据查询与统计、专题展示、数据分析、运行监测、打印输出等功能，这些功能可用于支撑和指导管线的管理、巡检、养护、修复等工作的顺利进行。

9.3.1 体系架构设计

排水管网地理信息系统通常分为基于C/S的数据编辑与维护系统、基于B/S的综合展示系统以及基于M/S的移动终端系统。

1. 基于C/S的数据编辑与维护系统

C/S结构网络中，客户机与数据库服务器相连，并负责与用户的交互及收集用户信息，通过网络向服务器请求进行诸如数据库、电子表格等信息的处理工作。C/S结构的优势在于与大型数据库的联接紧密而快捷，分布式数据处理减轻了服务器的工作量，数据处理速度和网络资源利用效率高，可实现异地数据库的透明访问，系统安全性好；其劣势在于传统的C/S模式结构不能适应不断增长的多方面的需求，主要体现在专用性、封闭性、单向性和传统性等方面。C/S系统功能全面、操作灵活，主要面向GIS专业技术人员。C/S系统是将排水管线信息以数字形式存储在数据库中，从而实现对各类管线数据、信息的输入、编辑、检查、管理、查询、统计、分析、输出和实时更新等，并在资料管理、运行管理、网络分析、空间分析、辅助决策、管网模型、系统集成等方面为用户提供支持。

在数据维护与编辑方面，采用自动化的辅助手段为数据的编辑、处理、入库、校正等各个工作环节提供强大的数据处理能力，提供一系列自动化的辅助手段为工作人员提供帮助，方便系统使用和维护，也有利于系统的实用化推广。主要功能包括：原有图纸数据的辅助处理、CAD数据的自动导入与质量控制、外业采集数据导入处理与质量控制、GPS定位数据的导入处理与质量控制、多用户多数据版本协同编辑处理与质量控制、基于竣工图的管网动态更新处理与质量控制、基于管网物探资料的管网动态更新处理与质量控制、管网历史数据管理、管网数据备份处理等。

2. 基于B/S的综合展示系统

B/S综合展示系统也称网页版GIS系统，该系统使相关业务部门工作人员可以直接面向各个业务管理层面，包括管网建设查询、管网资产管理、管网运行管理、辅助管理等方面，实现图形数据浏览、信息查询统计、矢量数据打印、网络高级拓扑分析功能、模拟分析、管网专题图辅助生成等丰富的应用功能。

3. 基于M/S的移动终端系统

基于M/S架构移动终端系统是集成地理信息、移动互联网、位置定位、移动通信和空间数据库等技术的信息服务系统。管线行业作为与GIS密切相关的行业势必会对移动GIS应用有着迫切需求，移动GIS应用可以随时随地提供空间信息服务，为管网浏览和户外工作提供便利。移动GIS相比于桌面端GIS和WebGIS有如下特点：

（1）可移动性：其功能不受用户所在位置环境的影响，其数据交互既可以与服务器端通过无线通信网络进行，也可以离线数据包形式使用；

（2）位置依赖：移动GIS提供的服务很大程度上取决于它所处的位置信息，该位置坐标可以通过全球导航卫星系统、基站定位或其他定位手段获得；

（3）实时性强：移动GIS是一种实时性最高的GIS应用，由于它可以通过无线网络环境与后台服务器进行通信，因此能够不受限制地实时获取并传输最新的位置信息及与位置相关的其他信息；

（4）终端多样化：移动GIS的表达呈现于移动终端上，目前移动终端的类型已经非常丰富，包括智能手机、平板电脑和车载终端等，支持不同的生产厂商和操作系统；

（5）信息多样化：与传统GIS相比，移动终端用户与服务器及其他用户的交互手段更加丰富，包括定位、视频、语音、图像、图形和文本等。

基于移动互联和GIS等先进技术，支持一体化移动应用、多业务功能的市政管网移动终端查询系统，可根据权限的设定，分配给不同的业务管理人员，极大满足外勤工作人员在外进行管网数据查询、管网数据统计、管网数据分析等移动办公需求，并根据需要提供渲染清晰、美观的地形，提升工作效率。从宏观或者微观层面上方便领导对管网进行全面掌控，满足工作人员在外业环境下对管网GIS管理的应用需求。

9.3.2 排水管网GIS系统功能

C/S数据编辑与维护系统功能包含但不限于以下几方面：

（1）地图管理：对地图的基本操作，包括实现地图的放大、缩小、漫游、平移、全幅显示、图层控制、鹰眼视图、距离量算、面积量算、地图打印等功能；

（2）数据检查：对入库数据的完整性、异常值、数据格式和拓扑关系等的检查，并能够生成并导出检查报告；

（3）基础GIS数据导入导出：支持常见数据格式的导入导出，如ShapeFile、Excel、Access和GDB等各类数据库，并对数据导入、导出的操作者、时间、事由、数据量进行记录和统计查询；

（4）基础GIS数据查询：主要包括空间查询、地名查询、管网属性查询等功能；

（5）基础GIS数据网络分析：支持进行上下游分析、纵断面图分析和连通性分析等网络分析功能；

（6）基础GIS数据统计展示：支持排水设施数据多维度统计，根据数据版本、建设年代等条件可视化对比展示；

（7）基础GIS数据库版本维护：建立基础GIS数据更新审核控制和可追溯机制，记录数据操作日志（修改人、修改时间、修改事由），实现基础数据版本化管理；

（8）基础GIS数据共享：提供排水基础GIS数据以地图服务形式对外共享，实现基础GIS数据对外服务的同步更新发布。

基于B/S的综合展示系统功能包含以下几方面：

（1）地图操作：包括实现地图的放大、缩小、漫游、刷新、平移、全幅显示、图层控制、坐标定位、量算长度、量算面积、地图打印等；

（2）查询统计：查询主要包括空间查询、地名查询、管网属性查询等功能；统计主要包括属性条件统计、组合条件统计、空间关系统计等功能；

（3）管网分析：主要包括上下游分析和连通性分析网络分析功能；

（4）数据纠错：主要包括错误定位、错误填报和错误纠正功能。

基于M/S的移动终端系统功能包含以下几方面：

（1）任务获取：主要包括任务接收和查看，包括数据采集、巡检养护、抢修维修等任务，当有任务时自动提醒，包括新增任务提醒、任务消息提醒、任务超期提醒；

（2）任务查看：接收到任务后，可在移动端查看任务详细内容，包括处理时间、任务内容、处理路线等；

（3）任务管理：外业人员可在移动端对任务进行管理操作，包括新增任务消息的查看，新增任务的执行，以及对完结的任务进行单个删除或批量删除等；

（4）执行上报：外业工作人员任务进行执行，包括位置数据采集、管网信息采集、多媒体信息采集等，在完成任务过程中，发现存在问题设备及时反馈上报和工作量的反馈，以及执行过程进行记录。

9.4 在线监测体系构建

对排水管网运行的监测是养护工作的重要内容，只有加强对城市管网的监测，才能提高对养护问题的针对性，使城市排水管网中出现的问题得到及时发现、及时解决，维护城市排水管网的正常运行。基于此，要摒弃过去人工监测耗时耗力的监测方式，采取先进的监测技术，利用这些监测技术，提高对城市排水管网养护运行监测的质量，保证城市排水管网的运行正常与顺畅流通。

9.4.1 监测工作流程

如图9-3所示，排水管网的监测实施分为以下三个阶段进行：

（1）制定监测方案：首先需要确定监测目的，并根据监测目的制定监测计划，然后根据调查得到的排水管网现状和土地利用情况（收集土地利用现状/规划图或航拍图），对区域排水管网现状存在的问题进行调查，分析排水管网的结构，并合理选择监测区/段，制定监测方案。

（2）仪表选型安装：在确认监测区/段的选择满足监测目的后，应在现场勘查的基础上初步选择具体的监测点，根据监测要求选择监测设备，并确认监测点是否满足监测设备的安装要求，然后根据监测方案的要求，在满足安装要求的监测点安装液位、流量或水质监测设备。

（3）监测数据应用：在监测设备初步安装后对监测设备取得的数据进行分析，进一步确认监测点的选取是否满足监测要求，若不满足要求，则需要对监测点的布置进行优化，最终确定合理的实施监测计划，获得必要的监测时间序列，为管网水力状况的分析以及模拟评估提供足够可靠的数据支持。

9.4.2 监测点选点原则

监测点的布置应与监测目的紧密联系，监测目的通常根据当地排水管理部门的实际业

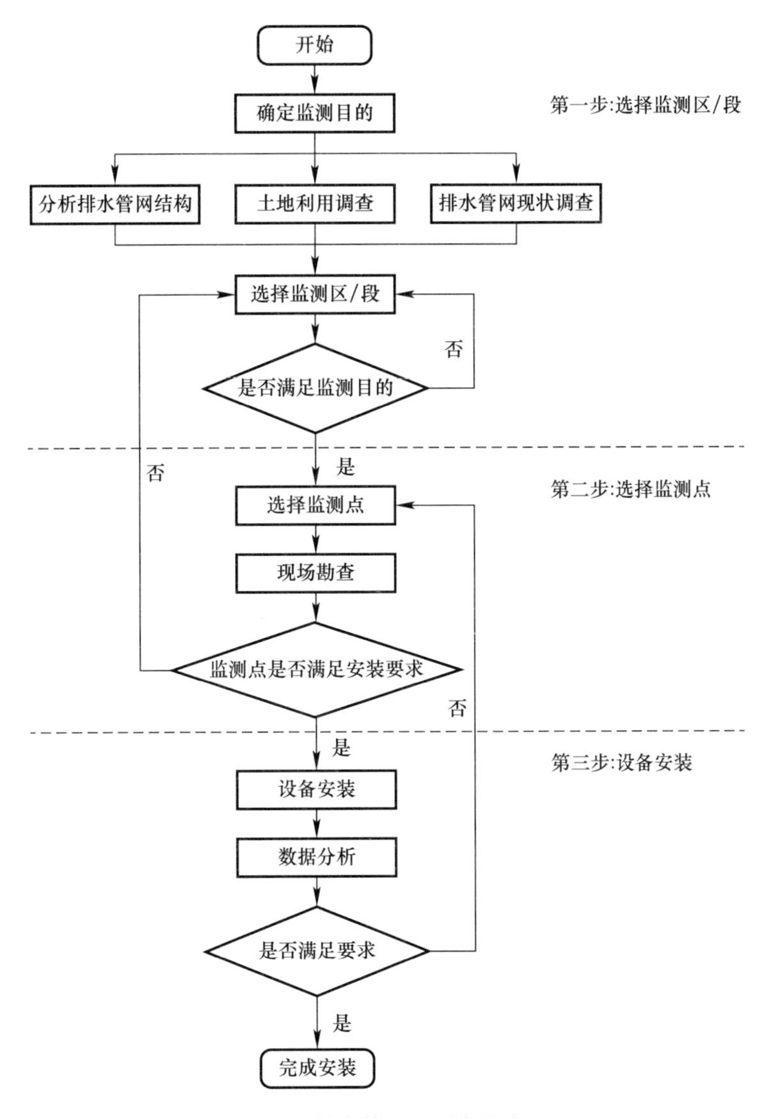

图 9-3　排水管网监测实施流程

务需求来确定，而业务需求又来源于当地的排水系统现状（包括管网布局、土地利用状况和管网排水缺陷等）。因此只有对以上信息进行充分全面地调研，才能科学合理地布置监测点。对于排水设施整体效能评估，可在调蓄池接入管道上游、溢流口下游、污水处理厂入流主干管等关键位点进行水质与水量监测，必要时还可针对典型小区出水口和重点排水户进行监测。监测点的选点原则主要包括：

（1）分散与集中相结合的原则：由于不同类型的区域具有不同的排水特征，因此制定排水管网监测方案时应尽量将监测点分散布置于城市不同类型的区域。如可在不同片区或城市不同土地利用区域（工业区、居住区、文教区、工商业居住混合区等）布置监测点。同时，为了便于对设备进行维护，在同一区域中不同类型的监测设备（如流量监测和水质监测）的安装点应尽量靠近；

（2）指标综合性原则：对于指标选取和监测应考虑综合性原则，在监测水量指标的同时，还应同时结合水质指标的监测和分析，包括COD、SS和TN、TP等，为整个系统的运行负荷分析和整体评价提供服务；

（3）自动与手动相结合原则：对于水量监测，全部采用仪器自动化在线监测；对于水质监测，由于降雨随机性较大及监测仪器成本较高，可以利用自动或手动采样收集雨污水，再送往化验中心进行检测，以合理控制监测成本；

（4）可行性和便利性原则：所选择的监测位置要能够方便、安全地安装和检修监测设备，并考虑设备的防盗。此外，应尽量选择交通便利、距离实验室及工作人员较近的区域，以便采样后可立即将样品送回实验室进行分析。

9.4.3 在线监测系统功能设计

排水在线监测系统包括但不限于在线监测、在线报警、运行分析、水质监测和统计分析等功能模块：

（1）实现对排水管网、泵站等部件的运行状态实时监控，掌握其流量、液位、耗电量等信息，支持地图浏览模式、流量液位模式、运行监控模式、泵站工况模式、泵站曲线模式及泵站表格模式等不同模式显示；

（2）支持对实时监测数据进行分析，对各类运行设备的运行状态进行自动判断，并将在线监控的数据与系统的预设标准进行对比分析，比如排水设施运行过程中的监测值超标及监测设备发生故障或失去监测数据时，系统将自动发出报警信息，并以不同的警戒颜色显示，以提醒管理人员和相关部门对异常进行处理，从而保障城市排水系统安全稳定的运行；

（3）提供运行分析功能，利用连续监测数据，通过分析监测点、监测点上下游间的水量水位关系，查找排水管网超负荷运行的原因，辅助解决对策制定。支持各监测点旱流污水变化规律分析、各监测点降雨入渗的定量分析、各监测点运行状态统计与显示、筛选监测点间重要水力参数进行相关性分析等；

（4）提供排水水质监测信息的填报、查询和统计分析功能，支持水质在线监测数据的导出和打印；

（5）支持对不同时间、不同监测点（检查井、管线、泵站）、不同监测数据（流量、液位等）和历史监测数据的查询分析，并按照用户需求自动统计生成流量计、液位仪、泵站的日、月、季和年流量、液位、水量的平均值、最大值、最小值以及电源电量、能耗总量等各种监测统计报告及图表（柱状图、曲线图、对比图等），大大减轻了管理人员手工制作报表的劳动强度，显著提高工作效率和管理水平；

（6）与排水管网模型的合理整合，不仅可以对模型模拟结果进行科学校验，还可以对排水管网日常维护、调水、防汛、应急、决策等行为提供技术支持，并将分析结果直观显示到大屏幕上，使得流域级别的管理和调度得以实现。

9.4.4 监测数据统计分析和应用

对排水系统的连续监测数据进行分析，探究监测区域的排水规律和特征，为管网排水负荷评估，污染负荷计算，模型构建、校准和分析提供重要数据支撑。通过水质水量负荷统计分析，可对排水设施的布局与规模的合理性进行评估分析；分析不同降雨强度下排水设施运行效能，为排水系统的养护工作提供数据依据。

1. 降雨数据分析

天然降雨过程千变万化，有着固有的多变性、间歇性。将降雨作为随机概率事件，用概率统计的方法去讨论分析。统计降雨事件有其内部和外部特性：内部特性涉及降雨过程峰值时刻、峰值的个数、雨量沿时分布等；外部特性即表现为降雨量、降雨历时、降雨平均强度以及降雨间隔时间。

根据一定时期的连续降雨监测数据，统计每场雨的降雨量、降雨历时以及降雨间隔时间，并计算各参数的数学期望值和变差系数。降雨特性参数的统计是暴雨措施评估概率方法的基础，能够用于评价暴雨控制设施及存储设施的处理效率，在规划设计层面，为暴雨径流控制和雨水规划提供依据（图 9-4）。

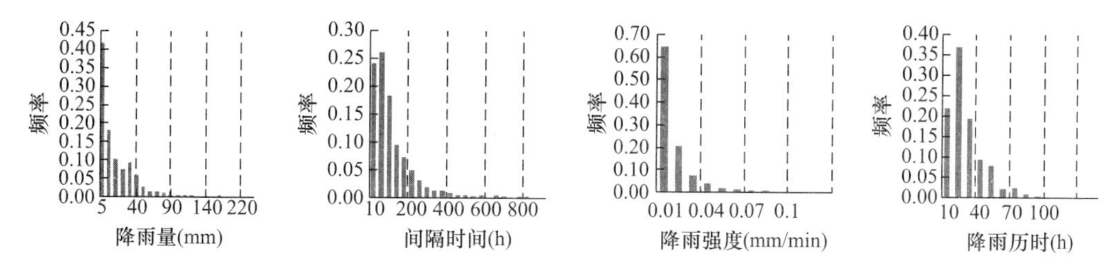

图 9-4　各降雨特性参数的概率统计

2. 流量数据分析

监测数据校验是指对流量计或液位计获取的流速、液位原始数据进行评估检查，是监测数据分析的重要步骤。监测设备进行测量过程中，一切失实的数据统称为异常值。由于人为或随机的影响，失实数据随时可能出现。由于监测数据异常值的取值对后续数据处理以及定量化分析的影响很大，因此需要对监测异常数据进行核查，剔除并修正异常数据（图 9-5）。数据核查过程中，最大限度地避免将正常数据误判为异常值而加以剔除，是异常数据筛选的重要原则之一。

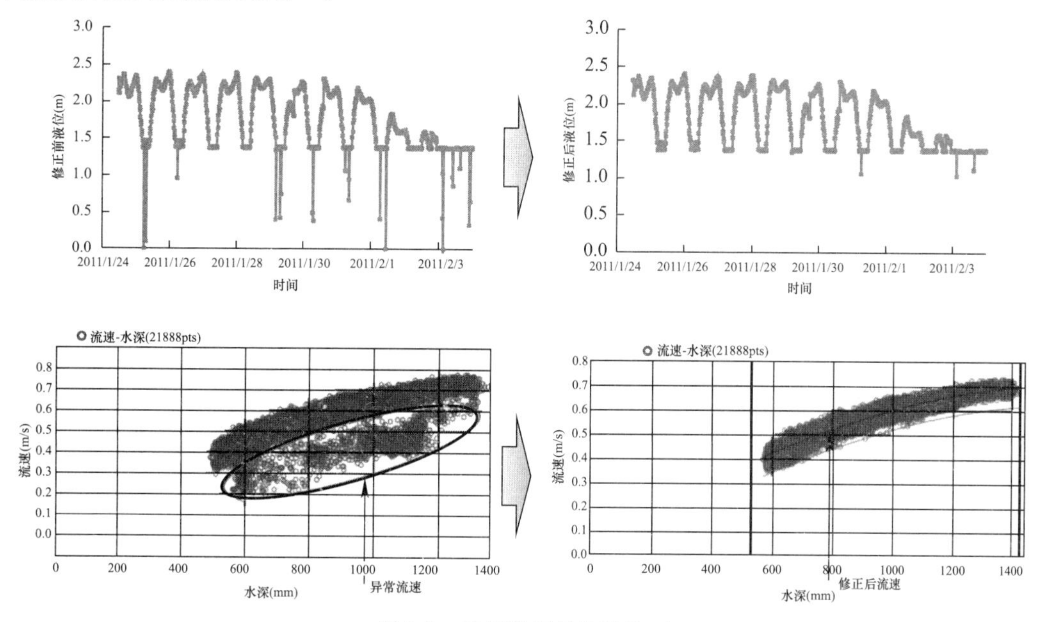

图 9-5　监测数据的校验修正

利用连续监测数据对排水系统的污水排放规律进行识别，主要从趋势性和周期性两个方面考量。趋势性分析是指分析监测数据长期变化过程以及监测点水力状态（流量、液位等）的整体变化趋势。周期性分析运用自相关性分析、聚类分析、傅里叶变换等方法，识别排水管网的水量变化模式和特征。

（1）趋势分析：如图 9-6 所示，通过连续监测曲线变化趋势性分析，识别监测点污水排放的发展变化趋势，对未来污水排放量进行预测估计；

（2）变化模式分析：如图 9-7 所示，运用时间序列分析、聚类分析等方法，识别监测点在不同运行工况下的变化模式，掌握监测点污水变化特征及典型排放规律。同时识别出的典型规律可以作为排水管网模型分析的数据来源；

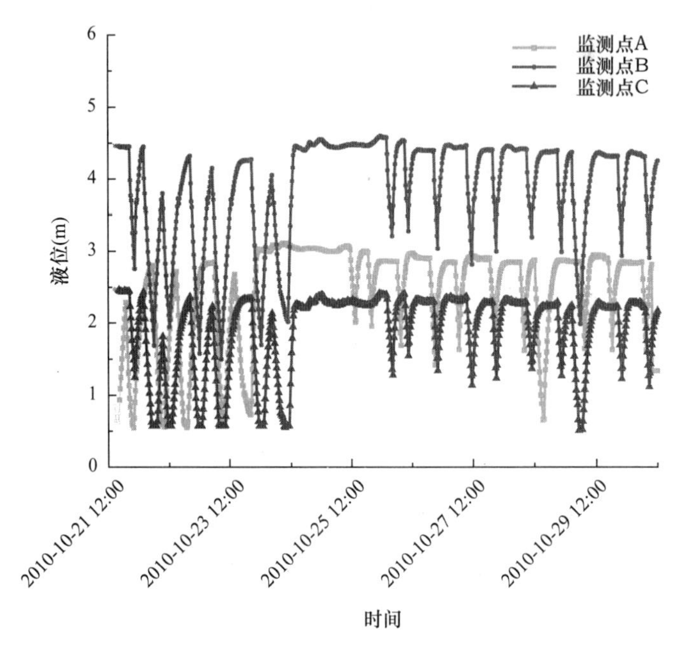

图 9-6　不同监测点的液位连续变化曲线示例

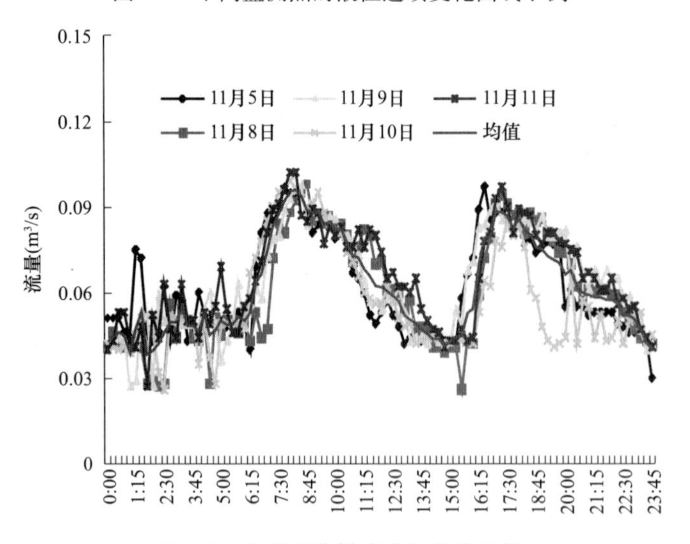

图 9-7　流量变化模式分析曲线示例

（3）降雨对排水系统的影响分析

合流系统既要收集城市污水，又承担城市排涝的重任，从工程规模和经济性考虑，合流系统常按一定的截流倍数进行设计。当雨天来水超过设计截流量就会发生合流制溢流（CSO）。随着城市的发展，雨天径流量的增大，CSO往往成为水体的一个主要污染源。因此对于合流制系统，不仅要对旱天污水规律进行分析，更要关注雨天系统的运行负荷情况。

雨天污水量评估是关乎排水系统水力性能以及改造规划制定的重要基础性研究。随着排水系统水量、水质监测数据的完善，雨天污水量确定可以通过模型试验的方法解决。对各连续监测点在降雨事件中的液位、流量的变化进行分析，以期获得当地降雨入流量规律。

降雨入流分析可以采用回归分析、统计分析等技术手段，识别区域降雨入流现象，计算降雨入流水量，统计降雨与入流关系。图9-8为某市一监测区域的降雨入流规律统计图。

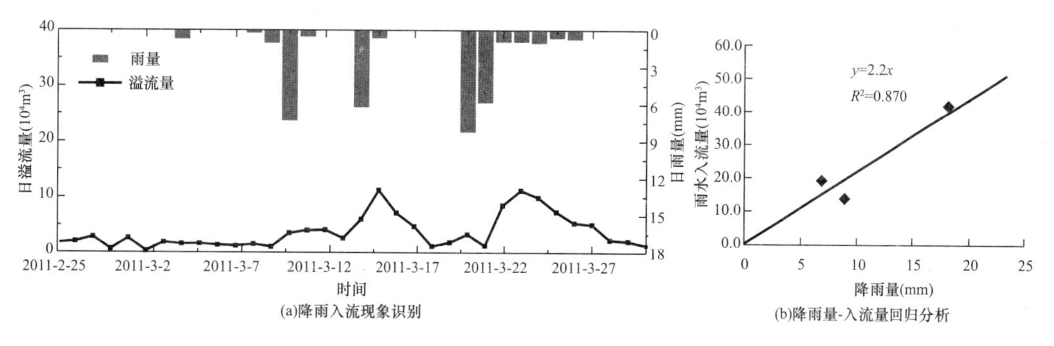

图9-8　某市一监测区域降雨入流规律统计分析

3. 水质数据分析

掌握管道污水以及溢流污水水质特征，可以为排水设施设计评估提供依据。几十年来，许多发达国家对多个流域和不同类型地区进行了多年CSO水质连续监测，积累了大量的基础数据，如法国建立了QASTOR数据库，德国通过收集全世界范围内分流制和合流制溢流的水质情况，建立了ATV-DVWK Datenpool 2001数据库。这些数据显示，合流制溢流水质没有明显的规律，各国甚至同一个城市的不同集水区域之间溢流污染水平都相差巨大，这主要是由于溢流水质的影响因素非常复杂，并且许多因素随机性很大。国内近几年也在不断加强这方面的基础调查，在上海、北京、武汉等多个城市进行的合流制溢流水质监测结果也表明，即使同一个城市不同合流制系统之间的溢流水质都相差明显。因此，在研究溢流污染控制策略或设计污染处理设施时，对当地具体的溢流水质特性进行调查是非常有必要的。

监测不同降雨条件下拟建排水设施位置的排水管道内及溢流口水质，掌握排水管网中污染物的含量及其变化过程，了解管道污染负荷与主要影响因素之间的关系，分析雨天管道过流的初期效应，计算系统雨天排入水体的污染物负荷。

（1）污染物出流规律分析

不同降雨类型下系统污染物出流规律有较大的差异，通过对不同降雨事件下污染物的出流特性的分析讨论，研究系统污染物排放规律。

（2）事件平均浓度 EMC 值

美国环保局（USEPA）于 1978～1983 年完成的“全国城市径流计划”（National Urban Runoff Program，NURP）获得了许多值得关注的成果。NUPR 建议对于降雨径流污染的评价采用事件平均浓度（Event Mean Concentration，EMC），再由 *EMC* 估算污染物总量负荷。EMC 是以流量为权求得一次降雨事件径流平均浓度，即以降雨事件总污染物负荷与总径流体积比值来表征径流污染，其数学表达见式（9-1）。

$$EMC=\bar{C}=\frac{M}{V}=\frac{\int C(\mathrm{t})Q(\mathrm{t})}{\int Q(\mathrm{t})}\approx\frac{\sum C(\mathrm{t})Q(\mathrm{t})}{\sum Q(\mathrm{t})} \tag{9-1}$$

式中：C（t）、Q（t）——分别表示一次径流期间测得的随时间变化的浓度和流量；

M——污染物的质量；

V——径流体积。

EMC 消除了直接计算污染物总量负荷时降雨量和径流量的影响以及各地区降雨分布不均的问题，同时在统计学上具有良好的正态分布效果，从而被各国学者广泛采纳。通过测定整个降雨事件的径流浓度变化过程与水量变化过程，得出 *EMC*，可以方便地通过总的径流体积得出不同径流过程下污染负荷的估算值。

（3）初期效应分析

初期效应指初期雨（污）水携带了雨天出流所产生的大部分污染负荷的现象。Geiger 于 1987 年提出的用无因次累积负荷一体积分数曲线［M（V）曲线，如图 9-9 所示］判断初期效应的方法已被广泛接受。该方法对出流污染物质量和流量进行无量纲化，用一定时刻累计污染物负荷除以降雨出流总负荷的分数值作纵坐标，对应时刻累计排放的径流体积除以雨天出流的总体积的分数值作横坐标，得到 M（V）曲线。对于给定的体积分数，可以从曲线图中得到对应的负荷分数。负荷分数值越大，同样截流水量中携带的污染物负荷

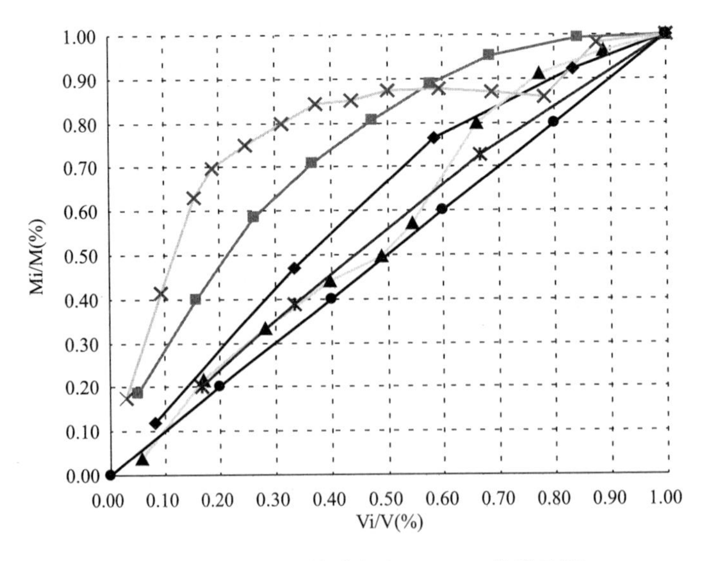

图 9-9　排水系统管道出流 M（V）曲线示例

越大，则排水设施对雨天出流污染的控制效果越好。Saget 和 Bertrand 提出每一条 M (V) 曲线都可以近似地用一个幂函数来表示，见公式（9-2）。

$$F(X) = X^b \tag{9-2}$$

F (X) 与 M (V) 通常吻合良好，相关系数 $r^2 \geqslant 0.9$。参数 b 的值反映了 M (V) 曲线与平分线之间的距离。$b=1$ 为角平分线，代表出流浓度恒定过程；b 值越小，初期效应越强烈。

9.5 管网水力模型体系构建

城市排水管网模拟系统是集排水管网规划计算、动态模拟与 GIS 空间管理分析于一体的排水系统规划模拟分析与数字化管理平台。该平台可为排水系统的资产管理、网络连接分析、动态模拟计算提供一个便捷操作的工作平台，并为结合当地实际情况进行业务应用和分析功能的深度开发提供一个二次开发的基础平台。主要解决排水管理中的实际问题，主要包括：污水管网结构分析与现状评估、管网升级改造设计与评估、污水管网负荷分析与局部优化、雨水管网溢流管理、雨洪利用设计与评估、管网规划设计与模拟、管线入户设计与评估、排水管网运营监控、管道清淤分析、事故应急分析等具体规划和管理的业务工作。该系统可以作为核心软件与相关硬件系统相结合，构建符合当地实际情况的排水管网运营监控中心，为各个城市与地区提供排水管网数字化管理手段。

应用城市排水管网模拟系统，可以为区域、排水流域或市域等各种不同级别的排水管网管理部门建立一个长期有效、统一方便的综合排水管网数据库，通过持续的专业模块开发、管网数据维护和相应硬件支撑平台（计算机网络平台、大屏幕展示平台、管网液位与流量在线监测体系等）的建设，全面提升该地区的排水设施运营管理水平、规划决策水平和客户服务水平，为保障排水设施的安全稳定运行提供现代数字化管理手段。

排水管网水动力学模型构建和应用技术路线如图 9-10 所示。

9.5.1 排水管网数据处理

排水管网数据处理通常包括下列内容：

（1）标准化管网数据格式：对当地管网普查数据进行分析、处理、定制数据入库技术路线；

（2）管网拓扑关系检查：对原始数据中的拓扑错误进行查询定位，协助进行管网数据的补测；

（3）管网拓扑关系修正：对管网数据中的拓扑错误进行修正，构建准确、完整的管网拓扑关系修正；

（4）建立管网综合管理数据库：建立结构完整，格式统一的排水管网综合管理数据库；

（5）数据持续更新维护机制：对管网模拟数据库进行持续的更新和维护，保证模型的准确性。

9.5.2 管网建模与综合评估

城市排水管网模拟系统平台将 GIS 技术和专业模型合理集成，充分发挥两者的优势，具有排水系统资料管理和水量、水质模拟等功能，构建排水管网模型，进行排水系统综合评估、排水业务分析和城市非点源污染评估，其细节如下：

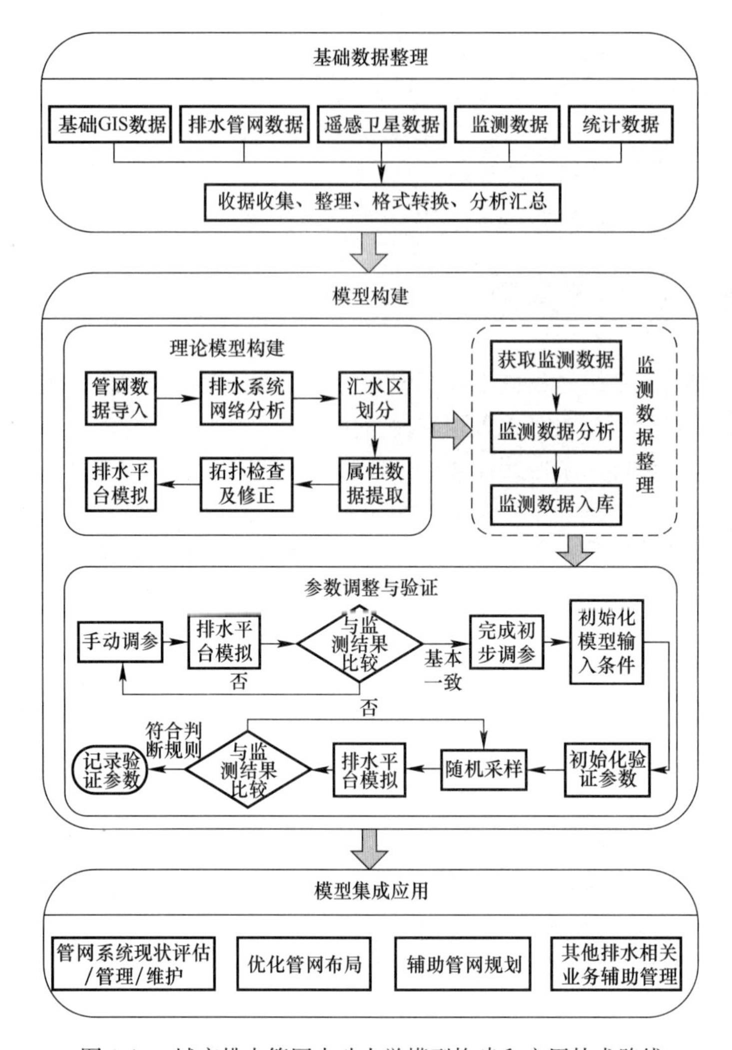

图 9-10 城市排水管网水动力学模型构建和应用技术路线

（1）构建排水管网模型：利用普查数据、GIS 数据和监测数据等进行排水管网模型参数的确定和验证；

（2）排水系统综合评估：对排水状况进行全管网水利分析，指导管网的改造、养护、清淤等工作；

（3）排水管理业务分析：通过对多种情景的模拟，对流域内排水管网的优化调度、泵站的合理利用进行分析，制定科学管理方案；

（4）城市非点源污染评估：对城市降雨径流污染负荷进行估算，对污染特征进行分析，对治理措施进行模拟。

9.5.3 模型应用场景

利用经过验证的模型，可以对现状管网和规划排水系统在多种情景下进行模拟计算，对城市排水管网系统管理、维护、设计和规划数据进行分析，以评估不同情境下排水管网系统的运行状态。

1. 污水管网水力负荷分析

污水管网系统水力负荷状况直接影响着管网的运行状况和使用寿命。因此，需要对管网水力负荷状况进行研究，以降低管网局部排水负荷过大的情况，以保证排水管网的排水能力满足城市快速发展的需要。

进行污水管网水力负荷分析技术路线如图 9-11 所示。首先根据建模区域的 GIS 基础数据、排水管网数据等资料构建研究流域的现状污水管网系统的模拟模型，然后根据相关指导性文件和资料调整模型的人口、土地利用等参数建立未来污水管网的模拟情景，通过气象条件中降雨参数的设置可以分别建立旱季、大雨和暴雨情况下现状和未来污水管网的模拟情景。在上述相应的模拟情景下进行模拟计算，分析管道充满度、检查井溢流情况等模拟结果。计算管道总容积计算、旱天充满度统计和旱流污水量核算等，以科学全面地评估现状和未来污水管网在不同降雨条件下的水力负荷状况。

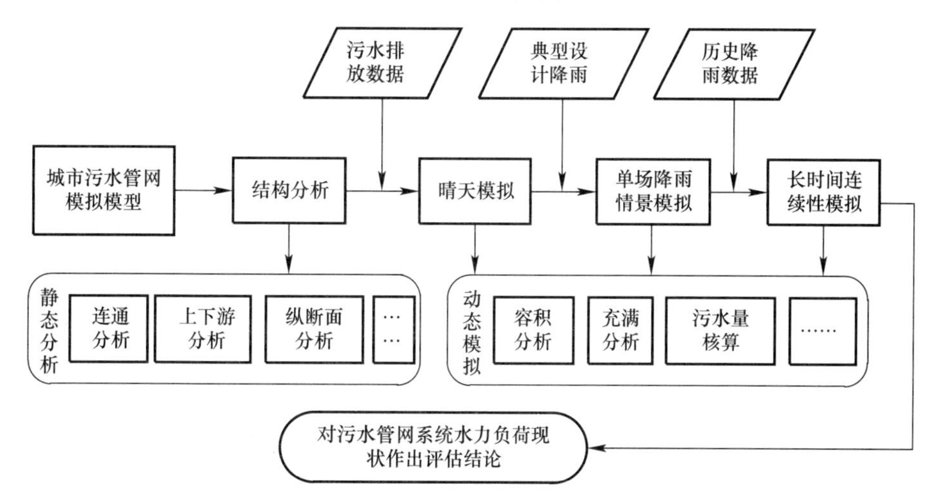

图 9-11 污水管网水力负荷分析技术路线

现状管网水力负荷评估具体包括以下方面内容：

（1）管道总容积计算：污水管网肩负着输送、储存城市污废水的作用。管网总容积反映了污水系统的水量存储能力，一定程度反映现状污水系统设计负荷。但是由于污水管网中存在倒坡、衔接错位等现象，因此实际运行中的有效存储容积必然小于计算总容积，存在着无效容积（图 9-12）；

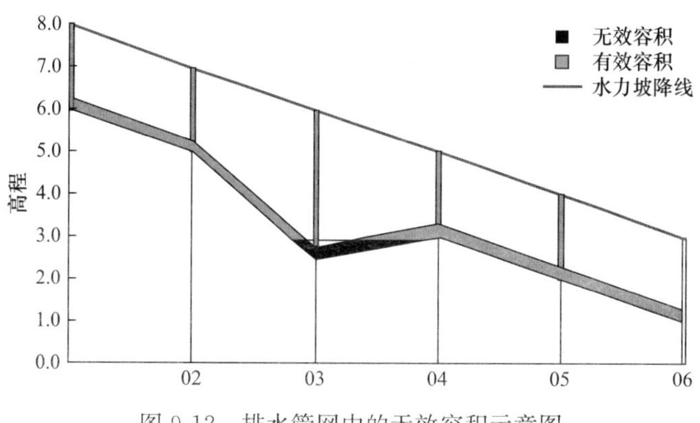

图 9-12 排水管网中的无效容积示意图

（2）旱天管道充满度统计：利用模型统计工具，对管道过载时间和管道长度的比例进行统计（图 9-13）。利用模型统计工具，对不同峰值充满度的管道长度的概率密度进行统计（图 9-14）；

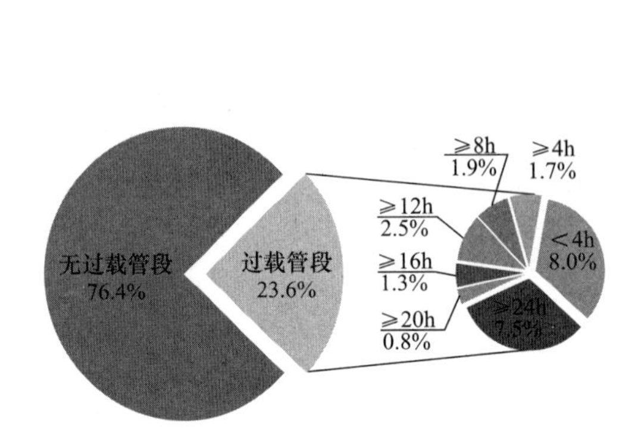

图 9-13　城区旱天工况管道过载历时统计

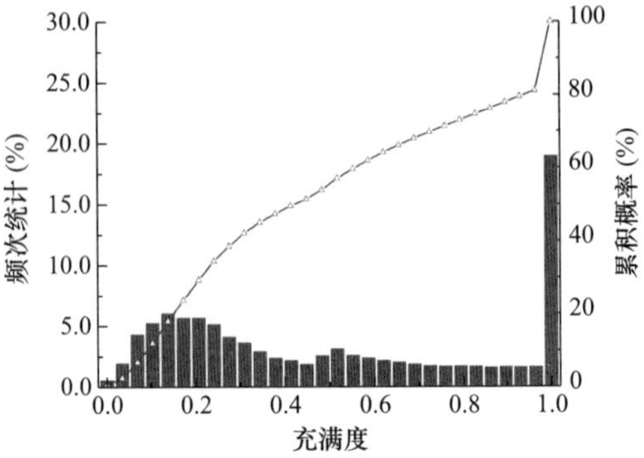

图 9-14　城区旱天管道峰值充满度概率统计

（3）旱流污水量核算：基于模型试验结果，可以对现状运行状态下不同分区的污水排放量进行核算，为污水系统建设规划、污水管网改造实施、污水处理厂扩建提供有益指导。

2. 排水系统功能瓶颈分析

排水系统功能瓶颈分析通常包括：

（1）旱天淤积风险分析：排水系统的设计中，按照现行的排水管道设计标准一般以不淤流速作为管道设计的最小控制流速，国内设计标准规定污水管最小流速取 0.6m/s，雨水管和合流管道取 0.75m/s。近年来，管道淤积造成的危害日益突出，我国大部分城市为防止排水管道的淤积，避免影响雨季正常排水，管理部门平均每年要对城市排水管道进行 2～3 次清淤，大型管道一般 2～3 年清淤一次，有些中小管道甚至每月需要清淤 1～2 次，即使如此，在夏季大暴雨期间仍然常因管道排水不畅造成城区大面积积水；

对于污水管网系统，如果旱流污水流速过小，污水中的悬浮物极易发生沉淀。久而久之管道易发生堵塞，影响排水安全性。为了全面掌握排水系统运行的流速状况，通过流速分布的逐时评价对系统的流速状况进行全面的分析和考量（图 9-15）。流速分布逐时评价方法是指对一次运行工况的评价中，任一时刻系统内流速低于某一设定值的管段长度占整个系统总长度的百分比。其中，百分比的计算方法见公式（9-3）。

$$P_{vk}=\frac{\sum_{i=1}^{m}L_{vk}^{i}}{\sum_{j=1}^{n}L_{j}} \tag{9-3}$$

式中：P_{vk}是 k 时刻流速低于 v 的管段占整个排水系统长度的百分比（%）；L_{vk}^{i} 是在 k 时刻流速 L_j低于 v 的第 i 条管段的管长；L_j是排水系统中第 j 条管段的管长；m 是流速低于 v 的管段数量；n 是排水系统内总管段数量；

（2）雨天漫溢风险分析：对发展建设较早的城市，存在雨污分流不彻底、管道老化等现象，污水系统中存在雨水入流现象。而近年来，城市局地性暴雨事件频发，且来势猛、

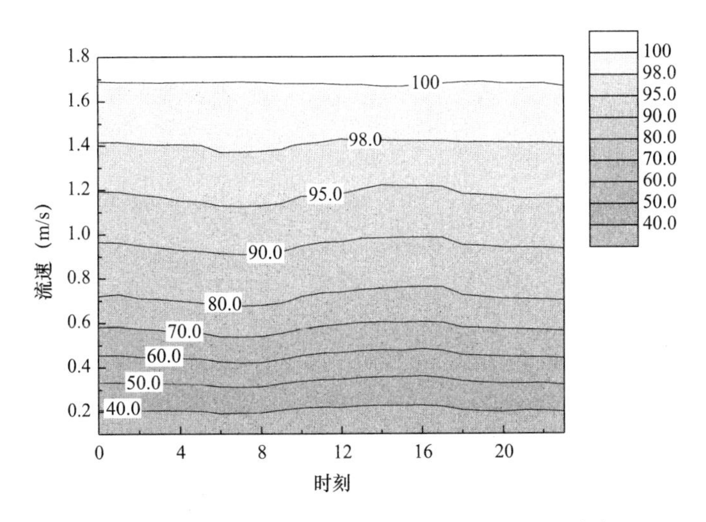

图 9-15　城区旱天工况下管道内污水逐时流速分布

速度快、历时短、难以准确预报，造成雨水系统和污水系统均超负荷运行，甚至形成较严重的突发性洪涝灾害，对城市的正常运转带来较大影响。

运用数字排水平台的暴雨生成器拓展模块（图 9-16），计算出不同设计标准下的降雨特征参数如下（降雨历时为 120min）。通过模型结果得到降雨系统开始出现地面漫溢现象的重点区域（图 9-17），为防涝工作的开展提供科学依据。

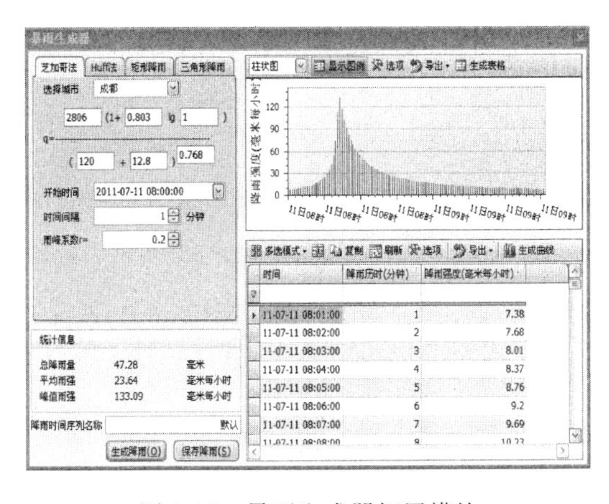

图 9-16　暴雨生成器拓展模块

图 9-17　1 年一遇暴雨重现期漫溢点分布示意图

3. 雨水管网溢流分析

近年来，我国城市雨水管网溢流和排水不畅事件频发。城市遭遇暴雨后，城区路段和小区发生积水，有的地区出现交通、电力中断情况，严重影响人们的出行和正常的生产生活。造成我国城市洪涝灾害频发有城市发展、自然气候变化、排水系统不完善、人为造成管道堵塞和排水管网管理运营水平低效等原因。通常遇有大暴雨时，主要依靠人工巡视道路获取积水情况经验主观判断排涝、分洪方案，使得防汛排水部门无法在短期内全面掌握城区道路的积水状况，影响了排水效率。

利用模型模拟进行雨水管网溢流分析的技术路线首先要根据 GIS 数据、排水管网数据等基础资料构建研究流域雨水管网系统的模拟模型，然后建立雨水管网在不同降雨条件下的模拟情景，降雨数据可以采用实际监测数据，也可以利用平台的暴雨生成器输入降雨重现期和降雨历时等参数设计降雨。对不同降雨条件下的雨水管网进行动态模拟，分析管网中溢流点、溢流时间、溢流历时和溢流量等，全面评估雨水管网的运行状况，从而为制定对策方案提供技术和数据支持。

模拟流域雨水管网在不同降雨重现期下发生管道充满度和节点溢流情况示意如图 9-18 所示，红色显示的管道为满流管道，蓝色圆点显示的为地表出现积水的检查井。该场景分析可以在资金有限的条件下，为雨水管网及节点的改造提供优先顺序，保障排水管网的安全运行。

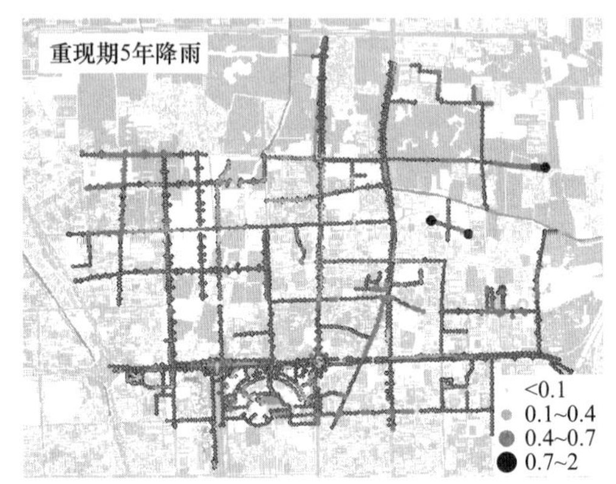

图 9-18 研究流域雨水管网管道充满度与节点溢流专题图

4. 突发事故应急分析

污水管道破裂等排水管网事故具有突发性和危害性大的特点，只有全面准确地了解管道状态并及时识别高危管道，并采取有效的养护措施才可以避免污水溢出事故的发生；在事故发生时快速预测管道破裂处上下游的管道状况和污水的溢出情况，可以对排水突发事件快速有效地处理提供科学的数据依据，以最大程度降低事故危害和群众生命财产损失。但是，由于地下管网的隐蔽性，简单的人工巡查的方式并不能有效地识别管网正常和事故时的运行状态，对事故的处理也只能是被动的事后处理。

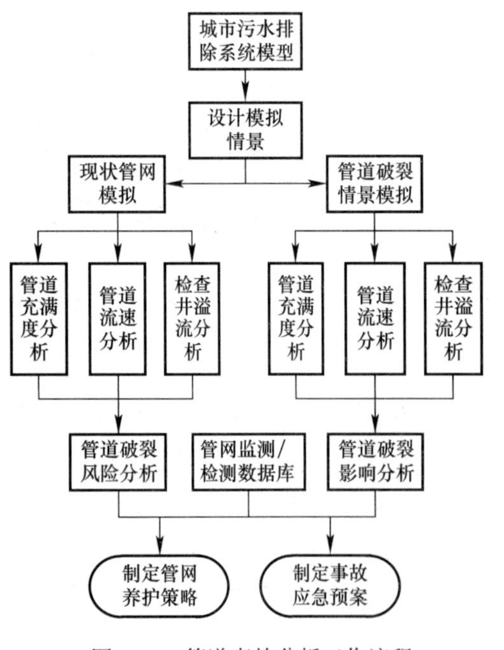

图 9-19 管道事故分析工作流程

具体应用流程如图 9-19 所示，进行管道事故分析，通常分以下几步：

（1）通过现状管网模拟并分析管道流速、充满度等模拟结果，进行管网水力负荷情况的判断，负荷高的区域多为破裂风险较高的区域；

（2）通过对破裂管道处的污水溢出流量和上下游管网情况的分析，快速获取管道破裂造成的污水溢出情况、周边环境情况等信息，评估管道破裂的影响时间、影响程度和影响范围，为事故的抢修提供数据支持；

（3）结合管网监测/检测数据库和现状模型模拟结果制定管网综合养护策略；

（4）结合管网监测/检测数据库和模型在事故情境下的模拟结果制定管网应急抢险预案。用户在使用中可根据需要选择要进行的步骤，如只为制定管网养护优先级可只执行步骤（1）和步骤（3）。

5. 泵站优化调度分析

排水管网模型通过对实际排水管网系统原型的抽象与概化，提供了管网运行状态模拟功能，以便于比较不同控制策略下的管网运行情况，便于直观了解网络动态和不同控制策略条件下管网状态，为河网地区排水管网优化运行策略提供了坚实基础。

泵生产厂家提供的技术参数以及泵站管理部门提供的当前开关泵控制数据作为模型输入，设置泵的水头—流量特性曲线，模拟分析当前控制方案下的管网运行状态，并构建排水系统运营多级评价指标体系，进行评估指标计算，根据计算结果对当前方案下管网的运行状况进行以下分析：

（1）当前控制策略模拟评估：根据用户设定的入流方案和控制策略，进行水力学模拟，得到的模拟结果。对管网溢流、负荷、出口流量波动和泵站运行情况进行分析评估，并根据用户设定的评估等级，进行状态评估（图 9-20）。为管网设施的离线和在线调度决策，管网决策评估、事故调度应急等业务提供决策支持；

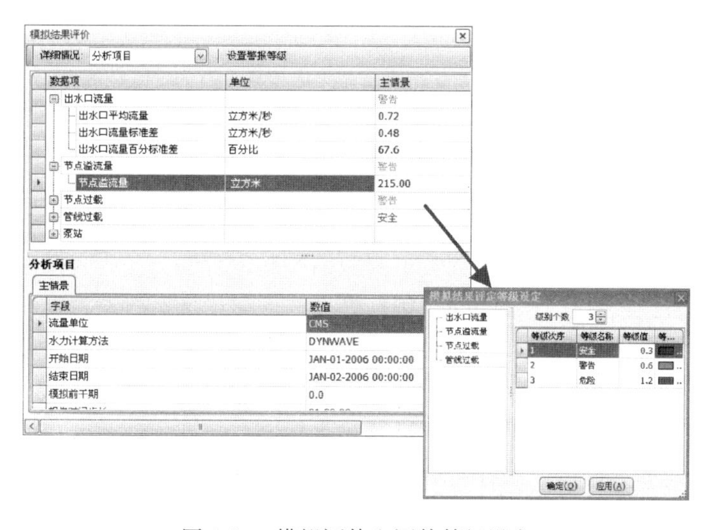

图 9-20　模拟评估和评估等级设定

（2）优化控制策略筛选：以排水管网模型为基础，基于不确定性理论，在节点入流情景的基础上，增加更符合客观情况的入流扰动（±5%）影响，生成多个不同的节点入流曲线，并利用拉丁超立方法（Latin Hypercube Sampling，简称 LHS）生成多个控制方案，根据评估多目标体系进行综合排序与筛选；

（3）策略优选效果对比：对上述优选策略控制条件下的模拟结果进行统计，并与当前控制策略的管道充满度（图 9-21）、节点水深专题对比（图 9-22）。

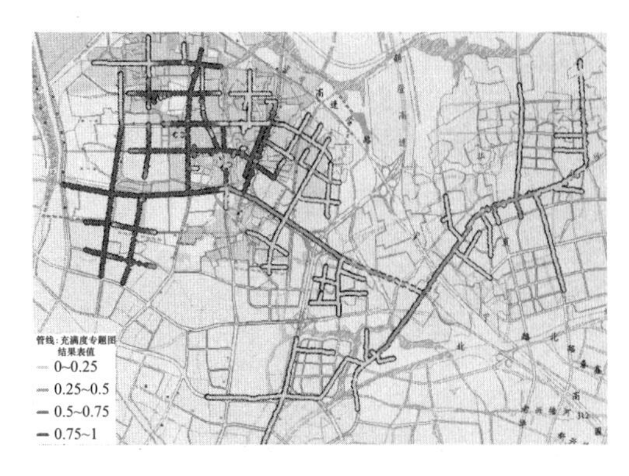

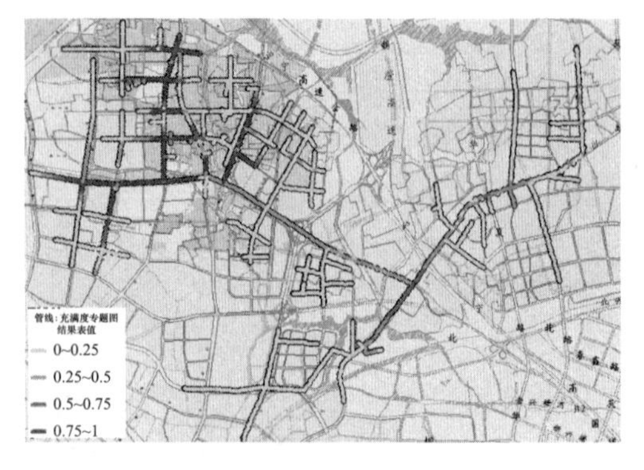

图 9-21　管道充满度专题图（左为原策略，右为优选策略）

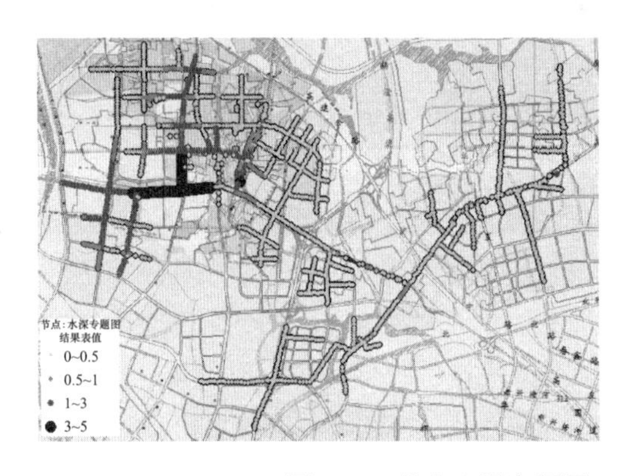

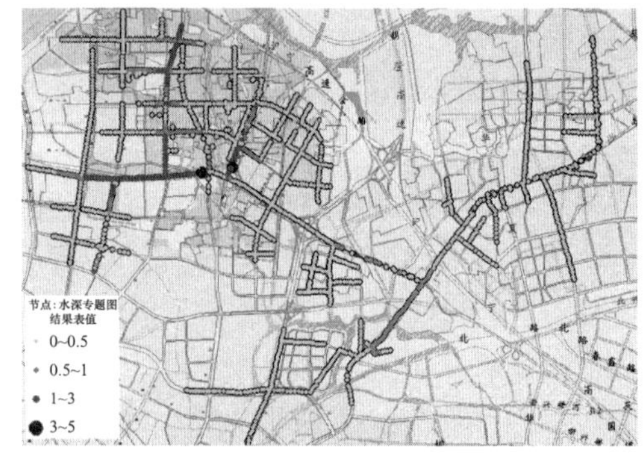

图 9-22　节点水深专题图（左为原策略，右为优选策略）

思考题和习题

1. 什么是排水管网地理信息系统？主要包括哪些内容？
2. 我国排水管网信息化存在的问题包括哪些？应对措施有哪些？
3. 排水管网地理信息系统如何分类？各类的主要作用是什么？
4. 排水地理信息系统和排水管道养护与管理之间有什么关系？
5. 什么是排水数据入库？为什么要进行排水管网数据建库？
6. 排水管网建库数据可以怎样划分？数据来源是什么？入库的流程包括哪些？
7. 排水管网地理信息系统可以实现哪些功能？
8. 在线监测体系的建设有什么意义？其工作流程包括哪些内容？
9. 在线监测系统有哪些功能？并举例说明。
10. 为什么要建立排水管网模拟系统，有什么作用？
11. 排水管网数据处理包括哪些内容？
12. 简要说明排水管网水力模型可实现哪些功能？

第10章　养护作业信息管理平台

10.1　平台管理内容

为了增强排水管网的养护效率，保证养护质量，必须采用互联网、计算机等信息化手段，在检查、养护、维修和改造等阶段，实现精细化高效管理。只有这样才能实时维护排水管网的正常运行，使排水管网发挥应有的作用，避免水环境灾害的发生。养护作业信息平台必须围绕着日常养护的工作流程和工作内容来构建，通常城市排水管网养护运行的工作内容主要包括以下四个方面：

（1）排水设施的日常养护：日常养护是排水管网最基本的养护内容，主要是解决在设施巡查与检查过程中发现的故障，通过日常养护，恢复排水管网的正常使用，达到排水管网能流畅通水、正常且稳定运行的目标。其养护内容包括疏通堵塞的管道，通过人工或人力绞车、射流车等方式掏挖或冲洗管道；单项维修，包括更换井盖、对踏步板和钢格栅进行上漆、保养闸门等；对井盖、排水管道进行返修；清除管道堵塞物，如对管道内的淤泥进行清理等；

（2）排水设施巡查：设施巡查有两种方式，一种是人工巡查，此方式巡查范围较小，一个工作日大概可巡查25千米；另一种主要是以机动车代步巡查，巡查路线一般沿着城市交通干道，一个工作日可巡查60千米；

（3）排水设施大修与排水系统改造：对日常养护工作的补充与完善，在日常养护中不能解决的问题采取工程手段进行治理，尤其是对城市管网不能正常使用的问题如管道出现裂缝进行维修，再就是对旧损的排水系统进行改造；

（4）排水设施检查：主要对排水管道投入使用之后的运行状态、结构效果、附件物完整性进行相应的检查，主要包括排水管道是否有淤泥，排水管道的结构有没有出现缺口、断层、破坏、裂开、坍塌等情况，对排水管道内进行有毒有害气体的检测及流量监测。

10.2　平台架构

在我国通常养护工作的参与主体为排水监管机构、执行单位（或管道权属机构）和实施单位。图10-1为常见的养护平台架构，监管结构可用电脑端平台查看管渠运行状态和工单任务处置进展，并对巡查养护工单处置情况进行评价考核。生产调度中心根据各城市的养护管理体制的不同，可分别设在管道权属单位和养护项目的具体实施单位，它承担了养护工作的全流程管理，用电脑端平台提出和制定巡查养护计划，派工调度，跟踪、审核工单处置情况。操作层面主要是指现场作业班组和作业人员，它可用手持终端执行工单任务，现场巡查养护并记录上报现场情况。

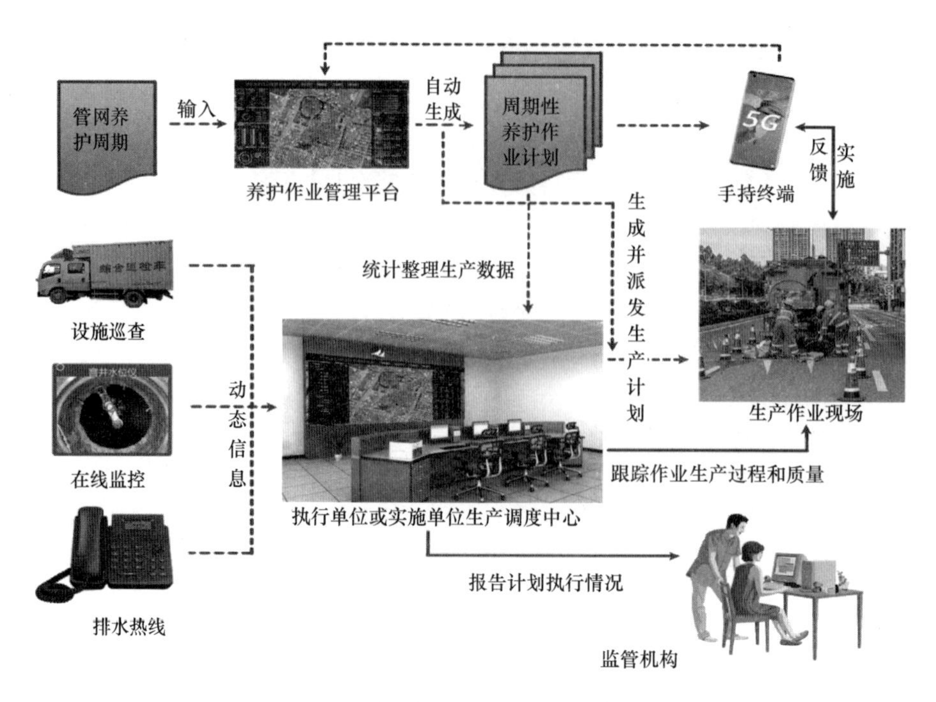

图 10-1　养护作业信息管理平台架构图

平台结构主要包括以下模块：

（1）巡查养护：排水管网巡查养护系统采用 B/S 和 M/S 模式相结合的方式构建，实现从管网查询分析、管网调查挂接、工单综合查询、改造方案制定、计划制定、工单生成、工单派发、工单处理及记录、回单、工单审核、改造后数据编辑回库等全过程电子化管理方式。养护人员通过手持终端（M/S）完成相关养护维修任务后，将故障处理情况在任务工单中进行任务反馈，记录故障处理时间、处理人员、处理描述、相关图片等。管理人员通过电脑端（B/S）按日期、执行区域、执行人或者工单状态等筛选条件查询所有工单信息和养护维修统计信息（如按故障类型、故障原因统计的故障数量）。

（2）计划管理：管渠管理部门需要定期地对辖区内的管渠进行巡查养护。管渠巡查养护系统基于基础 GIS 信息，结合管渠属性数据（建设及竣工年代、材料等）、历史巡查养护记录等，确定巡查养护区域、养护路线、重点巡查养护设备和巡查养护周期，输出巡查养护计划表，从而科学地制定管渠巡查养护计划。支持制定和查询年度、季度和月度养护计划，巡查周期根据管渠所在地区重要性和设施本身重要性及运行情况确定。

（3）派工调度：平台软件可以基于巡检养护计划按指定规则自动生成巡查养护任务，也可以由管理人员手动设定巡查养护任务，巡查养护任务设定的主要内容包括：巡查养护内容、巡查养护线路、巡查养护区域、巡查养护日期、任务类别、任务执行人员，巡查养护任务通过网络发送到各巡查养护人员终端，方便管网巡查养护人员及时查询和使用。

（4）任务执行：巡查养护人员在手持终端（M/S）接到巡查养护任务之后，按照养护区域和线路开展现场巡查养护作业，包括查看巡查养护点周边地图、利用 GPS 记录真实巡查路线、利用标准界面进行文字填报和现场拍照（图 10-2），信息可以上传到监控中心，监控中心对工单的执行过程进行完整记录并进行审核。

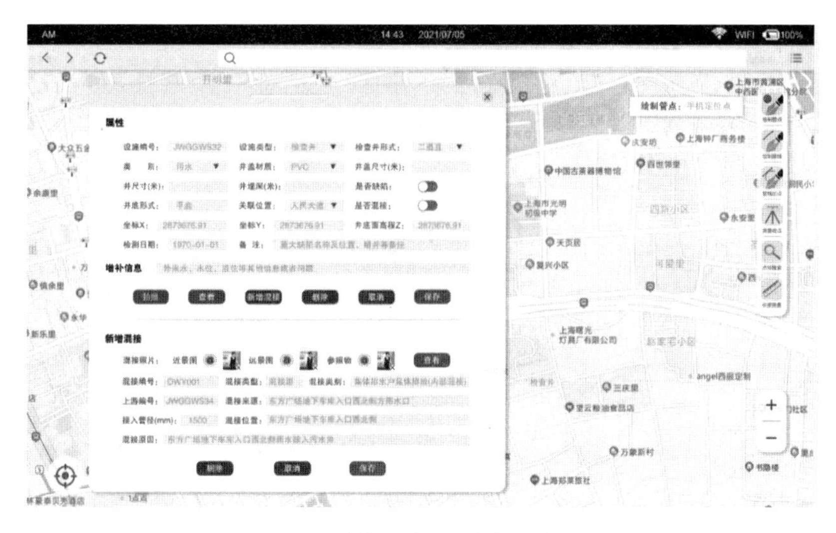

图 10-2　手持终端巡查数据上报界面

基于 GIS 的管渠巡查、养护作业流程稍有不同，分别如图 10-3 和图 10-4 所示。灌渠巡查作业过程中如果未发现设施问题，则记录现场情况工单确认即可，如发现问题，视当

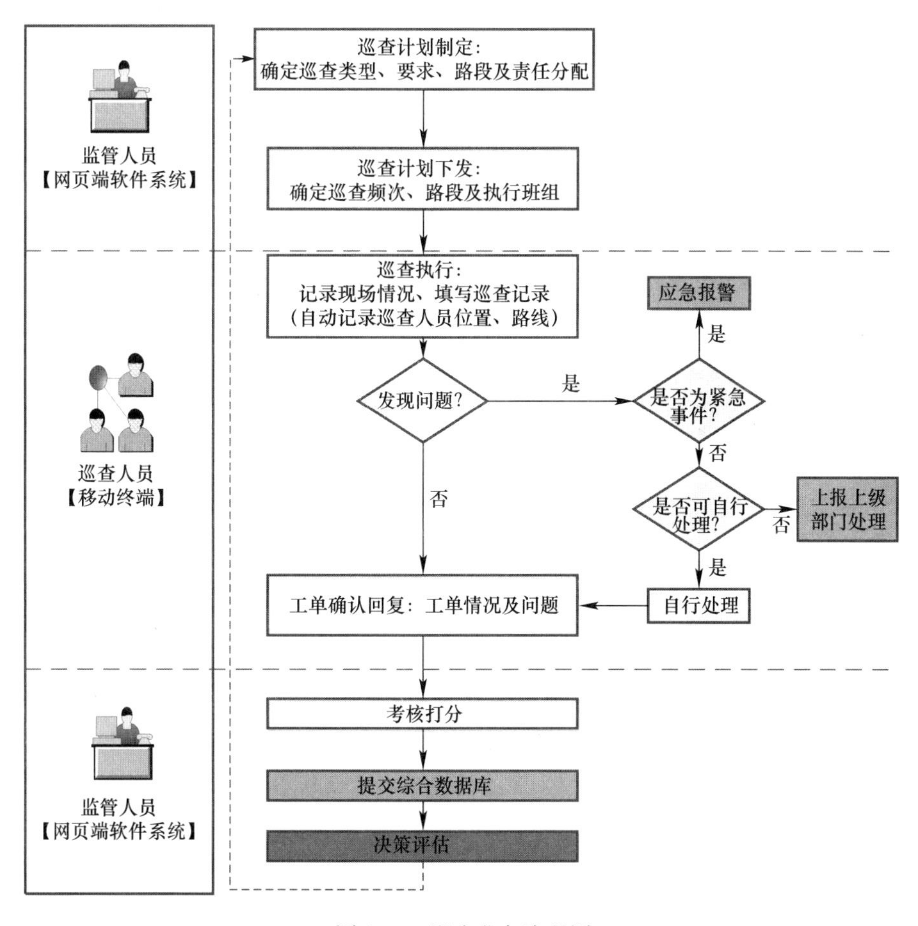

图 10-3　巡查业务流程图

时情况选择处置方案，紧急问题需提交应急预警、困难问题自己无法解决的需要上报上级部门处理，简单问题当场即可处置；灌渠养护作业过程中多一个监管人员养护抽查环节，抽查出问题，则需要限期整改。

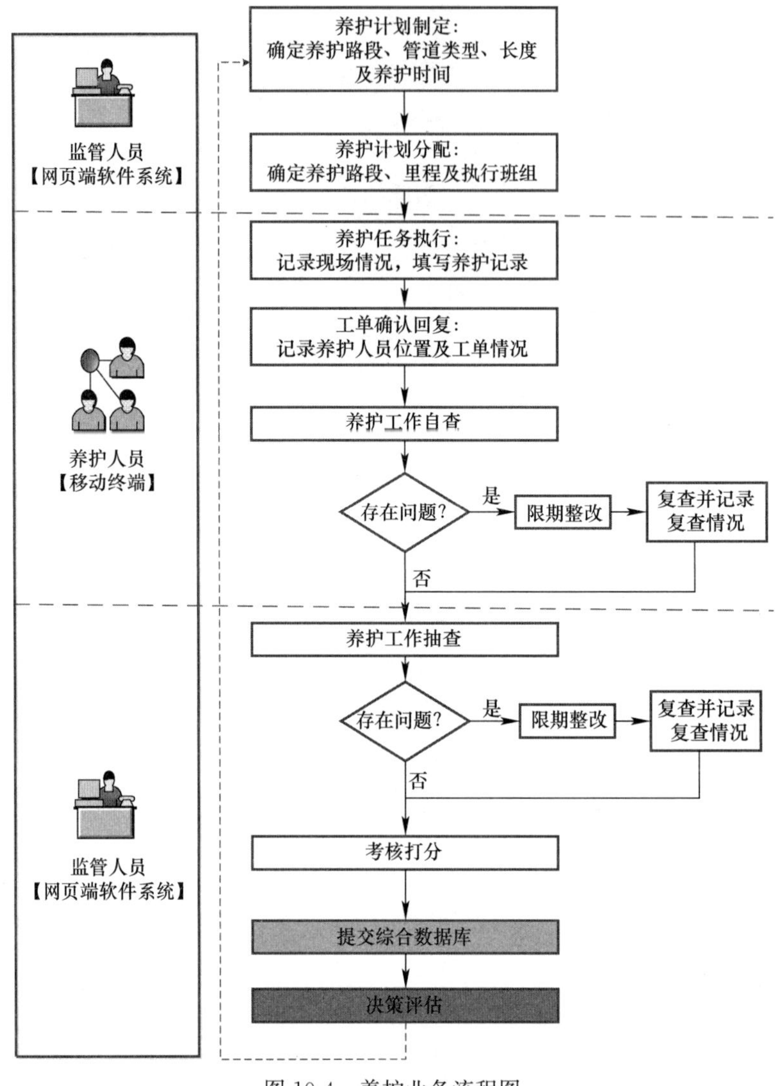

图 10-4　养护业务流程图

（5）工单管理：巡查养护工单管理以列表的形式显示不同执行状态的所有工单，并且可以实时对当前显示数据进行获取并更新显示。通过任务单状态可以对所有巡查养护任务单进行查询显示，可以实现当前任务单中路段的地图定位显示。对于每一条任务单，都可以查看其详细的编号、状态、路段、时间、委托单位、审核阶段等详细的工单信息以及现场图片等详细的巡查养护任务单中对应的点的记录信息，还可对任务单及现场巡查养护回单进行打印。

通过自动化的监管能提高工作人员的工作效率，降低管理成本，以实施排水（污水）设施养护年度工作总体目标和计划的推进与考核工作。同时利用管网模型模拟模块，对管渠运行现状进行评估和优化，提高管网巡查养护的科学性。

10.3 管网结构分析

10.3.1 管网现状分析

现状管网运行状态和管网结构的分析是管网更新改造的基础，只有全面的掌握管网的运行现状和结构特征，才能发现管网中目前存在的问题和导致问题的原因，并缩小和锁定导致管网出现问题的区域范围，以制定更加有针对性更加经济有效的管网改造方案。对其排水系统进行管网现状分析，发现管网缺陷位置，通过模拟计算获取该管网系统的现状计算结果并进行可视化显示（图 10-5）。

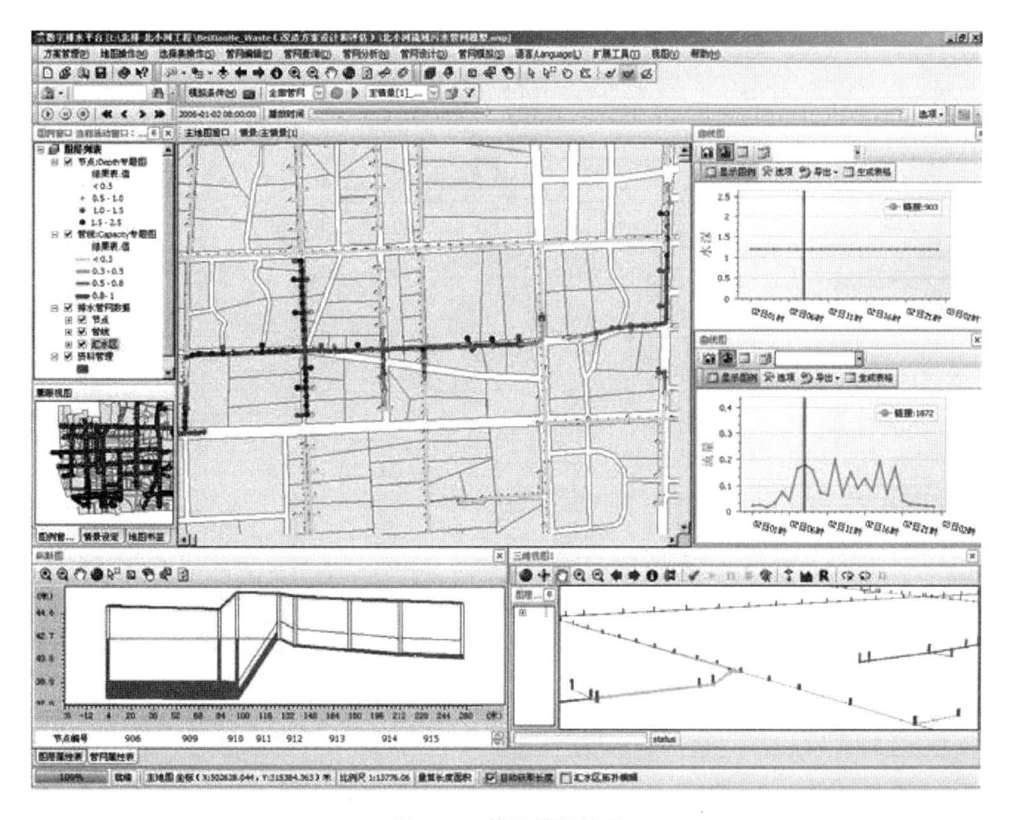

图 10-5 管网模拟结果

10.3.2 改造方案

如图 10-6 所示，管网改造方案的设计是一个复杂的、专业化的过程，整个设计和评估过程可分管网现状分析、管网缺陷分析、改造方案设计和改造方案评估等四个阶段。首先通过管网动态模拟分析发现现状管网中存在的问题，然后通过对管网进行结构分析寻找问题发生原因和位置；然后利用平台设计和计算功能有针对性的进行改造方案的设计，同时自动生成改造后的管网模拟模型，最后通过与改造前的模拟结果进行对比分析，评估改造后管网的运行状态和该改造方案的可行性。并根据评估结果对改造方案进行进一步优化和调整。

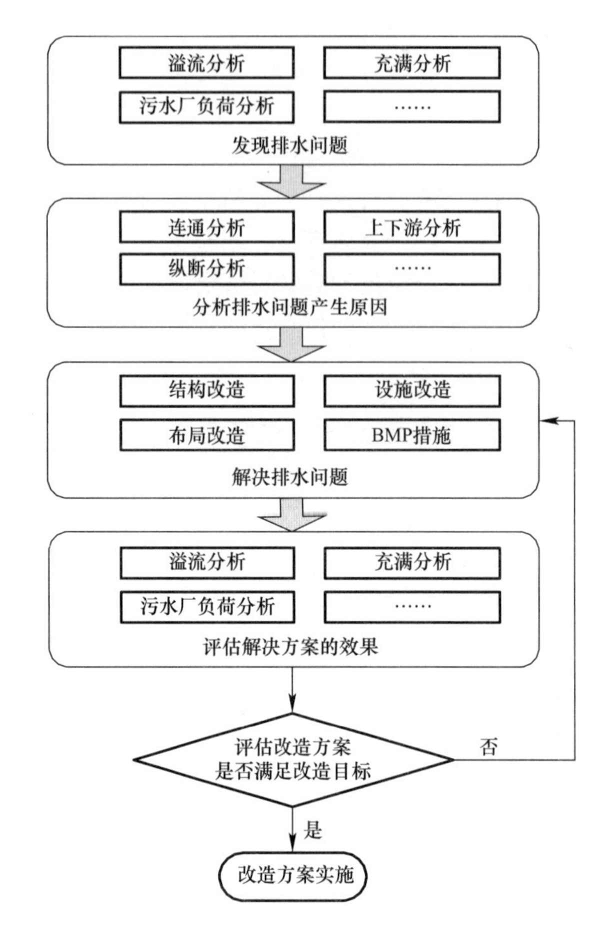

图 10-6　污水管网系统改造方案设计与评估解决流程

10.4　管道淤积分析

10.4.1　淤积风险

由于缺乏有效的预测手段，目前排水管道淤积问题的管理尚处于“先淤后清”的落后状态，而且管道调查盲点的存在使轻度淤积难以及时发现。利用动态模拟分析功能，可以全面准确地掌握整个管网系统的运行情况，识别发生淤积可能性较大的管网区域，科学制定管道疏通清洗的优先级和清淤频率，及时采取有效措施，做到防患于未然。

排水管道发生淤积的影响因素很多，设计、施工和管养等方面的原因都会造成排水管道的淤积。而利用排水管网模型对管道内的水力状态进行及时地分析计算，可以识别由于流速过小而容易发生淤积的区域和对应管道，从而指导管道的日常养护，做到防患于未然。

通过构建小流域排水管网模型并利用现状数据进行模型校正，使得模拟结果和实际情况比较吻合，就可以以此模型为基础进行各种淤积状态的模拟分析。通过对模拟结果的分析和直观显示，管道养护人员可以全面、直观地掌握管道中的水流特征，从而识别出容易发生淤积的管道。

淤积风险分析是通过对现状管网的模拟，分析管道流速、充满度等的空间分布特征，以识别发生淤积的高风险区域，然后通过调整管道粗糙度、管道沉积物厚度、管道类型等参数建立管道淤积的情景，运行模拟并与管网淤积前的模拟结果相比较，从而分析管道淤积和清淤方案实施对整个管网运行状态的影响。主要步骤为：构建城市排水管网模型；设计现状和淤积情景，调整模型参数；进行管网淤积状态模拟分析；制定清淤养护方案；分析淤积影响，对管网清淤养护方案进行调整和优化。工作基础好和有条件的地区还可以利用 CCTV 或声呐等检测设备对淤积分析进行更加准确的验证，从而为清淤方案制定提供更加科学的数据支撑。

图 10-7 为某流域部分管网在高峰时刻的模拟结果，通过管道流速分级地图的颜色差异可以直观看出整个管网中流速的空间分布规律。该区域管网中管道内的水流速度普遍较高（深色显示），整体发生淤积的风险较低，但也有部分管道即使在流量高峰时刻管道中水流速度也较小，小于 0.4m/s（浅色显示）。对流速较小的管段进行纵断面分析，纵断面图显示该段管道内的运行水位较高，充满度接近于 1，说明该管段处于负荷大、水位高和流速低的运行状态，发生管道淤积的可能性较大，是该区域中管网日常巡查养护的重点，必要时需要对这部分管段进行管道清淤或升级改造。

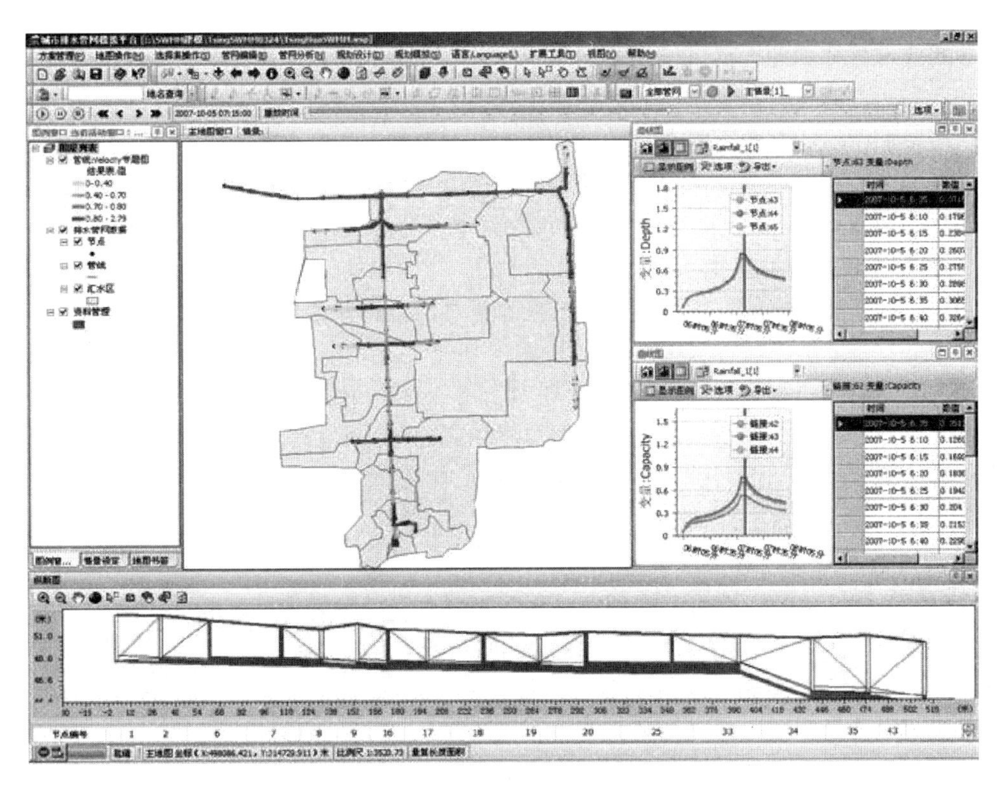

图 10-7　管道淤积模拟分析界面

10.4.2 疏通效果分析

排水管网错综复杂且多敷设在地下，加上目前管道疏通清淤仍以人工作业为主，管理养护难度较大。而且由于人力、物力、财力的限制，每年往往只能对重点管段进行清淤和维护，所以清淤管段选择的科学性和合理性对于整体管网运行状况的改善和管网养护成本的降低具有重要意义。如何做到科学而合理，养护作业平台中的疏通模拟分析功能可帮助决策者实现这一目标，其分析模拟流程如图 10-8 所示。

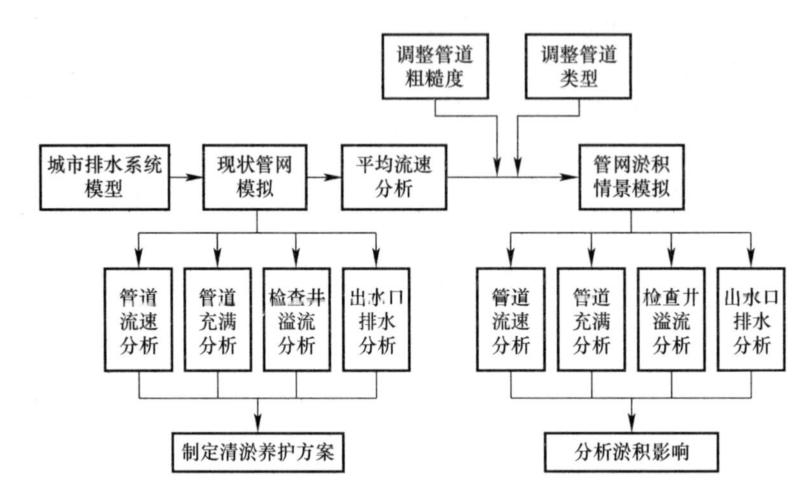

图 10-8 城市排水管网清淤分析模拟流程

利用模拟分析功能不仅可以判断识别管段发生淤积的风险大小，而且还可以建立管网淤积和清淤后的对比模拟模型，并对排水管网清淤前后的运行状况进行动态模拟和对比分析，从而预测清淤方案和措施对管网运行状态的改善情况，并在模拟分析的基础上对清淤方案进行优化调整和评估，从而提高清淤方案对管网运行状态的改善，为管网系统的养护管理提供决策支持。

1. 管道淤积模型的建立

建立管道淤积和清淤后模型是利用模型分析管道清淤效果的第一步。当管道发生淤积后，管道的内部断面形状和表面粗糙度将发生变化，图 10-9 所示为管道淤积参数调整界面，模型工程师可以在该界面设置不同类型管道（明渠、暗管）和不同断面形式（圆形、矩形、马蹄形、梯形等）管道内的沉积物厚度和表面粗糙度，进行参数调整以建立不同淤积情况的管网模型。如清淤前管道的粗糙度为 0.2，管道沉积物厚度为 0.05m。清淤后管道粗糙度为 0.013，管道沉积物厚度为 0。

2. 疏通清洗效果分析

通过管道淤积参数的调整分别建立了某流域排水系统疏通清洗前后的模拟情景并进行模拟，图 10-10 为管段清淤前后的模拟结果曲线对比。红框标识的区域为发生淤积和实施清淤的管段，左侧为上游管道，右侧为下游管道。从淤积管段、上游管段和下游管段中各选一根管道（箭头下端）进行疏通清洗前后管道内部水位和流速的变化分析。

管道淤积使管道的有效管径减小且管壁粗糙度增大，造成淤积管段水流不畅，疏通前管道的水位一直很高，管道处于满管状态，流速在 0.2m/s 以下。受下游管道淤积的影响，

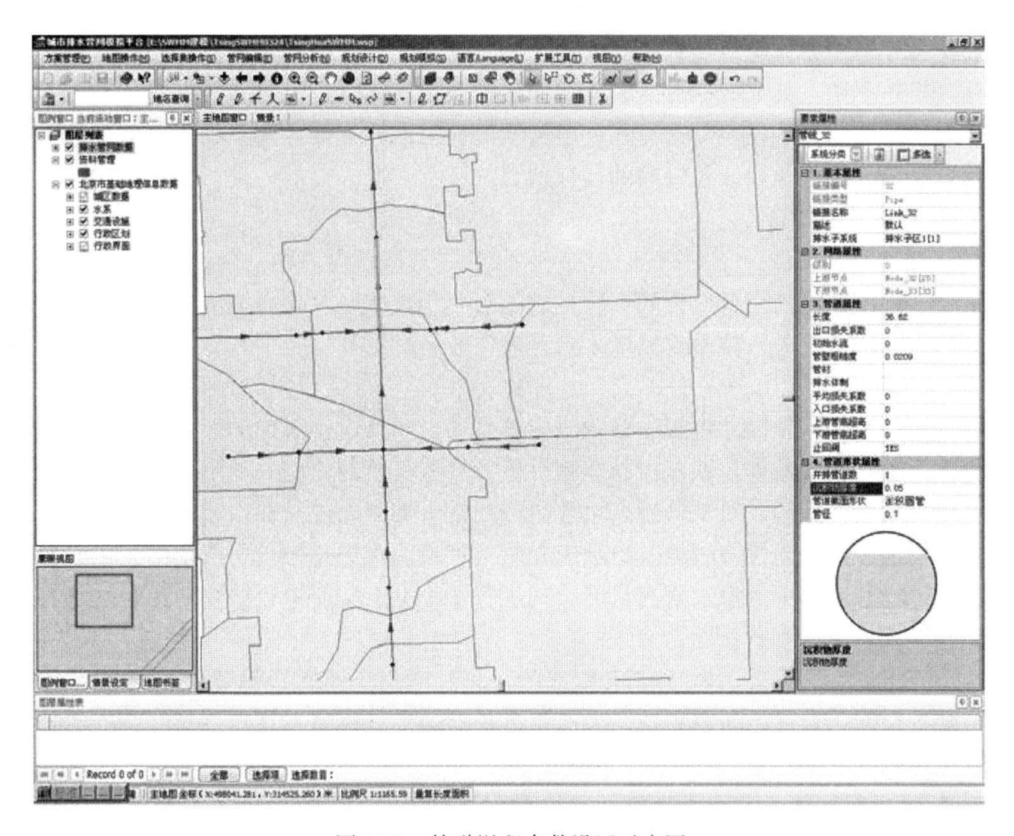

图 10-9　管道淤积参数设置示意图

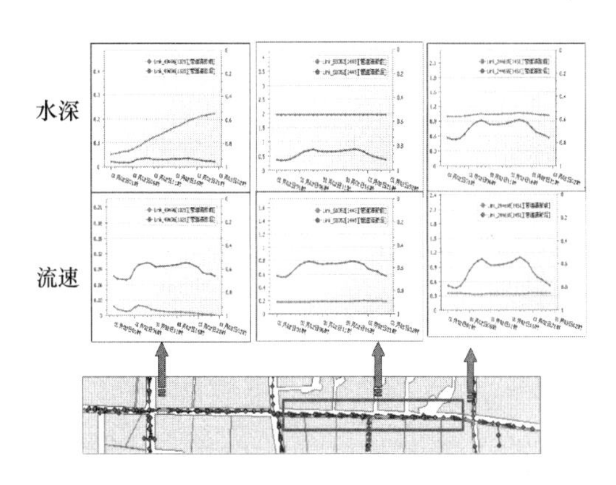

图 10-10　疏通前后淤积管段附近管道水深和流速变化分析图

上游管道的水流无法及时排除，造成淤积管段上游管道内的水流速度较慢，增大了上游管网发生淤积的风险，容易造成恶性循环，而且淤积造成上游的污水无法顺畅地进入下游，降低了管网的运行效率。

通过对比分析可以发现，疏通使管道内淤积物得到清除，管道的有效过水断面增大，管壁粗糙度降低，管壁对水流的阻力减小。疏通后原淤积管道的水位下降，管道最大充满度在 0.4 左右，水流速度达到 0.6m/s 以上。分析发现，清淤后上游管道的水位明显下降，流速加快，上游的污水可以正常排入下游管道，整个管网的运行效率得到明显地改善，管网中其他管道的淤积风险也得到了有效地控制。

在分析过程中，如果我们对清淤方案的模拟效果不满意，可以对清淤管道和参数进行进一步地调整和优化，以科学选择和制定较优的管道清淤方案，充分利用有效的人力物力进行管道清淤，最大化地改善管网的运行状态。

3. 检测技术的配合

CCTV（Close Circuit Television）管道检测系统和管道声呐（Sonar）检测系统是当今排水管道检测领域使用最广泛的工具，它能对淤积现状以及疏通清洗后的效果进行最直观的展示。它的成果越来越多地被纳入到养护作业信息管理平台中，作为分析和决策的主要依据。

CCTV 检测为管道闭路电视内窥检测主要是通过闭路电视录像的形式，使用摄像设备进入排水管道将影像数据传输至控制电脑后进行数据分析的检测。其不足之处在于检测时管道中水位需临时降低，对于检测高水位运行的排水管网来说需要封堵降水等措施。管道内窥声呐检测主要是通过声呐设备以水为介质对管道内壁进行扫描，扫描结果以专业软件进行处理得出管道内壁的过水断面状况，其优势在于可不断流进行检测，不足之处在于其仅能检测液面以下的管道状况。

这些技术的发展推动了数字排水技术的发展，它可以准确获取管道的淤积特征和规模，但耗资巨大，对一个城市来讲，大面积且长期地进行检测不现实，而结合在管道清淤分析过程中的管网的水动力学模拟和分析功能，辅助对检测管段的优先级进行排序，然后利用 CCTV 或声呐技术对重点管段进行检测，这样既可节约成本，又增加了分析计算的可靠性。

10.5 管道破裂分析

管道破裂分析是养护作业信息管理平台中必不可少的重要功能模块，它主要包括以下具体内容：

（1）通过现状管网模拟并分析管道流速、充满度等模拟结果，进行管网水力负荷情况的判断，负荷高的区域多为破裂风险较高的区域；

（2）通过对破裂管道处的污水溢出流量和上下游管网情况的分析快速获取管道破裂造成的污水溢出情况、周边环境情况等信息，评估管道破裂的影响时间、影响程度和影响范围，为事故的抢修提供数据支持；

（3）合管网监测/检测数据库和现状模型模拟结果制定管网综合养护策略；

（4）结合管网监测/检测数据库和模型在事故情境下的模拟结果制定管网应急抢险预案。

在实际使用中，可根据需要选择要进行的步骤，如只为制定管网养护优先级可只执行步骤（1）和步骤（3）。

10.5.1 风险分析

管道承载的负荷过大是影响管道使用安全的重要因素。管道充满度是衡量排水管网负荷状况的重要参数。合理科学的管道充满度可以为未预见水量的增长留有余地，防止水量变化的冲击，同时还有利于管道的通风，便于管道的疏通和维护管理。但充满度过小也会造成管道投资不必要的浪费，并降低管道的流速，增加管道发生淤积的风险，而管道充满度过大则会降低排水管网系统的整体运行效率，增加管道溢流和破裂的风险。因此，在管网运行过程中对管道充满度进行分析和评估可以指导日常管网养护任务，降低管道发生破裂的风险。为科学评估排水管网安全性，准确分析事故危害，制定合理的应急预案、有效指导事故抢修工作，可利用养护作业信息管理平台，进行模拟分析，其流程见图 10-11。利用模拟分析功能来分析评估区域的管道破裂风险及事故后污水的溢出特征。

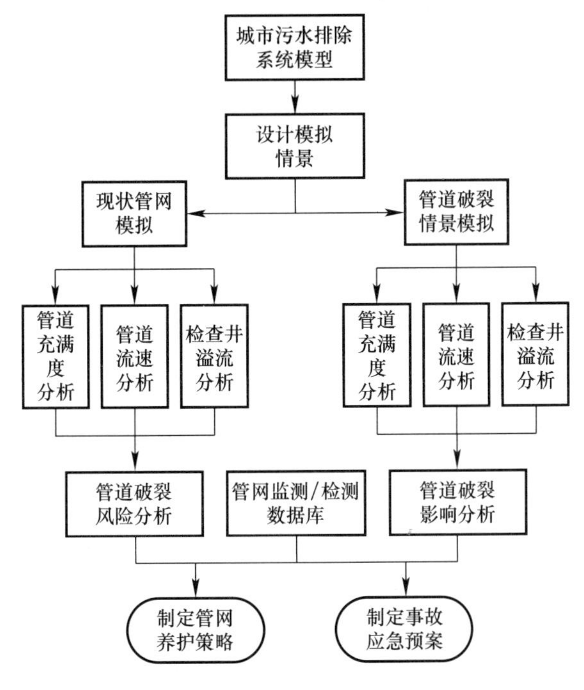

图 10-11　管道破裂分析流程

如图 10-12 所示，建立某一区域现状污水管网模拟模型，以评估该区域管网的运行负荷和状态。通过模拟结果统计表的满流管道统计可以看出，充满度平均值为 1 即一直处于满流状态的管道有多段，这些管道发生破裂的风险会相对比较大。

按照时段及管道充满情况，生成管网运行高峰时刻管道充满度专题图（图 10-13），颜色越深表示充满度越大，浅色则充满度小。在系统提供的模拟结果报表中也可以查到红色显示的部分管道在一典型日的动态模拟分析中，满流运行时间超过了 10h。满流管道由于长期承受过大压力，存在较高的管道破裂的风险，是管网维护和改造的重点。

10.5.2　污水溢出分析

先进科学的管理手段可以有效降低排水管网事故的发生频率，但由于排水管网多敷设于地下，管理养护难度较大，而影响管网状况的因素却很多，所以很难完全排除事故发生的可能性。在这种情况下，科学合理的应急预案和事故的快速有效处理可以大大降低突发事故对城市造成的危害。

利用模拟功能可以分别建立和模拟事故发生的模拟情景和应急预案的执行情景，从而辅助制定出科学可行的应急预案。当事故发生时，利用空间分析功能，可以对事故发生点进行快速准确的地图定位，分析事故点上下游的管网情况估计事故的影响范围以指导事故点的抢修工作，将事故危害降至最低。

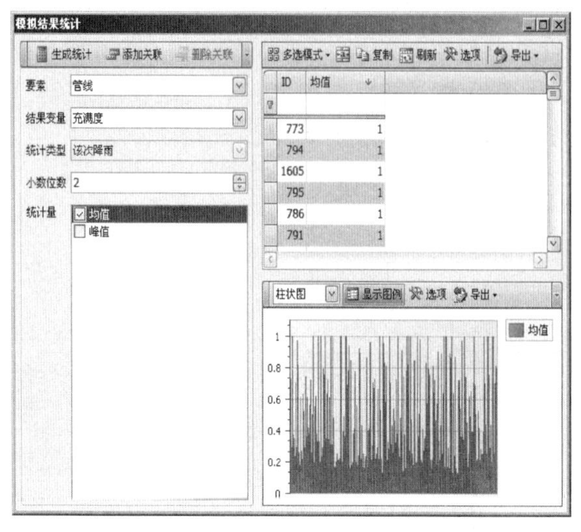

图 10-12　模拟结果满管流管道统计

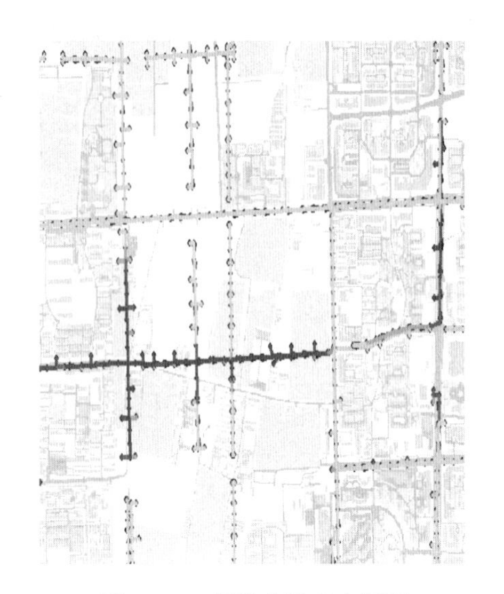

图 10-13　管道充满度专题图

图 10-14　破裂风险管道位置示意图

从管道破裂风险的统计分析和专题图可以得知部分管道充满度长期过大，具有较高的破裂风险，可选择充满度较大的一段为进一步分析对象（图 10-14），其管道的充满度变化曲线见图 10-15，可见该管道长期处于满流状态。确定管道破裂存在的风险后，需要在系统中查清楚管道周边的环境，如是否处在城市主要道路、十字路口、交通流量大、人口众多等区域，一旦管道破裂时，通过情景模拟分析，即可评估污水的溢出量和管道破裂对周边环境的影响。

与此同时，还需要对管网进行模拟分析破裂管道上下游的情况，通过分析破裂风险管道上下游节点的高程和管道纵断面图，若管道下游节点高程高于上游节点，说明这一管道破裂后，下游管网的污水和上游管道的污水都可能溢出污染环境并影响交通。同时还要分析该管道两端节点的入流情况和下游管网连接情况，查找破裂风险管道下游连接的检查井有无其他污水排放支管接入，判断一旦管道破裂后，管道污水的溢出总量，生成溢出流量的模拟变化曲线（图 10-16），由图 10-16 可知，破裂处在中午 12 点以后开始有大量污水溢出，如不采取干预措施污水溢流在 19 点时流量最大，次日 1 点溢流暂时停止。根据这一流量变化曲线可知，管道破裂发生的时间不同，则对于周边环境的影响不同，该管道如果破裂发生在中午 12 点以后将对周围环境造成严重威胁。

在以上数据的基础上，还可以在数字化信息管理系统中利用这些信息制定并评价溢流发生后的紧急调度方案，以指定科学的管网事故应急预案。

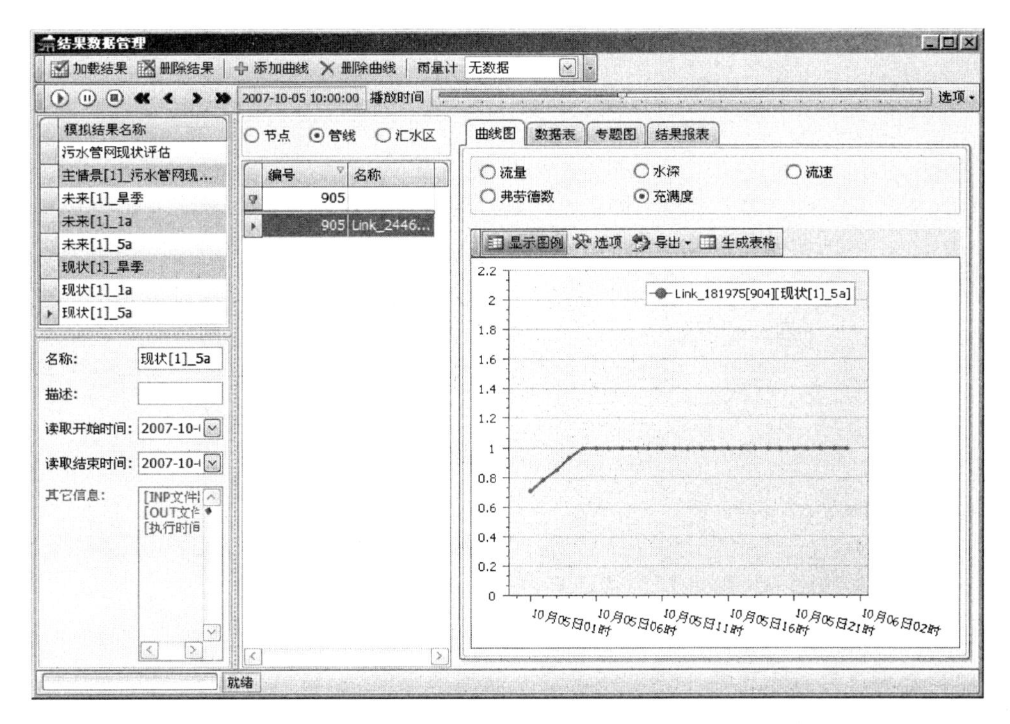

图 10-15　破裂风险管道充满度变化曲线

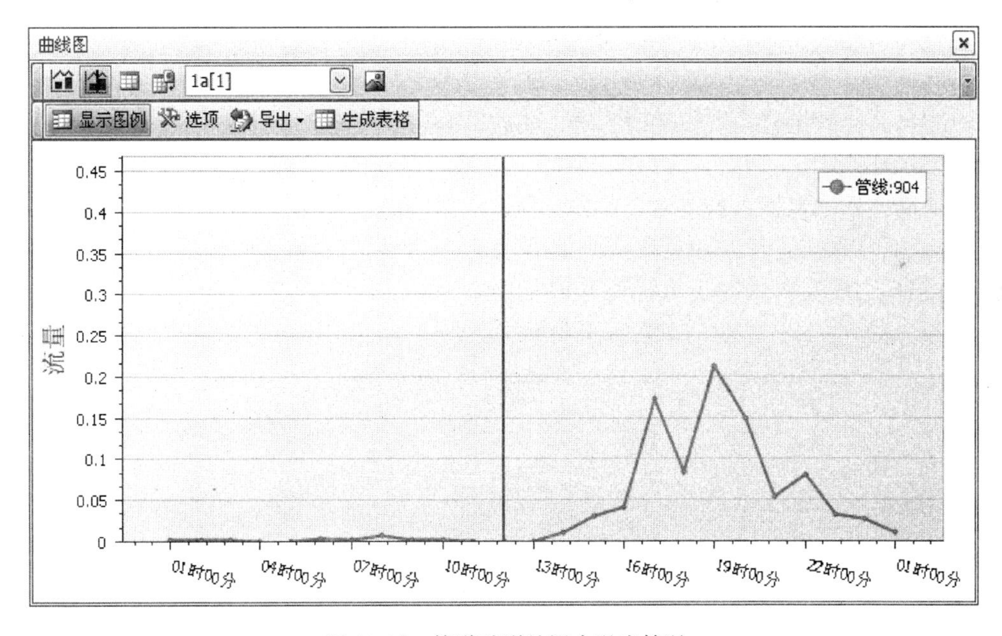

图 10-16　管道破裂处污水溢出情况

10.5.3　与其他相关技术的整合

城市排水管网发生事故的种类和影响因素众多，管道水力负荷过大造成的管网破裂只是重要因素之一，其他如使用不当造成的管道堵塞、地下水渗入、地表压力过大及植物根系的影响等带来的管道变形、穿孔和破裂。这就需要将管网模拟分析技术与其他先进技术进行整合，以科学全面应对管网事故。

随着管道地下检测和内窥技术的发展，先进的监测系统和先进的模拟平台的结合成为提升排水管网养护管理的有效手段。可以将 CCTV 和声呐等的检测结果与地图中的管道、检查井实现链接，从管道物理结构和管网运行状态等多方面的综合分析实现对管网事故风险区域的准确识别和定位。主要功能包括：构建排水管道缺陷及修补数据库；有序储存所有检测数据、下水道录像、图片；实时查询管道缺陷类型、地点和其他相关信息如管道尺寸、投诉和监测数据等；利用临界值和管道缺陷分级确定管道维护的优先级和主要维护内容。从而为城市地下排水管网的事故应急管理提供综合的分析，为管网日常养护提供决策支持，降低管道事故的风险，提升发生风险后的应急处理能力，使管网事故处理变被动为主动。

思考题和习题

1. 城市排水管网养护作业信息管理平台通常涵盖哪些工作内容？

2. 养护作业信息管理平台通常包括哪些模块？各模块的功能是什么？

3. 当发现排水管道存在结构性缺陷时，需要编制改造升级方案，试述改造升级方案一般包括哪些内容？

4. 什么是排水管道淤积风险分析？其分析步骤有哪些？每一步骤具体内容是什么？

5. 分别简述破裂风险和淤积风险的模拟分析流程。

6. 建立管道淤积模型以及清淤后模型主要考虑哪些要素？

7. 为什么说管道充满度长期为 1 时，其破裂的风险比较大？除此以外，还有哪些因素易造成管道破裂？

8. 请简要叙述养护人员的巡查业务流程以及相关内容有哪些？

9. 简述养护业务流程的内容以及之间的关系。

10. 根据你所在单位的排水管道养护业务流程，设计一套符合实际情况，便于操作，能提高管理效能的养护作业信息管理平台架构。

第11章　监测仪器运行与维护

排水管网中的监测仪器是指对雨、污水动态状况，如流量、液位、水量和水质等有关排水运行参数进行测量的仪器仪表，它通常有在线（实时传送数据）和非在线（非实时）之分，常安放在检查井、排水口、泵站等位置。近些年，随着排水管理信息化和智能化要求的提高，排水管道中的监测设备数量日趋增多，由于监测设备多为电子化元器件组成，又长时间处在水里或潮湿恶劣的环境中，传感器极易被杂物遮盖，要保持正常运行，必须对其有效维护。

11.1　监测仪器

常见的在线监测仪表有：液位计、超声波流量计、水质检测仪、雨量计等，仪表信号通过无线网络进入计算机系统。监测仪表的防护等级要求水下或有可能在水下的部分的防护等级为IP68，水上部分的防护等级为IP65。所有仪表应采用电池供电方式，避免现场供电带来的不便。仪表均应配有安装支架及附件，并便于在排水设施、井下或河道边进行快速安装。在线监测设备现场采用无线网络进行数据传输，并建立统一数据网关。

11.1.1　仪器的一般要求

在线监测仪器应适用排水管网的实际运行工况要求，并根据排水管网现场运行情况进行了深度优化。设备应是产品级的整机设备，而不是组装式的拼凑设备，符合排水管网防潮防爆防腐的技术要求，尺寸紧凑，便于监测点的更换。设备应和数据网关及设备管理系统实现软硬件一体化，保证数据采集与传输的畅通性和持续性。设备应便于进行监测点的更换和监测点现场的调整优化，尽可能减少现场的施工工程量和施工时间，便于监测系统的长期运行和改善，有利于监测点的更换。提供的仪表应在保证连续运行的前提下，易于接近、安装、替换、维护、处理、检查和修理并确保正常运行。全部的装备、设备和仪表应在现场的天气和其他条件下正常运行。设计和建造的装备和设备应尽可能降低现场的维护费用，延长维护周期，减少人工维护量，降低运维成本。设备的设计应主要关注操作和维护人员的安全，关注排水管网的防潮防爆防腐特殊工况要求。所有的尺寸、单位和设计参数应为国际单位制（SI）。

所有材料应是新的、具有最好的质量、适合特定条件下的工作，并能承受工作条件下温度和气候的变化，不产生变形、退化或产生任何部分的不适当的受力。

设备具有可替换性，全部的相似的元件和备件应是可完全替换的，不需要进一步的修改和调整。

连接和接线应采用降低火灾危险性和避免产生火灾事故危险的设计和布置，对于将用于或可能用于有一定概率产生易燃易爆气体的条件下使用，应避免一切可产生火花的连接设置或采用全封闭设计杜绝任何可能性。全部的焊接应符合相应的国家或国际标准。

设备应符合国家标准中有关规定并且要注意其他无线电和电视干扰的准则和规章。在将进行试运行前，发现任何产生无线电和电视干扰的设备应拒绝并无任何其他费用的进行替换，达到工程师的满意。

识别标签应附在所有的仪器、仪表保护箱、控制盘箱柜以及其中的仪器和控制设备上。

所使用设备需遵循通讯优化与便捷实施并重的原则，在通信条件足够且实施露天设备不便的情况下，必须采取一体式设计尽量减少复杂实施，在通信条件弱或者不稳定的情况下，必须采取分体式来提升通讯功能的稳定以达到数据稳定传输的目的，其他情况以优化整体功能为前提进行选择。

11.1.2 在线超声波流量计

超声波流量计（Ultrasonic Flowmeter）的工作原理是利用了物理学中的多普勒效应，当声源和观察者之间有相对运动时，观察者所感受到的声频率将不同于声源所发出的频率。这个因相对运动而产生的频率变化与两物体的相对速度成正比。在波多普勒流量测量方法中，发射器为一固定声源，随流体一起运动的固体颗粒起与声源存在相对运动，它把接收到的超声波发射回与超声波发射器一起布设的超声波接收器。由于污水中固体颗粒或气泡运动产生了多普勒效应，发射的声波与接收的声波之间存在频率差，此频率差正比于颗粒物所在位置的污水流速，所以测量频差可求得流速。因管道断面流速分布不均匀，通常流量计能分层测得流速，然后通过科学计算获得平均流速。

水位测量通常采用超声水位测量和压力测量融合。水中超声水位测量原理是通过记录从信号发射到从水面反射回来后接收到的信号时间差来计算水位高度。压力测量是运用传感器上方的积水体积与水位高度成正比的基本定律，通过获取压电电阻压力传感器的压力值来计算出水位高度。在已知管渠截面尺寸的前提下，测得流速和水位，即可按照“速度-截面积法”进行流量测量计算。

超声波流量计无水头损失，无需建设标准堰槽。可测量瞬时流量、累积流量、瞬时流速、平均流速、水位、水温等量。其测量精度高，起始速度低。无机械转子结构，对水流状态无影响，测量更精准。它自带温度传感器，可用于补偿水温对声速的影响。安装简单，不需辅助工程设施。对于已有渠道安装容易，不需改造渠道。管渠截面可以是矩形、圆形、倒梯形或U形等，适用于渠道、河道、排水管道等各种满管与非满管场景的流量计量，水位从接近零到满位均能测量。测量精度高，毫米级分辨率，测量误差为±1%，通过采用高精度信号处理算法，在保持测量结果稳定的同时，可达1mm/s速度分辨率。该仪器功耗低，有助于提高无充电条件的续航能力。从器件选型、电路设计到嵌入式软件设计整个设计体系，配合先进的电源管理策略及科学的工作切换模式，保证了流量计整机的低功耗。测流电流<200mA，测流功耗<2.4W，有助于提高无充电条件测量场景的电池续航能力。超声波流量计的核心是传感器，其结构如图11-1所示。

我国常见的超声波流量计都能同时获得液位、速度以及流量数据，主机的防护等级为的IP68，适用排水系统防潮防爆防腐工况要求。监测位置常无限制，明渠、管道、排口均可，截面形状随意。同时仪器能适应排水管网低流速、浅流、逆流等特殊工况。可根据现

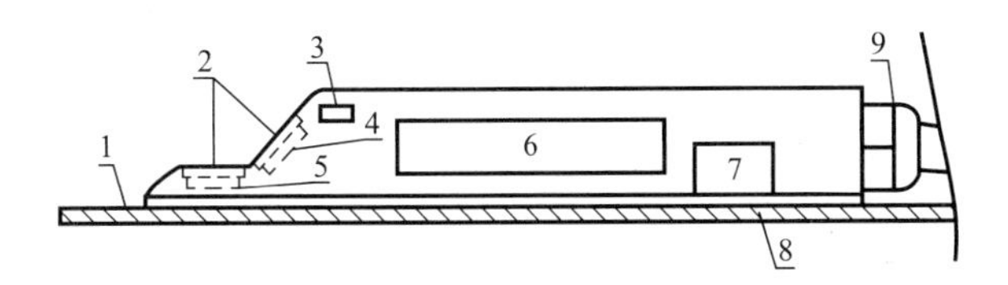

图 11-1　传感器结构图

1—接地板；2—声学耦合层；3—温度传感器；4—流速传感器；5—水位/高度传感器；
6—电子产品；7—压力传感器；8—压力测量导管；9—电缆

场工况要求，选择一体式或分体式设备进行安装，且尽可能不用下井即可安装，支持不断流快速安装，既可便携短期使用也可长期固定安装。流量计对通讯环境要求不能过于严苛，井下无手机信号仍可通过短距离通信方式与中继器正常通信，主机可扩展 NB-IoT 的通信接入方式。常见流量计的技术参数如下：

（1）速度测量量程：－6.0～6.0m/s（特殊工况时可根据需要定制更大量程）；

（2）速度测量精度：0.03m/s；

（3）速度测量分辨率：0.01m/s；

（4）液位量程：标配下 2m（特殊工况时可根据需要定制更大量程）；

（5）液位准确度：优于全量程的 1%；

（6）液位分辨率：0.001m；

（7）测量频次：最高频次可设置为 1 分钟测量 1 次；

（8）远程通信：中继器内置 GPRS 通讯模块，集成通信 SIM 卡，主机被淹没 0.8m 以下仍可正常的数据通信（分体式）；

（9）发送频次：可根据液位运行风险自动切换，如 15min、5min、1min；

（10）电池：主机电池更换 1 次使用时间不少于 12 个月；

（11）中继器：防护等级 IP65，使用可充电锂电池，可配置太阳能充电系统；

（12）监测点设置：通过在线系统远程配置并进行更新；

（13）数据存储与传输：主机可缓存 200 天以上监测数据，监测数据可在服务器永久保存及备份，数据系统支持 WebServices 数据接口访问和可视化图表界面，支持微信短信报警，具有断点续传功能，在通信恢复后可自动上传历史测量数据。

11.1.3　在线液位计

液位计（Level Gauge）为接触式和非接触式，前者包括单法兰静压/双法兰差压液位变送器，浮球式液位变送器，磁性液位变送器，投入式液位变送器，电动内浮球液位变送器，电动浮筒液位变送器，电容式液位变送器，磁致伸缩液位变送器，侍服液位变送器等。后者分为超声波液位变送器，雷达液位变送器等。排水行业通常采用静压式和超声波测量相结合，仪器具备超声波与压力双探头可选，通过双探头的合理搭配使用，可避免测量盲区，且双探头监测数据自动融合，报警后监测探头参数自动修正，做到监测报警两不误。

静压液位计是基于所测液体静压与该液体的高度成比例的原理，采用隔离型扩散硅敏感元件或陶瓷电容压力敏感传感器，将静压转换为电信号，再经过温度补偿和线性修正，转化成标准电信号（一般为4～20mA或1～5VDC）。超声波液位计由超声波换能器（探头）、驱动电路（模块）和电子液晶显示模块三部分组成，其工作原理是通过一个可以发射能量波（一般为脉冲信号）的装置发射能量波，能量波遇到障碍物反射，由一个接收装置接收反射信号。根据测量能量波运动过程的时间差来确定液（物）位变化情况。由电子装置对微波信号进行处理，最终转化成与液位相关的电信号。一次探头向被测介质表面发射超声波脉冲信号，超声波在传输过程中遇到被测介质（障碍物）后反射，反射回来的超声波信号通过电子模块检测，通过专用软件加以处理，分析发射超声波和回波的时间差，结合超声波的传播速度，可以精确计算出超声波传播的路程，进而可以反映出液位的情况。

液位计可用于排水设施、积水点、蓄水池、排水管、排水口及河道的液位在线测量及预警，适合地表径流、浅流、非满流、满流、管道过载及淹没溢流等状态的水深或液位监测，测量数据可以本地储存、中继器缓存和通过无线网络发送到统一数据网关，无测量盲区，可远程设置和修改设备的配置参数，同时实现排水系统液位长期在线稳定持续监测与积水、溢流等时间的及时预警预报。

在线液位计通信通常在井下无手机信号仍可通过短距离通信方式与中继器正常通信，主机可扩展NB-IoT的通信接入方式。在远程通信方面，中继器内置GPRS通信模块，集成通信SIM卡，主机被淹没0.8m以下仍可正常的数据通信（分体式）。监测点可通过在线系统远程配置并进行更新。能源供应通常是可充电锂电池，并可配置太阳能充电系统。常见液位计的技术指标如下：

（1）主机量程：压力测量根据现场优化6m或10m可选，超声测量根据现场优化6m或8m可选（可根据个别监测点的特殊工况，定制化更大量程的传感器）；

（2）准确度：优于全量程的1%；

（3）分辨率：1mm；

（4）测量频次：最高频次可设置为1分钟测量1次；

（5）安装类型：可根据现场工况要求，选择一体式或分体式设备进行安装；

（6）发送频次：可进行液位运行风险进行自动切换，如15min、5min、1min；

（7）电池：主机电池更换1次使用时间不少于18个月；

（8）数据存储与传输：主机可缓存200天以上监测数据，监测数据可在服务器永久保存及备份，数据系统支持WebServices数据接口访问和可视化图表界面，支持微信短信报警，具有断点续传功能，在通信恢复后可自动上传历史测量数据。

11.1.4 水质自动采样器

水质自动采样器（Water Sampler），是一种自动采集水质的器具。它可以根据水样采样要求实现量采样、定时定量采样、定时流量比例采样、定流定量采样和远程控制采样等多种采样方式，并能多种装瓶方式，即每瓶单次采样的单采和每瓶多次采样的混采。大多数的水质自动采样器是通过蠕动泵的运转来采集水样的（图11-2），水样经过蠕动泵按设定程序定量采入的采样瓶中，并完成低温冷藏，以供实验室进行分析使用。也就是说水质采样器采用蠕动泵将水样采入仪器，通过仪器分配系统将水样送入的采样瓶中，通过恒温系统将水样温度恒定在4℃，从而完成水样的自动采集、自动分配合恒温保存。

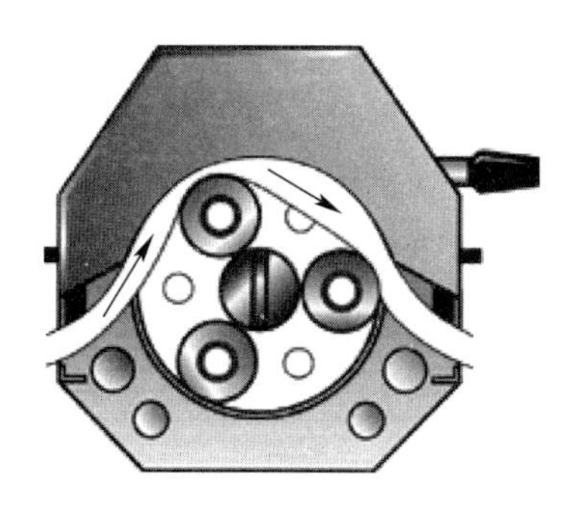

图 11-2　蠕动泵示意图

蠕动泵正传采集样品，液体传感器判断是否检测到样品。检测到样品以后，蠕动泵反转排空样品、淋洗、吹扫管路。水质自动采样器在每一次采集完水样以后，采样管路管壁上肯定会或多或少的残存水样，这些水样可能会污染下一次要采集的样品。为了采集到更具有代表性的水样，采样器引入了预淋洗功能，在每次采集水样前，先用原水润洗几遍采样管路，再采集新的水样。用户可以根据实际情况来设置采样器的预淋洗次数，如果不需要预淋湿，可将预淋湿次数设为 0。水质自动采样器在每次采集完水样以后，自动反转排空采样管路里的水样。采用了反转排空功能后，可以保证采样器每一次都采集到了具有代表性的样品，另一个重要的作用，就是保证了在低温的环境下，防止水冻结在管路中。

选择自动采样器时，应满足但不限于以下要求和技术指标：

（1）取样泵的吸升高度应不低于 6m，由取样泵通过带有过滤器的采样管将污水提升到取样器中，取样瓶应不小于 8 个；

（2）应支持自定义设置采样时间间隔；

（3）输入输出信号应包括采样启动控制信号、采样满信号等；

（4）宜配备便于操作人员检查的现场显示屏。

11.1.5　在线水质监测仪

在线水质监测仪（water detecting instrument）是一种水质监测工具，可以达到自动对水质各项参数的实时监测，它是排水系统水质在线监测系统的核心，水质在线监测系统是运用现代传感技术、自动测量技术、自动控制技术、计算机应用技术以及相关的专用分析软件和通信网络组成的一个综合性的在线自动监测体系，对水质污染迅速做出预警预报，及时追踪污染源，从而为管理决策服务。根据监测需求选择相应的水质探头，可根据监测目的选用化学需氧量（COD）、总氮/总磷（TN/TP）、溶解氧、悬浮物（SS）等探头组合或其中的一个。测量信息可本地储存和无线发送，具备预警和云端管理功能，无盲区，特别在井下无手机信号时仍可正常通信，远程通信可设置中继器内置 GPRS、GSM 通信模块。监测点设置能够在线配置同步，通过统一服务平台随时远程更新修改。在线水质检测仪应满足但不限于以下技术指标：

（1）测量频次：最高可设置 5min 一次；

（2）发送频次：可进行频率自由切换；

（3）电池：井下测量使用一次性电池，使用寿命不少于 12 个月；

（4）数据存储与传输：本地可缓存 180 天以上的数据，现场采集的数据需传输到服务器，同时支持云端存储和 Web 访问，在出现通信故障期间可缓存数据并在通信恢复后自动上传。

其中悬浮物（SS）监测探头应满足但不限于以下技术指标：

（1）测量范围：0～2000mg/L；

（2）测量精度：≦±0.1% F·S；

（3）分辨率：SS 1mg/L；

（4）探头有保护测量窗口装置。

溶解氧监测探头应满足但不限于以下技术指标：

（1）测量范围：0～20mg/L。

（2）测量精度：≤ 2%。

（3）分辨率：DO 0.01mg/L。

11.1.6 在线雨量计

雨量计（rainfall recorder）是一种用来测量一段时间内某地区的降水量的仪器，雨量计的种类很多，常见的有虹吸式雨量计、称重式雨量计、翻斗式雨量计等。在线遥测雨量通常是翻斗式（图 11-3），他是由感应器及信号记录器组成的遥测雨量仪器，感应器由承水器、上翻斗、计量翻斗、计数翻斗、干簧开关等构成。记录器由计数器、录笔、自记钟、控制线路板等构成。其工作原理为：雨水由最上端的承水口进入承水器，落入接水漏斗，经漏斗口流入翻斗，当积水量达到一定高度（比如 0.1mm）时，翻斗失去平衡翻倒。而每一次翻斗倾倒，都使开关接通电路，向记录器输送一个脉冲信号，记录器控制自记笔将雨量记录下来，如此往复即可将降雨过程测量下来。在线式雨量计通常使用高可靠性雨量筒，且具有防雨水滞留涂层，应用于降雨过程降雨量的在线监测与自动记录，测量数据可本地储存和无线发送，在降雨过程及时发送数据，平时休眠，具备预警推送和云端管理功能。

图 11-3 翻斗式雨量计结构

在线雨量计通常使用可充电锂电池，且配置太阳能充电系统。通信方式采取 GSM/GPRS 无线连接。监测点设置可通过统一服务平台随时更新修改。雨量计的测量精度为最小每次翻斗 0.2mm 深雨量，同样雨量可实现百次重复一致性。数据存储可缓存 200 天以上监测数据，监测数据可在服务器永久保存及备份，数据系统支持 WebServices 数据接口访问和可视化图表界面，数据通信支持微信短信报警，具有断点续传功能，在通信恢复后可自动上传历史测量数据。

11.2 监测仪器布设与安装

11.2.1 一般要求

监测点位的布设应遵循代表性、经济性、可行性的基本原则。监测点位的服务范围边界应清晰明确，监测点位的布设宜结合监测区域排水模型开展，在模型识别出的监测指标可能发生明显变化的位置，宜设置监测点位，监测点位的布设应形成监测布局图及监测设备拓扑分析图，应采用不同的图标，对不同类型的监测设备进行监测点位的标记，监测布局图侧重表现设备的空间点位及空间关系，支撑设备安装及日常维护，而监测设备拓扑分析图着重展示监测设备与排水设施的空间拓扑关系，便于开展监测数据之间的关联分析。排水管网在线监测设备的采集时间间隔和通信时间可根据旱季及降雨情景进行设置，旱季工况下排水管网在线监测设备的采集时间间隔和通信时间间隔可适当延长，最大通信时间间隔宜不超过 120min，在降雨期，排水管网在线监测设备的采集时间间隔和通信时间间隔应适当缩短，流量、液位、雨量等监测设备的采集时间间隔宜设定为 1～5min。

监测仪器的安装应该遵循安装使用说明书，按照规范化要求，科学严谨地安装在线监测仪表，保障监测数据的可靠性。在线监测仪器现场安装通常需注意以下事项：

（1）安装人员在现场拿到仪器后，核对型号、规格及材质与设计要求是否相符，观察外观是否完好无损，清点附件是否齐全；

（2）仪器正式安装到位前还需要进行单体的检验、试验；

（3）选择安装的位置时，必须考虑其位置不得影响工艺操作及排水系统正常运行；

（4）观察周边环境，仪器通常需安装在远离机械振动、强电磁场、介质腐蚀、高温、潮湿的场所；

（5）正确采用安装工法，仪器安装时避免敲击及振动，安装后应牢固、平正，不承受配管或其他机械外力；

（6）仪器设备标志牌上的文字及端子编号等应书写或打印正确、清楚；

（7）仪器设备（盘、箱、柜、台等）严禁用非机械加工方法开孔或切割；

（8）对有特殊要求的设备，安装时应严格按照安装使用说明书进行。

11.2.2 超声波流量计

流量计通常布设在分区流域污水干管汇入污水处理厂主干管、污水提升泵站、调蓄设施的进水管以及重点排水户出户井。

排水管道流量计安装需要进入受限空间，由于污水在输送过程在排水管道内会产生毒气与可燃气体，在内部进行施工具有较高的危险性。因此安装人员应预先进行安全培训，掌握进入测试、通风、进入流程、撤退/营救流程，采取安全工作措施来确保在受限空间中操作人员的生命安全（参见第 13 章相关内容）。

流量计的现场安装施工主要分为对选中的位置点打开检查井最终确认调查、条件符合后进行硬件安装施工、软件及通信调试三个阶段。具体安装过程见图 11-4。

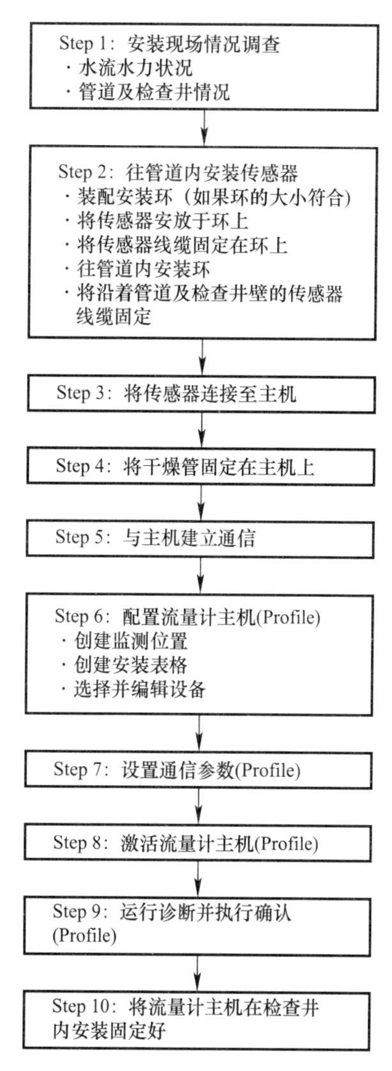

图 11-4　排水管道流量计安装过程

在线式流量计通常由传感器、主机和中继器三大部件组成，其在检查井和河道的布设方式见图 11-5。

传感器安装区域应该选择在没有沉积物（泥沙、粗

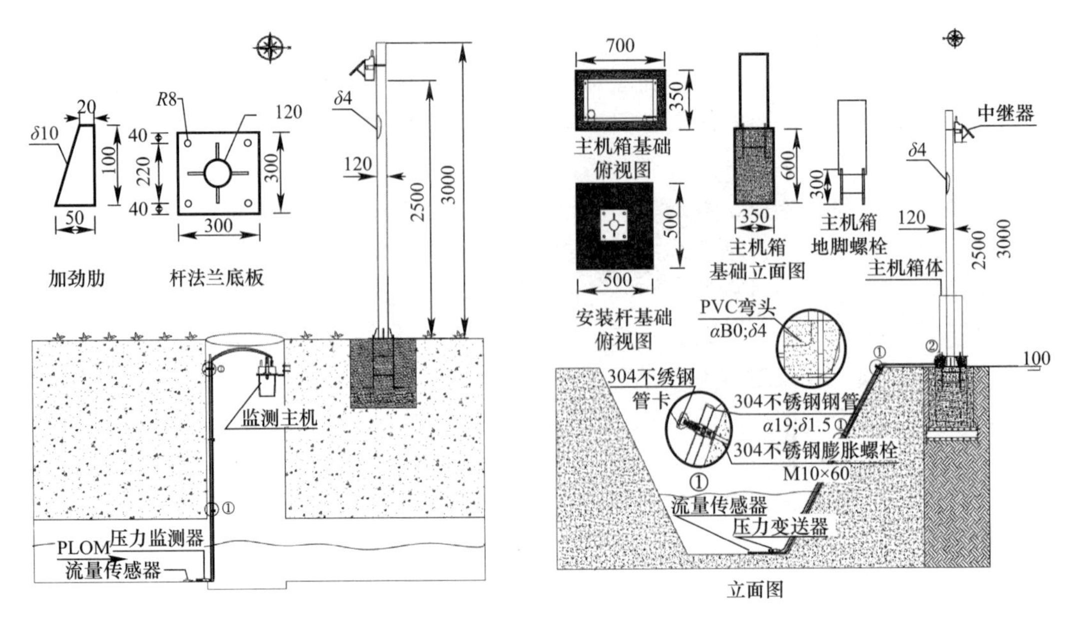

图 11-5　中继器安装位置示意图（检查井和河道）

砂、污泥）的标准水流环境下，即在管道拐弯、回水、跌水、溢流、倒坡、阻碍水流的缺陷、有支管接入的前后等处不能安装。安装传感器时确保传感器上携带有流速传感器的斜面准确的朝向水流的方向，并且和水流方向保持平行（图 11-6）。

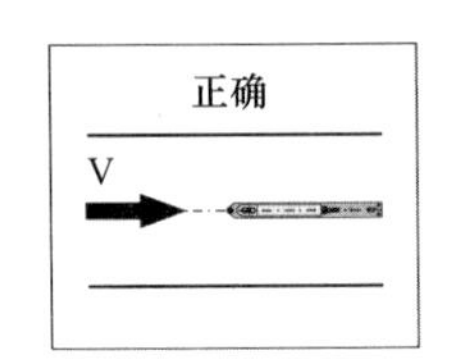

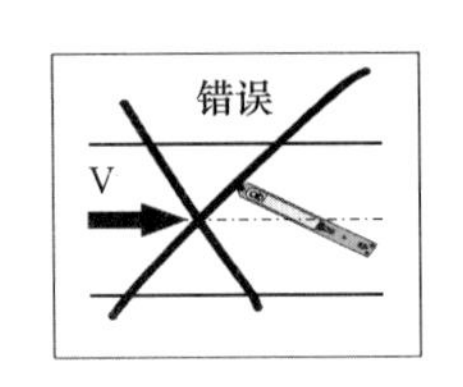

图 11-6　传感器安装示意图

传感器必须使用无腐蚀材料紧紧固定，管道内的固定方式通常使用不锈钢材质的套环，它包含剪式千斤顶、底盘、紧固夹子和不锈钢钢片四部分。在装配过程中，观察并确保剪式千斤顶总是在管道的顶部，而底座总是在管道的底部。需要的延伸片应该放置在千斤顶和底盘的左右两边。紧固夹用于快速安装，它们应该迎着水流方向平放到安装片上。

在套环组装完成后，将传感器后面的两个沟槽咬合在底盘上。逆时针旋转剪式千斤顶手柄直到剪子关闭。然后将整个套环放置到管道中，然后顺时针调节手柄来适应管道的口径，让其套环紧紧贴合在管壁上。

短期流量测定时，可采用简易法安装和固定传感器，即将传感器固定在 L 形杆底部，用扎带和螺丝固定好传感器，传感器应放置在管道水流中央，逆流安装且保证探头和管道底部水平一致。固定 L 形杆后，将传感器线安放于安装杆上，把剩余的线盘好放在主机上绑好。

如图 11-7 所示，主机安装时，首先要把主机支架用膨胀螺丝固定在井壁、方涵侧壁或自制平台上，后放入主机，主机安装位置不能安装在插入传感器的管道正上方，安装在对面和两侧，方便后期维护及其他工作。主机上安装有短距通信天线，需要拧紧并做防水处理后安装天线罩。安装完成后应使用测量工装进行现场读取实时数据与现场情况进行验证，如不一致应检查安装是否标准到位。主机若安装在露天，需要设置防盗箱以防丢失。

分体式中继器安装时应该首选就近优先在路灯杆上安装对应的中继器，在附近没有路

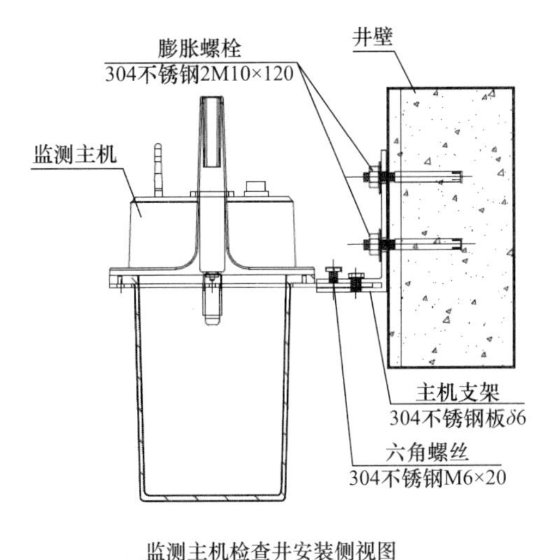

监测主机检查井安装侧视图

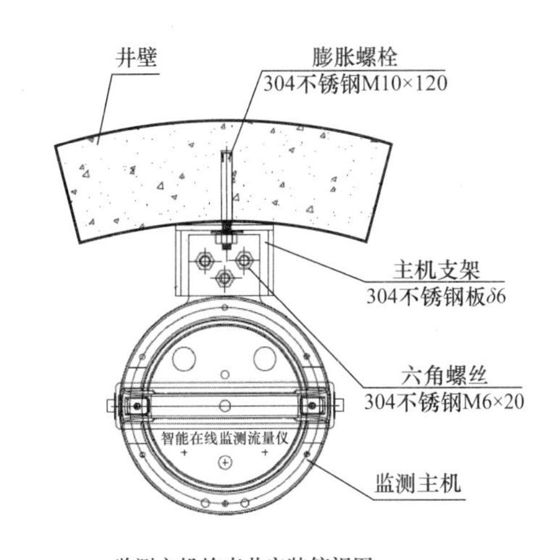

监测主机检查井安装俯视图

图 11-7　主机安装示意图

灯杆时，可考虑其他类型的杆子，其他类型的杆子也没有的情况下，需制作一根作为固定杆，长度不小于 3m。使用不锈钢绑带将中继器固定在路灯杆至少 3m 高度以上，且距离主机不能超过 30m。中继器安装到位后，打开中继器底部两个螺栓，手动打开中继开关，支开太阳板，并朝向南方，完成中继器安装，从而实现主机→（433 通信）→中继→（GSM）→服务器的数据通信。

11.2.3　超声波液位计

液位计通常布设在水系沿河排口相连通的上游检查井、污水干管或支管接入主干管处的上游紧邻检查井、污水主干管和干管管道沿线间距小于 5000m（可结合第 2 点交互布置）、污水泵站积水池和调蓄设施的进水闸门前、历史积水点或易涝区域雨水主干管等。

超声波液位计主要应用于连续性液体液面高度的测量，是一种非接触式、低成本、易于安装的物位计。尽管如此，如果安装不当，也会影响超声波液位计的正常测量。超声波液位计由于其工作原理是通过发射超声波和其反射回波信号检测液面的位置高度，机械安装时要求换能器（探头）必须垂直于被测液面，并且确保其稳固不产生倾斜和位移。同时，针对不同的检查井形状，安装位置要考虑避免液面与井壁之间产生多次反射回波，保证检测的准确性和尽量减少干扰，降低噪声信号。超声波液位计的换能器（探头）发出的脉冲声波都有一定的发射角。安装时要求从探头下缘到被测水体表面之间，由发射的波束所辐射的区域内不得有障碍物（包括井壁）。因此，安装时应避开如爬梯、防坠网、其他监测设备等。

超声波液位计的现场安装施工也主要分为：现场调查确认、硬件安装和软件及通信调试三个阶段。现场安装照片如图 11-8 所示。首先把主机支架用膨胀螺丝固定在井壁或其他构筑物侧壁上，然后装上主机，主机安装位置一般安装于距离井口 30cm 处。传感器固定杆通常用于监测模型内水流较大情形，以免出现传感器被水流冲起造成监测数据偏差，传感器导线应与固定杆绑定，不得呈松散状态。安装时要把长压力传感器放置于监测模型（池塘、蓄水池、检查井、河道等）底部。短压力传感器一般直接固定在主机上。安装时需注意，液位计探头固定后必须进行调平，以保证获得数据的精度。

图 11-8 液位计现场安装示意图

中继（分体式）安装与流量计基本相同。现场安装工作完成后，登录个人电脑登陆监测系统输入现场测量的安装参数信息。记录参数为井深（m）、管径（mm）、短压力传感器距离井口距离（m）；若为矩形渠、方涵，记录参数为高（m）×宽（m），根据传感器安装的模型记录参数。设备在软件平台安装后观察下是否通信正常。

压力式液位计安装通常应满足以下要求：

（1）当井深较深、线缆较长且水体湍流较为明显的情况下，应对探头应采用套筒或金属杆将其固定，以防探头摆动而影响测量精度；

（2）尽量远离大功率设备，避免强磁场干扰对精度的影响。

超声液位计安装通常应满足以下要求：

（1）每种液位计都有自己标定的有效量程，故在探头设定的位置时，必须保证探头发射面到最低液位的距离小于该量程，同时要顾及探头发射面到最高液位的距离，大于选购液位仪的盲区；

（2）调整好探头的姿态，保持发射面与水体表面基本保持平行；

（3）探头的安装位置应尽量避开正下方进、出口等水面剧烈波动的位置；

（4）若池壁或井壁不光滑，仪表安装位置需离开池壁或井壁 0.5m 以上，确保探头发射波打到池壁的凸起物或渠道边沿；

（5）观察周边环境，是否有其他电子设备，需应尽可能远离易产生强电磁干扰的设备；

（6）为避免阳光直射对电子类仪器损坏，露天安装时应加装遮阳（雨）罩；

（7）信号线应采用屏蔽电缆，且单点接地；

（8）液位计的安装环境温度需符合生产商提供的正常工作范围。

11.2.4 自动水质采样器

自动采样器安装应满足以下要求：

（1）自动采样器宜安装于便于吊装、采样人员方便取样的区域；

（2）自动采样器的采样点宜位于格栅前后进水渠道，采样点要求水流较为平稳；

（3）自动采样器的采样管宜安装于耐腐蚀套管内，套管起到固定采样点作用。

11.2.5 在线水质监测仪

水质监测点通常分为临时监测点和固定监测点。临时监测点可根据实际需要布设，固定监测点宜布置在提升泵站、调蓄设施、污水处理厂等处。水质监测宜采用在线与人工监测结合，以人工监测为主进行分析。分区流域污水干管汇入污水处理厂主干管监测点和工业聚集区总排放口接入公共排水管网的检查井监测点采用在线监测时，宜根据水质稳定性采用基于光学原理或化学原理的方法。水系沿岸各类排水口及重点排水户出户井也是水质监测布设的重点部位。

11.2.6 雨量计

雨量计布设可参考现行行业标准《城市水文监测与分析评价技术导则》SL/Z 572 执行。本着节约高效的原则，优先采用水文气象部门已经布设的观测站点及其数据，当其数据不足以覆盖时，应该增设新的雨量计，新增雨量计场地环境应避开强风区，基于供电、安装及后期维护的便捷性，一般选取泵站、调蓄设施、污水厂等排水设施的地上建筑物屋顶进行安装。雨量计安装应满足以下要求：

（1）雨量计安装时，应用水平尺校正，使承雨器口处于水平状态，承雨器口至观测场地面的高度应不小于 0.7m，杆式安装的安装高度不超过 4m。安装高度选定后，不应随意变动，以保持历史降雨量观测高度的一致性和降水记录的可比性；

（2）雨量计应固定于混凝土基座上，基座入土深度以确保雨量计安装牢固，遇暴风雨时不发生抖动或倾斜为宜；

（3）基座的设计应考虑排水管和电缆通道；

（4）连接雨量计的信号线屏蔽层应悬空，以确保屏蔽效果，避免遭受雷击；

（5）雨量监测主机安装前应进行误差测试，使用量杯进行至少 3 次人工注水试验（每次注入 10mm，5～10 分钟内均匀注完水量），并观测仪器记数是否与所注入水量一致。测试误差在 0.2mm/10mm（半斗左右），超过误差应进行调整。每次测试后须做好记录，以整编时能清除测试数据。

11.3 日常维护

监测仪器维护工作通常包括：监测设备进行持续地运营维护，扩展和优化系统功能；根据运行情况优化监测点、监测断面；保护设备的正常运转，定期对设备进行日常维护与必要的易损件更换；定期检查系统中数据采集情况及数据质量，保证监测系统的正常运行；结合服务和管理工作需要，及时更新与维护监测运行信息，确保数据信息处于最新、连续、有效状态。监测仪器的运行和维护工作需要一套考核制度作为保障（参见表 11-1）。

运行维护质量考核项目表 **表 11-1**

项目	内容	标准	策略
监测仪器维护	保证信息平台流量计、液位仪、水质检测仪、雨量计等设备的运转、清洁、完好	仪器运转正常、可正常返回数据	针对在线监测仪表完好度、淤积情况、仪表信号、监测数据返回进行巡查维护
		仪器保持无杂物堵塞、清洁	开展周期性维护，进行日常的设备巡查维护和清洗，提高数据保障度
		仪器零部件无损坏情况	根据实际传输需求，调整不同的监测设备采集与通信频次，定期检查换在线仪表零部件是否松动，预见性的提前进行设备更新
		根据突发情况设置不同情况的应急机制设置合理、全面	制定系统安全措施和应急处理预案，提高应对突发事件的能力
		保证工作人员熟练操作信息平台软硬件	定期对信息平台管理人员进行培训

在线仪表的正常运转是监测数据获取的基础，是信息平台运行的重要支撑，因此对于硬件设备应建立相应的定期维护机制，保证其正常运行。定期开展在线监测设备的现场巡查、探头清洗、耗材提供与更换、备品备件更换等工作，检查系统中数据采集情况及数据质量，及时对系统问题及故障进行反馈修复。

11.3.1　设备巡查维护

为了保障获取在线监测数据的准确与有效性，定期地对在线监测设备进行巡查维护（频率不低于每月一次，易产生淤积点位根据现场情况缩短巡检维护周期），并设置专人监视监测数据的返回情况，以保证设备的运转正常、可正常返回数据。

1. 在线超声波流量计

在线超声波流量计的现场维护工作包括：每月定期开展现场巡检工作并填写记录表（参见表 11-2），易淤积点位每 15 天巡查一次，检查在线超声波流量计是否被盗，设备是否完好，是否需要开展清淤工作等；每月清理在线超声波流量计探头上沉积的杂质、水垢等，检测有无进水现象，保证探头的正常工作；每周检查设备主机电量信息，中继器电量信息及通信费用情况；针对在线超声波流量计出现的无信号、瞬时流量波动大、瞬时流量与累积流量不一致、流量数据不稳定等故障原因进行排除；持续观察数据在线监测情况，观察在线监测数据是否稳定、连续，并初步判断在线监测数据是否有效，对数据异常情况进行诊断。

在线超声波流量计巡查记录样表　　**表 11-2**

点位名称		规格型号		设备编号
维护管理单位		安装地点		维护保养人
在线超声波流量计巡查维护记录				
		巡查维护说明	处理情况	处理后结果说明
在线监测仪表外观完好度				
在线监测仪表淤积情况				
在线监测仪表杂物缠绕				
在线监测仪表零部件是否松动				
在线监测数据返回				
巡查记录人		时间	负责人	时间

2. 在线液位仪

在线液位仪的现场维护工作包括：每月定期开展现场巡检并填写记录表（参见表 11-3），易淤积点位每 20 天巡查一次，检查在线液位仪主机、中继器外观是否完好，是否被盗，是否需要开展清淤工作等；每月清理在线液位仪探头上沉积的杂质、水垢等，检测有无进水现象，保证探头的正常工作；针对在线超声波流量计出现的无信号、监测数据不连续、监测数据波动值大等故障原因进行排除；每周检查设备主机电量信息，中继器电量信息及通信费用情况；持续观察数据在线监测情况，观察在线监测数据是否稳定、连续，并初步判断在线监测数据是否有效，对数据异常情况进行诊断。

在线液位仪巡查记录样表 **表 11-3**

点位名称		规格型号		设备编号
维护管理单位		安装地点		维护保养人
在线液位仪巡查维护记录				
		巡查维护说明	处理情况	处理后结果说明
在线监测仪表外观完好度				
在线监测仪表淤积情况				
在线监测仪表杂物缠绕				
在线监测仪表零部件是否松动				
在线监测数据返回				
巡查记录人		时间	负责人	时间

3. 在线水质检测仪

在线水质检测仪的现场维护工作包括：每月定期开展现场巡检工作，按照表 11-4 的格式填写，易淤积点位每 15 天巡查一次，检查在线水质检测仪是否被盗，设备是否完好，是否需要开展清淤工作等；每月定期清理在线水质检测仪探头上沉积的杂质、水垢等，检测有无进水现象，保证探头的正常工作；针对在线水质检测仪出现的无信号、监测数据不连续、监测数据波动值大等故障原因进行排除；每周检查设备主机电量信息，中继器电量信息及通信费用情况；持续观察数据在线监测情况，观察在线监测数据是否稳定、连续，并初步判断在线监测数据是否有效，对数据异常情况进行诊断。

在线水质检测仪巡查记录样表 **表 11-4**

点位名称		规格型号		设备编号
维护管理单位		安装地点		维护保养人
在线水质检测仪巡查维护记录				
		巡查维护说明	处理情况	处理后结果说明
在线监测仪表外观完好度				
在线监测仪表淤积情况				
在线监测仪表杂物缠绕				
在线监测仪表零部件是否松动				
在线监测数据返回				
巡查记录人		时间	负责人	时间

4. 在线雨量计

在线雨量计的现场维护工作包括：每月开展现场巡检工作，检查在线雨量计是否被盗，设备是否完好，是否需要开展清淤工作等；针对在线雨量计出现的无信号、监测数据不稳定等故障原因进行排除；定期检查设备电量信息及通信费用情况；观察数据在线监测情况，观察在线监测数据在降雨时数据是否稳定、连续，并初步判断在线监测数据是否有效，对数据异常情况进行诊断。

因在线监测仪表的工作环境复杂，且排水在线监测为接触式测量，可能会产生杂物缠绕，开展周期性维护工作，每月开展设备的清洗工作并进行记录（记录格式参见表 11-5），对硬件设备进行巡查，及时发现并清理硬件设备周边的落叶、垃圾，以及粘附在设备周边或设备安装区域周边的各类泥沙和悬浮物，进行日常设备的巡查维护和清洗，避免对设备的监测精度和准确性造成影响，及时清洗设备传感器，以避免污物对传感器造成污染而导致的监测误差，提高数据保障度。

设备清洁记录样表 **表 11-5**

点位名称		规格型号		设备编号	
维护管理单位		安装地点		维护保养人	
序号	清洁情况说明		清洁措施		清洁后结果说明
维护保养人		时间	负责人		时间

11.3.2 设备零部件更换

为延长设备的使用寿命，根据实际传输需求，调整不同的监测设备采集与通信频次。在通常状态下 15 分钟通信一次，超过预警值后 5 分钟一次，以此在满足监测数据采集需求的前提下，延长设备使用寿命。

定期检查监测仪器的零部件是否松动，并充分考虑现场温度和湿度对其电子部件的影响，以确定是否需要提供耗材更换，预见性的提前进行设备更新，仪器设备更换时可按照表 11-6 的格式予以记录。更换的设备、配件必须为与检测设备匹配且经过国家质监部门认定的产品。

仪器零部件更换记录样表 **表 11-6**

点位名称		规格型号		设备编号	
维护管理单位		安装地点		维护保养人	
序号	易耗品名称	规格型号	单位	数量	更换原因说明
维护保养人		时间	负责人		时间

11.3.3 应急预案机制

为确保监测设备稳定和安全的运行，制定应急处理措施和预案。根据突发情况的不同设置不同情况的应急机制。

监测系统突发事件分为监测平台系统故障事件，即因服务器、数据库等故障而导致的监测平台系统无法运行的事件；设备硬件故障事件，即因设备硬件故障导致监测数据无效的事件；灾难性事情，即因不可抗力对信息系统造成物理破坏而导致的事件；其他可能造成监测系统异常或对监测系统当前运行造成潜在危害的事件。

当监测平台系统出现故障后，运维负责人员应及时报告软件部门，软件部门及时查清平台故障原因，并予以解决。不能确定故障的解决时间或解决故障的期限的，及时报告上级领导。

当设备硬件故障时，运维负责人员应及时检查故障原因，更换故障硬件并做好相关记录。不能确定故障原因的可使用备用设备进行替换后再行确定故障原因。

一旦发生灾害性事件，所有运维人员都应有责任在第一时间到达设备监测现场进行巡查，避免设备损坏事件发生。及时对监测设备的损坏进行评估。如监测设备损坏无法使用，立即联系相关硬件负责人，进入维保程序。

当遇到其他突发事件时，应派遣相关技术人员进入现场，制定相应措施，根据实际情况灵活处理，并按要求报告领导。

11.3.4 监测数据跟踪分析

监测数据反映了系统的实际运行状态，因此对监测数据进行跟踪分析能深入挖掘和掌握系统运行情况和识别可能问题。对排水系统的连续监测水量进行分析，可以探究监测区域的排水规律和特征，为管网排水负荷定量评估，模型构建、校准和分析提供重要数据支撑；利用短期监测数据，可以初步掌握监测位置的过流能力，为管网负荷分析、模型构建提供依据。利用连续跟踪监测数据可以进行排水管网入流规律分析、问题诊断以及入流入渗分析等。

1. 管网入流规律分析

利用连续监测数据对排水系统的污水排放规律进行识别主要从趋势性和周期性两个方面考量。

趋势性分析通过时间序列方法分析监测数据长期变化过程以及监测点水力状态（流量、液位等）的整体变化趋势。如图 11-9 所示，为监测数据的分析示例，可以看到降雨发生时流量监测曲线出现明显的波动。周期性分析包括自相关性分析、聚类分析、傅里叶变换等方法。如采用聚类分析的方法对监测点在不同运行状态下（即工作日、周末日、旱天、雨天）的运行规律进行识别。如将监测数据按日划分算作一类，对监测数据进行分层聚类，识别典型的入流曲线。

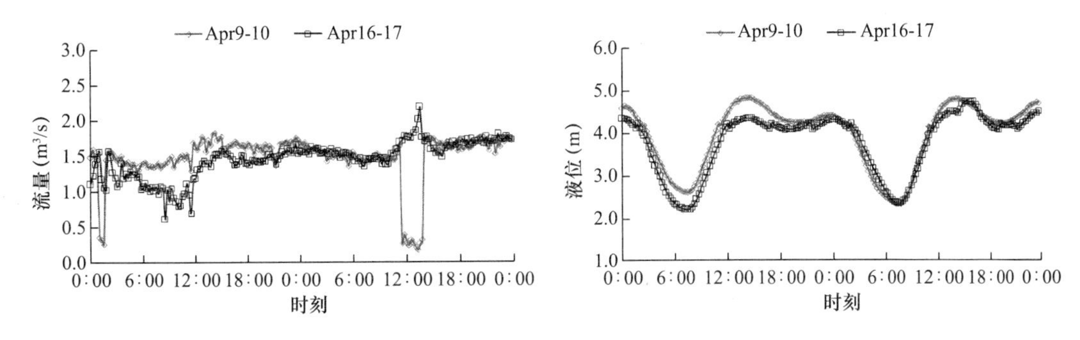

图 11-9 排水管网入流规律分析

2. 流量诊断

通过长期监测数据可以有效识别和诊断管网存在的问题及状态，为管网进一步管理和决策提供依据，而散点图（图 11-10）是展示监测获得的水深流速数据关系的有力工具。各种特征有助于识别污水管网的水力条件。同时，监测数据的规律也可以用于评估流量监测的效果。

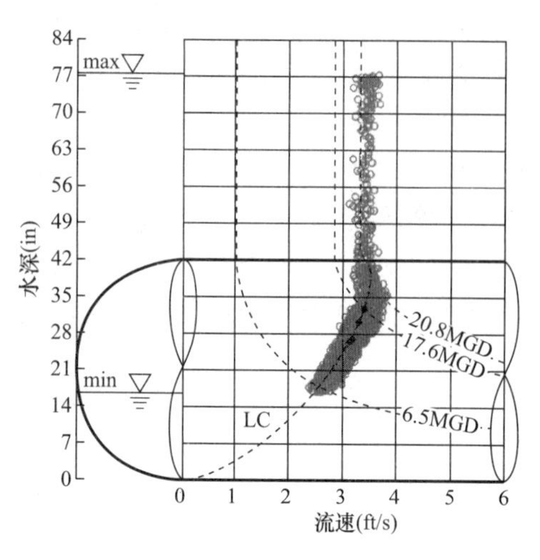

图 11-10　过载状态散点图

3. 入流入渗分析

如图 11-11 所示，生活污水的排放通常呈现一定的规律性。但污水排放规律可能受到季节或入流入渗等因素的影响。基于监测区域不间断连续监测数据，可通过曲线和数据归纳旱季入流的波动规律，分析雨天工况下运行异常。通常降雨入渗量异常增加说明存在管道错接或管道有破裂等问题，在排水管网管理中，通常是在降雨入渗分析发现风险后进行管道的调查与评估，从而指导后续的管养和维护工作，保证管网安全稳定运行。

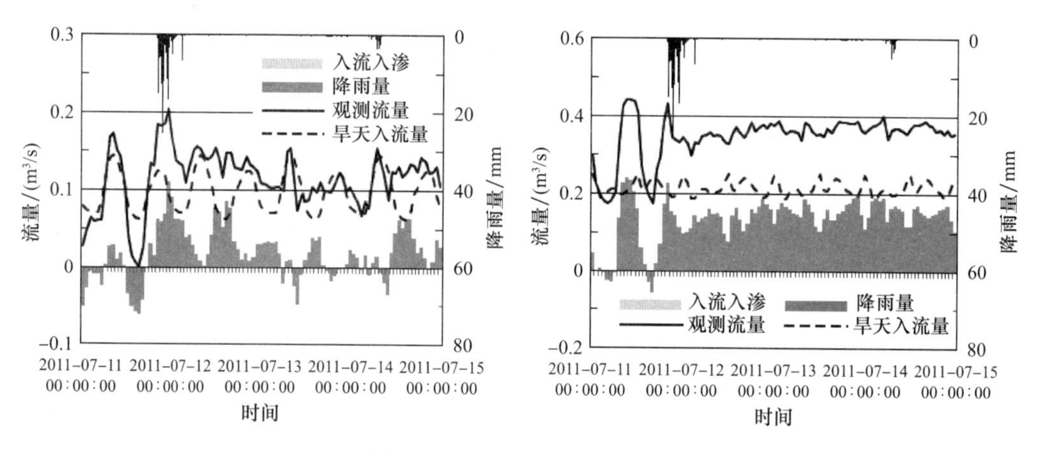

图 11-11　雨季入流入渗分析

思考题和习题

1. 应用在地下排水管网的在线监测仪表的防护等级和供电方式有哪些要求？

2. 简介排水管网在线超声波流量计的测量原理和其适用范围？安装时应该满足哪些要求？

3. 排水管道在线监测仪器一般都是电子类仪器，现场安装过程中应注意哪些通用事项？

4. 试述在线液位计的基本原理以及安装方式。

5. 排水管网在线监测仪器日常运维需要做哪些工作？

6. 在线设备安装到位后，日常维护工作不但要保证监测仪器的正常运转，还要实时跟踪所获取的各种数据，通常根据这些数据要进行哪几类分析？这些分析对排水管道养护有什么指导作用？

7. 监测仪器的布设一般性要求有哪些？为什么？

8. 若具备条件，实地安装一台在线式流量计，并实现移动设备实时获取流量数据。

第4篇　项目管理

第 12 章　养护项目管理

排水管道的养护是城市市政公共设施养护的一项重要内容，其管理工作是否科学，是否到位，直接关乎城市排水的畅通状态，关乎城市的水环境安全。一座城市的排水管道日常养护通常按照片区分为一个或多个项目进行管理的，每个项目约定的养护周期一般为1～4 年不等，在约定期限内，养护实施单位应该按照与排水设施权属管理部门所签订的合同内容，在养护区域内设置固定办公和休息地点，派遣养护工班，配置足数的养护车辆和器具，依据与业主确立的排水管道养护计划付诸实施，接受排水设施权属管理部门的日常监督和考核。

12.1　概述

养护项目管理是指在养护项目实施中运用专门的知识、技能、工具和方法，使某项目所覆盖的片区的排水管网养护工作能够在有限资源限定条件下，实现或超过项目合同所设定的需求和期望的过程。

一个排水管道养护项目实施通常遵循图 12-1 所示的流程。

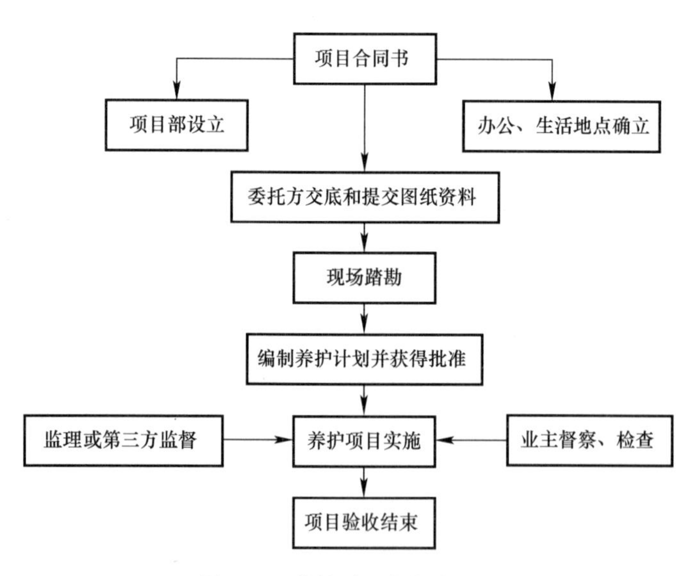

图 12-1　养护项目实施流程图

养护过程的管理必须遵循《城镇排水管渠与泵站运行、维护及安全技术规程》CJJ68 的有关要求。管渠、检查井和雨水口的养护频率不应低于表 12-1 中所列的规定。

排水管渠、检查井和雨水口的养护频率 **表 12-1**

管渠性质	管渠划分				检查井	雨水口
	小型	中型	大型	特大型		
雨水、合流管渠（次/年）	2	1	0.5	0.3	4	4
污水（次/年）	2	1	0.3	0.2	4	—

12.2 踏勘和养护计划编制

排水管渠的养护计划是根据业主提交的管网分布图件资料，在现场踏勘的基础上，根据与业主签订的合同要求编写而成的。养护计划的编制要体现科学性、可行性、实效性、可量化性和可追溯性。养护计划在编制过程中，应与业主沟通，通常要获得业主单位的审批。

12.2.1 现场踏勘

现场踏勘的目的在于查明计划养护管渠的当前实际运行状况及其他信息，以保证后期制定的计划可操作、可应用。现场踏勘的内容一般包括：

（1）熟悉并牢记管线位置、所处路段及该路段交通状况，查看管线周围的道路、桥梁、建筑物、周边环境等情况；

（2）结合排水管线图等资料，核实和掌握管道的材质、管径、流向、长度、淤积程度、支管分布、支管口径、支管水量大小、是否是合流管道、排放河道、出水口、河道情况等，并做出详细记录；

（3）检查井是现场踏勘人员的主要检查对象，查看并牢记检查井位置、井盖材质、积水深度，并做出详细记录；

（4）核实已有管网资料雨水口的分布准确度，查看下水道两侧各雨水排入口的分布、口径和类型。最好在雨天巡查，发现并记录易积水的雨水口；

（5）在掌握城市管道污泥的处理政策及处理方法后，踏勘人员还要规划淤泥运输的路线、时间、距离和倾倒场地等，并需沿线实地走访。在我国很多城市现要求管道污泥须送交第三方有专业处理能力的企业处置，这时，踏勘人员应该赴第三方污泥处置现场，查实其处理能力的真实性；

（6）针对合流制系统以及分流制中还未改造成分流的区域，根据已有排水管道分布图，详细核实溢流排水口的分布，在旱天查看其出流情况，在雨天查看其溢流情况，并做出详细记录；

（7）高压射水疏通设备需要使用干净的水，从节能节水的要求，应该尽量使用城市的河道、湖塘等自然水体水，踏勘人员需现场查看其水质情况及取水位置，判断是否满足养护设备的取水要求，确定最佳取水点。若必须使用城市自来水，踏勘人员则需和当地自来水公司取得联系，了解公共取水的政策以及供水阀门的位置，根据就近原则，确定一个或多个取水点，并赴这些取水点判定设备停放条件。某些养护设备需要动力电，踏勘人员还需根据与电力部门商定的结果，现场确定电力接口的位置。

现场查看通常由两名人员组成一个工作小组，其中一人负责将收集的所有信息进行详细记录。

12.2.2 日常养护计划内容

管渠日常养护计划应以年度为作业时间段制定，一般以 1～4 年为一个时间段制定，具体可按照养护的工作量来制定。日常养护计划应与前期的现场踏勘内容相结合，针对前期查看的具体内容，将重要的路段、节点、淤堵点作为首批养护的点，优先进行养护。针对情况较普通的管渠，以管道的重要性和人员的密集程度来进行养护计划的制定，一般遵循主干管优先于次干管、商业区和居民区优先于工业区的原则来制定养护计划。

将计划养护的工作量以月度为单位，按照养护时间段进行工作量的划分，详细可具体到每周进行工作量的划分。制定计划时，还应根据前期现场查看的内容，确定具体道路的施工时间段。

除了管渠的日常养护计划外，还应对养护区域进行片区的划分，制定道路巡视计划，明确巡查区域的频次、车辆、人员和路线。

管渠养护的组织是养护计划能否真正实施的关键，管渠养护计划包括人员和设备计划。人员计划应根据养护的工作量，按照不同的工种来计划安排，具体见表 12-2。

管渠养护人员计划表 **表 12-2**

序号	工种	计划人数	计划时间	备注
1	管理人员	3～8 人	全周期	
2	巡视人员	按面积划分	全周期	
3	养护工	按照工作量	全周期	
4	检测人员	2 人	全周期	
5	应急人员	5～15 人	汛期	

设备计划也应根据具体的工作量来进行配备，设备计划应按照工作量来安排，具体见表 12-3。

管渠养护设备计划表 **表 12-3**

序号	设备名称	数量	计划时间	备注
1	封堵、排水设备	按照实际需求	全周期	
2	检测设备	1～2 套	全周期	
3	巡视车辆	按照实际需求	全周期	
4	清淤设备	按照实际需求	全周期	
5	抢险设备	1～2 套	汛期	
6	办公设备	1 套	全周期	

12.2.3 季节性养护计划内容

季节性养护计划主要针对气温的变化来制定，一般以夏季和冬季来进行区分，这两个季节都存在明显的特征，夏季多雨，冬季低温，因此季节性养护计划主要包括夏季养护计划和冬季养护计划。

1. 夏季养护计划

夏季养护计划也就是汛期养护计划，夏季养护计划与一般养护计划相比较，主要增加如下几点：

（1）加强巡视：夏季养护计划制定的最主要一点就是要加强巡视，特别是雨天的巡视，在日常养护计划的基础上，增加巡视车辆和人员，以保障巡视频率至少增加一倍；

（2）雨水口清理：夏季雨水特点主要是时间短、流量大，因此雨水口的收集能力十分重要，在夏季时应增加雨水口的清理频率，基本上要做到每月一清，以保障夏季雨水的迅速收集；

（3）应急排水：夏季时，配备足够的临时排水设施，最好是可移动的临时排水设施，按照区域分片布置，收集积水信息后，迅速至现场排水，以期能够尽快消除积水。

2. 冬季养护计划

冬季养护计划主要针对冬天低温给养护工作带来的影响，特别是在我国东北等地区，寒冷的天气往往造成户外的养护施工基本无法进行，所以冬季应安排制定专门的养护计划。冬季养护计划的要点在于做好以下两方面的前期预案：

（1）设施保护：冬季养护时，可能对排水管渠设施产生破坏，因此冬季的养护计划重点在于养护设施的保护。制定总体养护计划时，应减少冬季养护计划的工作量；对于一些外露管渠设施，应加强检查和养护，在冬季来临前一月做好低温保护措施；养护时，对管渠设施应减少碰撞；

（2）溢水处理：冬季溢水或养护时的地面落水，可能会造成道路结冰，影响道路行车安全，因此应提前准备除冰材料和设备。在发现管渠溢水或养护时遗留地面落水时，应立即清除。若已产生结冰现象，应及时采取撒盐或设备除冰等措施进行除冰处理。

12.3 养护组织

12.3.1 养护组织安排

1. 人员组织

项目实施单位在接受任务后的第一时间，必须搭建起人员组织体系，通常养护项目的人员组织架构如图 12-2 所示。

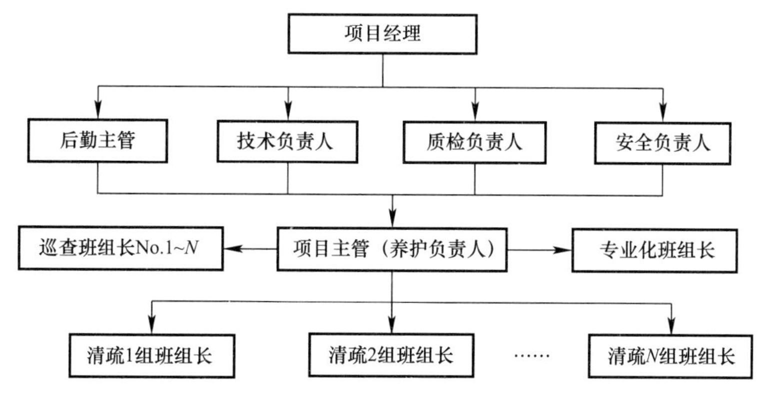

图 12-2 养护人员组织结构图

项目经理的职责是负责整个工程项目的统筹安排，包括工程施工、后勤保障及与甲方和各部门的协调施工等；后勤主管负责设备和物资的供应，保障工程施工要求；技术负责人编制工程技术方案，并解决工程施工中的技术难题等，为工程提供技术支持；质检负责人按照工程要求，派遣质检员对工程进行跟踪检查，确保工程质量合格；安全负责人制定现场安全守则，并进行跟踪监督，及时发现安全隐患，保障工程施工安全。

项目主管，也是现场的养护作业总负责人，他负责制定日常施工计划，组织施工工程施工；作业班组长直接受项目主管的领导，他负责现场作业班组的养护作业工作，作业班组可根据项目实际工作量增减。清通作业班通常约由10人组成，每个班可分为2～3个作业组，便于作息换班，同时能使设备保持高效利用。专业化班组是为解决特殊问题而设立的，一般完成应急抢险、特殊工况抢通、中小型修理等任务，人数可根据其所用装备的需要来配置。

巡查班组通常受项目主管领导，将巡视的信息直接向其汇报，并建议养护范围的选择以及作业力量的调配。

2. 设备组织

养护设备的配置应遵循物尽其用的原则，保持人机的合理搭配，同时对保护人身安全的设备或仪器须有备份。养护设备的组织通常考虑在现有人员和设备的情形下，以最小的投入，获得最大的管道养护效果，但近些年，随着我国经济实力的不断增强，养护设备的组织必须以人为本，以关注作业者的健康为出发点，同时考虑作业效率要提高和作业环境要友好，机械化的和电子化的高端检测和养护设备已越来越多地进入管道养护行业，过去那种小投入和简单装备的养护作业方式，已逐渐被淘汰。我国近几年来有不少城市，在养护项目招投标时，在标书中明确规定了参标单位的养护设备种类及数量的要求，从源头上来解决城市设施维护水平低下的顽症，倒逼养护企业提高机械化养护能力。表12-4列出了我国一些发达城市的设备组织情况，可供参考。

养护设备组织表 **表12-4**

序号	设备类别	数量（班）	说明
巡查台班	巡视车辆	≥1	小型车辆
	巡视自行车	按照实际需求	可利用共享单车
	快速检测设备	≥1	QV检测仪、反光镜等
清疏台班	封堵、排水设备	按照实际需求	各种规格橡胶气囊、潜水泵
	高压冲洗车	1	
	抓泥车或吸污车	1	
	双排座箱式货车	1	运送工具和作业人员
	辅助工具	若干	开井钢钎、洋镐、清捞勺等
	有毒有害检测仪	≥2	4种气体以上
	长管呼吸机	≥1	
专业化组	修理设备	若干	点修复器、注浆机等
	特殊疏通设备	若干	机械摇车、切割机器人等
	应急设备	若干	移动泵车、大功率水泵等

12.3.2 养护项目实施

巡查班组与清疏班组相互对接开展日常养护作业。清疏队伍在清疏过程中发现问题可直接对接巡查人员，巡查人员可及时提供必要的支持和协助。该模式下流程简单，巡查清疏之间无缝对接，能形成闭环管理（图 12-3）。

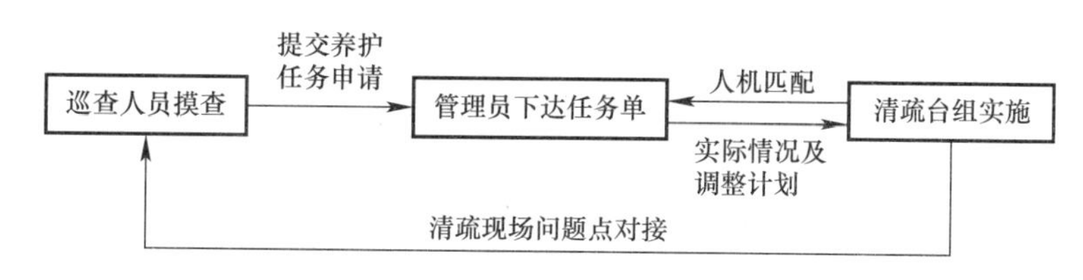

图 12-3 养护项目实施流程

1. 养护施工前准备

养护施工通常具有周期性和多频次的特点，施工前的准备工作应形成标准化的制度和流程。每次正式开始现场作业前，项目经理须组织台组长对清淤、运载和运输机械、电子设备进行检查，清点清捞、封堵、抽排水工器具以及各类配件是否齐全并能正常使用，施工人员的安全着装及安全装备是否落实到位，设备燃料是否充足。

由于排水管道养护是风险很高的工作，台组长在每次出工前，通常要检查各位作业人员的身体状况，出现不良状况的人员是禁止进入作业现场的。

养护工作的晚间施工概率较高，所需的照明设备、信标灯具，安全反光背心等缺一不可。

2. 交通组织方案

清淤作业前首先对道路交通清淤施工可能带来的影响进行全面评估，以选择适当的清淤工作时间、淤泥装载地点、运输路线等。

清淤作业期间，通过采取一系列有效的交通组织措施和突发事件的应急措施，最大限度地保证道路交通的畅顺，同时要保证车辆和行人的安全。

3. 现场养护

现场养护是养护实施过程的核心，前期所有的准备工作都是为了现场养护的实施。现场养护实施主要包括以下几个方面：安全维护、封堵排水、疏通清洗和污泥清捞外运。具体的流程图如图 12-4 所示。

如图 12-5 所示，施工现场的安全维护是进入现场的第一个步骤，现场施工将采用安全路锥配合施工路牌的维护方式进行，按照道路养护施工安全维护要求，一般城市道路在作业区域来车方向前 10m 设置防护栏和安全路锥，并设置交通导向标识，引导车辆和行人通行。施工区域采

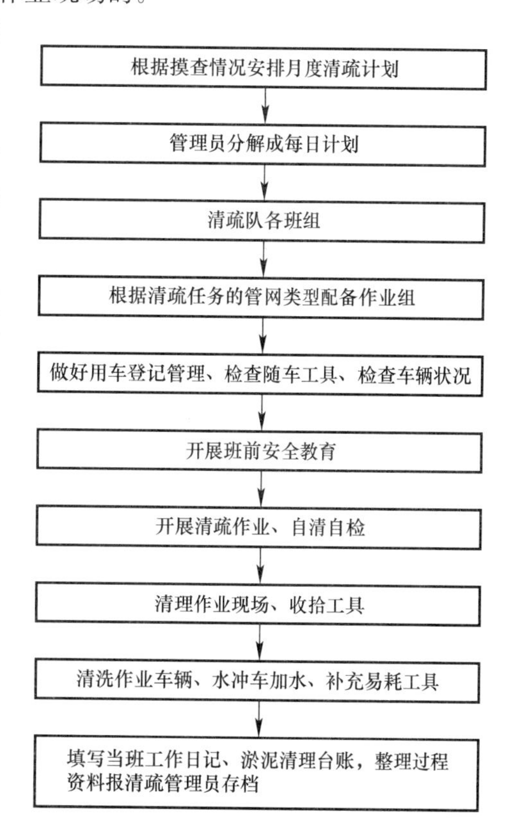

图 12-4 养护作业流程图

用三角红旗配合路锥、路牌等进行封闭维护，施工时不阻断道路交通，保持车辆通行。一般一个检测施工作业面占用道路宽度为 2.5m，长度为 200m，必要时也可分段占用道路。

图 12-5　安全维护现场

夜间施工时，还需在施工区域前方及施工区域设置夜间施工警示灯，使得来车能够明显识别施工区域。

清淤养护是根据计划养护管渠的具体情况，选用合适的养护方法进行管渠的养护，尽量以机械代替人工进行清淤施工。

管道和窨井的疏通、清捞、调换窨井盖座、升降和修理窨井时，必将清出大量的污泥，所清出的污泥不可随意倾倒在路边、绿化带、垃圾桶中，且不可长时间堆积，必须在第一时间装袋、装车运走，在运输过程中必须对淤泥进行密封处理，做到不洒漏，不对道路产生污染，影响周边环境，且必须运送到指定地点，按指定位置卸车，以保障施工的质量和施工的安全。如果淤泥中含有有害物质，应上报有关部门，听从统一安排。根据不同运输车辆选择不同运输路线，必要时开具通行证明。施工完毕后，必须清理施工现场。切实做到不影响环境卫生的文明施工标准。

12.4　养护质量监管

12.4.1　监管模式

养护质量监管是城市排水管理部门或管道业主的很重要职责，它包括日常监理、养护质量检查和评定等工作。日常监理项目包括日常巡查检查、功能状况检查、结构状况检查、水闸与泵站养护质量、事故抢险反应速度、紧急预案管理、档案资料管理、培训与持证上岗等。养护检查需要投入，并且需坚持长期化和制度化。为保证养护工作效果，必须采取有效的操作流程和监管措施（图 12-6），再辅之以通报、奖惩、排名次等手段，才能获得事半功倍的效果。自 2008 年起，上海的养护监管已坚持近 10 年。养护工作年年做、月月做，养护质量检查从无到有，期间评估的方式，抽检的比例几经调整，现已形成成熟的监管制度。刚开始抽查时，有的区经常分数不及格，还遭到被检查单位的抵制。坚持至今，这种方法已经获得各区县的广泛肯定，养护队伍的积极性也被充分调动起来，现在抽检的分数多在

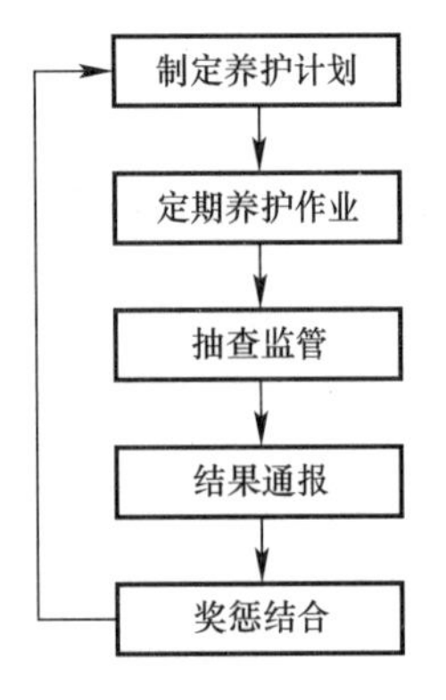

图 12-6　质量监管流程

80、90 分。在养护质量抽检时，城市排水管理部门通常引入第三方来实施，这就需要投入，但调整好抽查比例，也能很好地控制成本，如上海排水管道有 23000 千米以上，但每年的抽查检测仅花费 200 多万元，可谓是花小钱办大事。

养护质量检查应采用随机检查的模式进行，按照养护区域的工作量，以月度或季度为单位进行养护质量检查，随机抽查的量一般按照养护管渠长度的 5%左右进行检查，样本则通过抽检模式进行。以广州为例，排水管理部门制定排水管渠养护质量检查办法，并定期对排水管渠的运行状况等进行抽查，养护质量抽查不应少于 3 个月一次。抽检单元的抽取步骤为抽取道路序号→抽取里程（距离起点里程）→道路两侧都有设施的需要再抽取所在车道（人行道）方向（东往西、西往东、南往北、北往南等）。最终确定的检测单元就是道路序号对应的道路的排水管网，具体里程为起点里程以后的 7 个井段或 200m 管网，不足 7 个井段或者 200m 的，取该道路最后 7 个井段或者 200m 管网，整体道路排水设施不足 200m 的，取全部。每次抽取重要道路设施 4 个单元，一般道路设施 2 个单元。检测单元由 7 个井段的管道（管道长度在 7 个井段以下，以整个长度为一个单元）或者 200m 渠箱组成。

在养护项目实施前，委托方需向施工单位告知养护评定考核细则，就养护标准与检查结果实际情况进行加减分的评定。委托方自己亦可委托第三方进行养护质量的检查，并根据检查结果，按照考核细则进行养护质量的评定。

12.4.2 检查手段及评定方法

传统的管道检查手段如人员下井检查、潜水员进入管道检查、路面巡视、反光镜查看管口等都有诸多的缺点，近年来兴起的电视和声呐检测技术恰好弥补了传统方法的不足，其优点在于电视检测以视频方式提供管道内景的画面，检测结果直观、客观、可记录、人员无需下井、保证安全；声呐检测的优点在于可检测水面下的物体，尤其对于淤泥可提供精确到毫米的矢量图像，其结果可以管道剖面图的方式呈现管道内各位置的淤泥情况，实现了管道养护检测结果的量化。检查时，根据管道的不同情况可选用不同的方法，一般来说，对于管道内水位较低的管道，可采用 CCTV、内窥镜等方法进行养护质量的检查，对于管道内水位较高的情况，可采用声呐检查的方式检查管道的淤积量。在设备无法检查的情况下，可采用量泥斗井内测量的方式，对养护质量进行评价。

评定方法可采用评分制，以上海为例，一个被查养护实施单位满分 100 分，一个管段 10 分，其中主管 6 分，支管 4 分（污水主管 8 分，支管 2 分）。检查合格得满分，严重积泥不得分，中度积泥得一半分数。表 12-5 是上海的计分标准。

管段的检查得分值 **表 12-5**

管道属性		得分		
		合格（<20%）	中度积泥（20%～40%）	严重积泥（>40%）
雨水	主管	6	3	0
	支管	1	0.5	0
污水	主管	8	4	0
	支管	2	1	0

一般来说，一个被查养护单位一次检测 10 段管道，满分 100 分，如果被查单位的设施量大，可增加抽查段数，按比例减少每段的分数，保持总分不变。广州则是对养护单位所实施每个检查单元分别按百分制打分，然后计算出算术平均值，以此作为该批次的养护质量。评分≥90 为优，评分≥75 且评分＜90 为良，评分≥60 且评分＜75 为合格，评分＜60为不达标。

12.4.3 评定依据

针对不同的检查方法，在《城镇排水管渠与泵站运行、维护和安全技术规程》CJJ68—2016 中，对养护质量标准作出最低标准的规定（表 12-6）。

养护质量一般标准 **表 12-6**

检查项目	检查方法	质量要求
残余污泥	绞车检查	第一遍绞车检查，铁牛内厚泥不应超过铁牛直径的 1/2；管道长度按 40m 计，超过或不足 40m 允许积泥按比例增减
	电视检测	疏通后积泥深度不应超过管径或渠净高的 1/8
	声呐检测	疏通后积泥深度不应超过管径或渠净高的 1/8
检查井	目视、花秆和量泥斗检查	井壁清洁无结垢；井底不应有硬块，不得有积泥
工作现场	目视检查	工作现场污泥、硬块不落地；作业面冲洗干净

我国在《城镇排水管渠与泵站运行、维护和安全技术规程》CJJ68-2016 中规定了排水管道允许淤泥量不超过管径的 20%，属于比较低的标准，在一些发达国家将这一标准规定为小于 5%。在我国，只要淤积深度小于 20%，即认定合格不扣分。以上海为例，在上海市地方标准中把管道养护指数 *MI* 分为 0～10 分来评价，见表 12-7。

管道养护建议 **表 12-7**

MI 范围	*MI*＜4	4≤*MI*＜7	*MI*≥7
等级	一级	二级	三级
功能状况总体评价等级	无或有少量管道局部超过允许淤积标准，功能状况总体较好	有较多管道超过允许淤积标准，功能状况总体较差	大部分管道超过允许淤积标准，功能状况总体较差
管道养护要求	不养护或超标管段养护	局部或全面养护	全面养护

如图 12-7 所示，上海的评定标准将平均淤泥量≤管径 20%的评定为合格（不扣分），将 20%＜平均淤泥量≤40%评定为中度（扣一半分），将平均淤泥量＞40%评定为严重（不得分）。

12.5 应急抢修与特殊设施管理

12.5.1 应急抢修

排水管渠的应急抢修主要针对道路溢水和沉管事故两类状况。在发生应急事故时，应

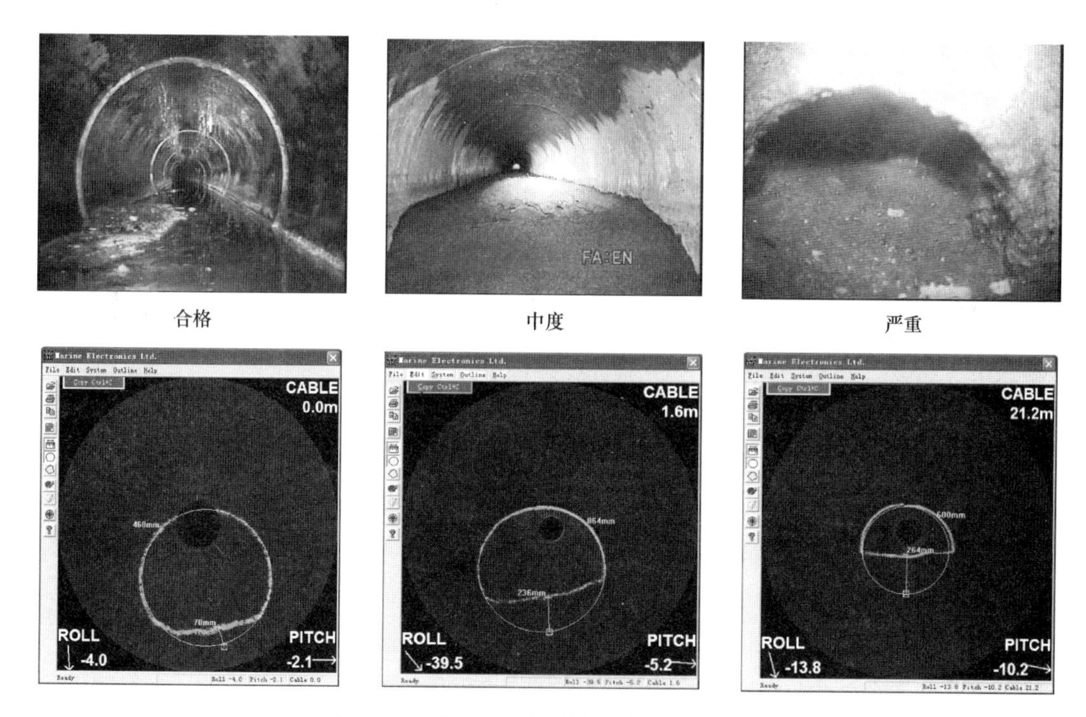

图 12-7　CCTV 和声呐检测出的淤泥含量

按照预案安排人员进行安全维护、应急抢修施工，最快时间恢复管网正常运行。

我国排水管道管理部门通常都建立应急事故响应制度，在发生管渠事故时，保证第一时间进行安全维护，防止事故扩散。养护单位需组织安排施工人员、设备以最快速度至现场开展抢修施工。在工程抢险过程中，为保障道路及行人安全，必须始终保持与交警、路政等部门的协作关系，保持道路的安全与畅通，从而使所有工程抢险项目都能够快捷、顺利地完成。养护单位需执行 24 小时全天候应急抢修制度，尽可能采用先进的养护技术和科学管理方法，改善检测和修复手段，提高养护技术水平和应急抢险能力，确保人员、材料、机械、设备配置合理。

建立工程应急抢险领导小组，建立应急抢险体系，明确各抢险人员职责。设立专线电话，并安排人员 24 小时值班。定期进行抢险演练，确保能够应付各种突发事件。加强道路巡视，做到预防事故发生。发生事故能够第一时间发现和保护。

专职抢险分队是城市养护单位的必须配置，它的职责是 24 小时随时待命随时处理抢险信息。当在管道包括附属设施损坏等突发事件接报后，应首先了解和掌握应急抢险对象的属性、特征，将全部信息准确及时地传递到管理单位、交警和公司突发事件应急领导小组，同时在 10 分钟内组织落实好抢险的人员材料、机械设备，并在 20 分钟内赶赴现场。进入抢险现场后，尽快做好各项安全措施，设置明显的警示标志，配合各部门做好交通疏导、安全防范等工作。本着安全、快速的原则，根据工程现场状况，制定工程实施方案，尽快恢复管道正常功能，保障人民群众的生产和生活不受影响。在各种抢险作业结束后，要做好废弃物的处理，搞好环保工作，还要定期对抢险区域进行检查，预防事故再次发生。

12.5.2 特殊设施管理

在排水系统中，部分管道及设施具有独特功能或结构特点，有些设施极易在养护工作中被忽略，而往往对整个排水系统的正常使用有重大的影响，并且在使用中容易出现问题，因此要在维护时作为工作重点加以关注。

1. 倒虹管

由于倒虹管断面是下凹形状，管道在穿越部分呈折线或曲线状，在我国多数流速很低的情况下，低洼处又容易淤积，多因素造成倒虹管比一般管道疏通养护困难，因此必须采取各种管理和技术措施来保证倒虹吸管的畅通。

首先是保证倒虹管结构安全至关重要，养护单位需加强日常检查，定期检查通航河道上倒虹井的标识是否完好，检查过河段的水体是否异常，从而判断倒虹管是否破裂渗漏。其次是定期用高压射流车进行冲洗，有条件的在进水井中设置可利用河水冲洗的设施，利用河水定期冲洗。定时清理检查井底部沉泥槽，及时打捞漂浮物。定期检查进水井中的闸门或闸槽，通过开合运行，来检查其有效性。

养护单位应积极和排水管理部门协调，不定期采取泵站配合或人为提高落差的办法来瞬时提高倒虹吸管内的流速，达到去除淤积的效果。

某些倒虹管需要抽空后才能养护时，养护单位应先委托专业人员或单位进行抗浮验算后方能实施抽空作业，盲目抽空管中水，极易在浮力作用下，损坏管道结构，更甚者让管道作废。

2. 截流设施

截流设施一定是对管道水流常态造成影响，同时还具备外水倒灌功能。随着我国水环境治理的力度不断加大，截流设施越来越多地在城市排水系统中出现，但在大量建设的同时，日常养护往往跟不上，非正常性溢流和河道水倒灌混流时有发生，使截流设施不能达到原设计的效果。

截流设施的养护频次要远远高于一般管道和检查井，直接与自然水体相连的截流设施更应该高度关注，养护单位应定期清理截流井内的沉淀物以防堵塞截流管，并建立截流设施养护的专门日志，排水管理部门定期检查了解截流下游排水设施的运转情况，如泵站是否提升，水是否倒灌，截流管是否堵塞。

3. 排水口

排水口出流状态往往是判断一座城市排水系统健康的标志，排水管道养护单位经常巡查可有助于发现排水系统的“病症”，通过这一线索，能实时向管理部门反映系统中可能存在的问题。养护单位首先要按照计划进行定期的巡视和清淤，以保障出水口正常通水。再就是发现出水口损坏时，应进行整修或翻修，维修工作不能盲干，自上而下拆除旧损的砌体，按原设计形式和尺寸进行恢复。出口如被淹没，在施工前必须做好围堰。

4. 闸门

养护作业人员对于排水系统中的机闸形式及技术状况要了解清楚，以便有针对性地进行维护，一般情况下每个季度每个月对闸井内的启闭机进行一次清晰、涂油（包括启闭机外壳、螺杆启闭机丝杠、卷扬启闭机的钢丝绳、闸门、导轮），同时要检查各部件的运转情况，电动机闸要检查电路的绝缘情况。下到井内进行维护时，要遵守排水管渠安全操作规程，并详细记载闸门启闭时间、水位差、闸门启闭机的运转情况等。

思考题和习题

1. 什么是养护项目管理？它的流程通常包括有哪些？
2. 排水管道养护频率是指什么？我国行业规范是什么规定？
3. 项目经理和项目主管各自的职责有哪些？
4. 我国现行规范里针对养护质量的评定标准是什么？
5. 交通组织方案通常包括哪些内容？
6. 思考养护监管的必要性，并以某城市为例设计一套监管流程。
7. 倒虹管养护比较困难，浅谈有效的养护方法。
8. 以所在城市为例，试制定一份汛期的养护计划。

第 13 章　安全作业与文明施工

安全作业与文明施工是养护作业的基本要求，它贯穿于整个养护作业流程中，每个作业实体和个人都应严格按照国家、地方和行业的法律法规以及本单位的要求做好养护工作。了解并掌握管道养护作业安全及文明施工方面的知识以及相关的组织管理，对于进一步提高管道养护水平具有非常重要的意义。

13.1　安全管理体系

13.1.1　组织机构

排水管道养护属于高危行业，施工单位必须设置以单位负责人为主任的安全管理委员会（简称安委会），统筹管理公司内部所有的安全工作，具体到项目则成立以项目经理为组长的项目级安全管理领导小组，该领导小组的组织机构如图 13-1 所示。

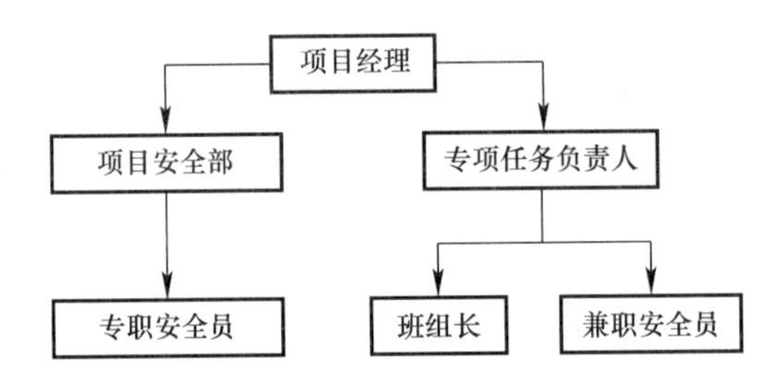

图 13-1　项目安全管理组织机构

项目总体安全由项目经理直接负责，项目开始前由项目经理向项目安全部以及专项任务负责人进行安全交底，明确项目实施过程中的安全管理要求，组织研究各个专项任务施工过程中可能遇到的安全问题以及相应的应对办法。施工过程中由专职安全员、班组长以及兼职安全员进行现场安全检查。各岗位职责见表 13-1。

项目安全管理组织机构组成职责　　表 13-1

岗位名称	安全管理职责
项目经理	项目现场安全的负责人，组织安全检查和召开安全例会，统筹管理项目整体安全事务
项目安全部	负责项目实施过程中具体安全管理工作，开展安全教育培训以及安全检查
专项任务负责人	负责各专项任务内与安全相关的事项，做好必要的安全交底，确保施工安全
专职安全员	负责项目实施过程中对现场施工班组的安全检查和监督，对于发现的安全隐患，及时反馈并追踪整改结果
班组长	直接负责施工班组的安全，每天项目开始前做好班组内部安全交底
兼职安全员	班组内部配合班组长开展班组内安全管理

13.1.2 管理制度

1. 企业安全手册

《中华人民共和国安全生产法》是为了加强安全生产工作，防止和减少生产安全事故，保障人民群众生命和财产安全，促进经济社会持续健康发展，而制定的国家层面的安全根本大法。《建设工程安全生产管理条例》是国务院从建设行业的角度颁布的行业规章。《城镇排水管道维护安全技术规程》是住房和城乡建设部专门针对排水管道养护特点而颁发的行业强制性标准。这些法律法规都为安全生产的管理奠定了法律基础。从事排水管道养护的企业应该在已有的法律法规的框架下，根据自身的特点，制定企业的《安全手册》，其内容主要包括职业健康安全方针、安全生产责任制、安全管理制度、施工现场及安全操作规程和安全生产重大事故应急救援。

2. 安全措施计划制度

针对各个施工项目都要有相应的安全措施计划，本项目可能遇到的安全问题包括占道及交通安全计划、夜间施工安全计划、气囊封堵安全计划、有限空间作业安全计划等。同时落实逐级安全交底制度，由项目经理将工程概况、施工方法、安全技术管理措施等情况进行详细交底，施工班组长每天要坚持以班前会的形式对工人进行施工过程、安全注意事项，作业对防护用品的使用等的安全交底。班组长如实填写当天的施工日志。

3. 安全检查制度

项目实施过程中由专职安全员不定时地抽查施工现场的安全问题，包括施工车辆的布置、车辆内用电安全、易燃易爆物品的存放、消防器材以及医药箱的完好状况、长管式空气呼吸机运转情况以及毒气检测仪配备和运行状况等。针对发现的安全隐患及时记录反馈并跟踪整改效果。没有项目部例会时，有安全部负责人介绍当月发现的安全问题以及后续的整改情况，将各种安全隐患消灭在萌芽阶段。

4. 施工现场安全管理制度

施工现场必须按要求做好安全维护，穿工作服、工作鞋，佩戴安全帽。现场设置明显的安全警示标志，按规定采取相应的防护措施，夜间施工时要做好明显的警示装置，将施工现场封闭围挡，人员在围挡范围内开展施工。下井作业人员必须填写下井作业票方可开展井下作业。使用气体检测仪对井下气体进行检测，若有毒气体超标，必须采用人工对管道进行通风直至达到安全要求。在具体细节方面，人员下井后，必须始终对管道进行机械通风，直至人员出井，人员井下施工时，井上必须有两人监护，且监护人员不得擅离职守。

13.1.3 安全培训教育

项目作业人员在开展施工前都必须进行公司级、项目级和班组级三级安全教育，经教育培训合格后方可开展操作施工。每月由安全部针对施工现场特点开展有针对性的技术培训，例如有限空间作业安全培训、气囊封堵安全技术培训、高压射水疏通车安全技术培训以及用电安全、交通安全等方面的安全培训。

各个施工班组内部每月至少一次内部活动，总结当月出现的安全风险，通过内部讨论查找各种安全隐患，有序提高整体的安全意识。

13.1.4 安全费用投入

建筑施工企业以建筑安装工程造价为计提依据。市政公用工程为1.5%，建筑施工企业提取的安全费用列入工程造价，在竞标时，不得删减。总包单位应当将安全费用按比例直接支付分包单位，分包单位不再重复提取。

安全费用投入必须用在：项目安全生产管理部门的办公、差旅等项管理费用；专职安全管理人员工资、奖金、福利等；个人安全防护用品、用具；临边、洞口安全防护设施；临时用电安全防护；脚手架安全防护；机械设备安全防护设施；消防设施、器材；施工现场文明施工措施费；安全培训教育费用；安全标志、标语及安全操作规程牌等购置、制作及安装费用；安全评优费用；季节性安全费用（夏季防暑降温药品、饮料；冬季防滑、防冻措施费用）；施工现场应急器材及药品；其他安全专项活动费用。

13.2 安全作业

13.2.1 作业现场安全维护

现场施工不可能像其他长期建设工程采用永久性封闭措施，取而代之的是布设临时性护栏、路锥、彩旗、箭头灯、导向牌、提示牌等警示标志。如图13-2所示，正式施工前应严格按照导入区、作业区、恢复区来划分现场维护，保证充分的路面作业空间，并在迎车方向提前设置“前方施工请注意”的警示标语。遇到交通要道或交通高峰期间，现场指派专职安全员负责疏导交通，原则上安全维护作业遵循预留充足安全空间的原则的同时，保证现场交通不堵塞，如遇两者不能兼顾时，考虑临时撤离施工现场恢复交通，调整作业时间等措施，切不可压缩作业空间，在牺牲安全保证的情况下强行施工。

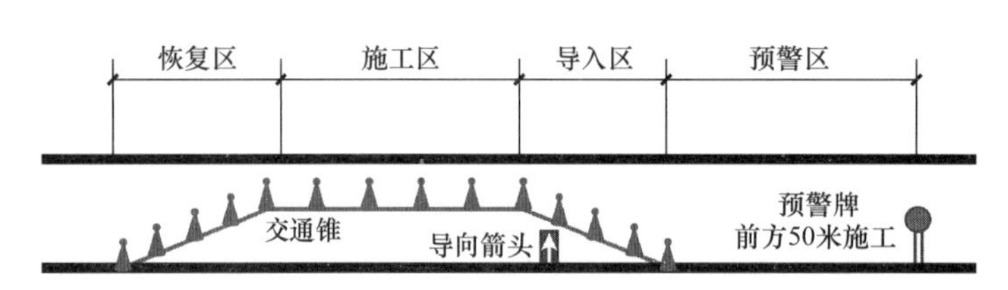

图13-2 施工区围挡布置示意图和实景图

按规定在施工路段的两端点或路段的交叉路口，设置公安交通管理部门规定的车辆禁行或限速、车辆导流、行人导流等警示标志（牌）灯。警示标志设置在不妨碍行人和车辆通行的醒目处，并应顺车流方向从上游开始布置。在必须夜间作业的路段作业时须设置足够的夜间照明，安全警示标志和醒目的安全维护，夜间施工导向牌、施工牌贴反光标志、夜间警示灯，确保夜间施工的安全性。

有时在巡检过程中，通常需短时间打开井盖观察，可用路锥和彩条旗作简单围挡，开启井盖后，必须有人员留守。

13.2.2 井下作业

井下作业是排水管道养护施工中危险性最大的一个环节，由于其深埋于地下且为密闭的空间，因此管道内存在各种各样的有毒有害气体。每年因排水管道井下施工而死亡的人数不在少数，因此下井作业的安全防护工作必须作为排水管道养护施工安全防护工作的重中之重而加以重视。

考虑检查井和管道内作业环境恶劣，因此对人员下井作业，除了采取必要的安全措施外，下井人员必须经过健康体检合格后，方可从事下井工作，对于孕妇、聋哑人、高血压、深度近视、心脏病患者及外伤未愈合者禁止从事井下作业。下井人员必须经过正规的安全技术培训，学会人工急救、防护用具、照明及通信设备的使用方法；对于特殊的潜水作业人员还需取得国家特种作业部门颁发的潜水作业许可证后方可下井施工。

下井作业前须完成以下作业流程，检查判断管道或检查井内工况：

（1）对管道或检查井的情况进行调查，包括管径、水深、流速、潮汐以及附近污水排放情况。对于管径小于800mm或流速大于0.5m/s的管道严禁进入管内施工；

（2）对管道通风和降低水位可在泵站配合或封堵排水的情况下进行降水，同时在降水完成后开启上下游井盖进行自然通风，并使用竹竿搅动泥水散发有害气体。对于气体检测不合格的管道，需使用鼓风机对管道进行机械通风，通风时间通常不少于30min，通风平均风速不小于0.8m/s，直至气体检测合格，有条件可对管道一直保持机械通风。

（3）进行自然通风后，使用气体检测仪对井下气体进行检测。气体检测的方法较多，可采用比色法、仪器法、生物法等进行检测。其中仪器法是最简单快速的检测方法。使用仪器法进行气体检测前，需对气体检测仪（图13-3）进行校准，可以测量大气中氧气含量作为标准进行快速校准，即测得的氧气含量为20.9%时，则可简单判定该气体检测仪为正常状态。由于排水管道内有毒有害气体的比重各不相同，因此其在排水管道内呈分层状态，在进行气体检测时，应由上而下，最好每隔1m，直至排水管道的底部为止。且在每个点停留时间不得低于2分钟。对于气体检测的时间位置和结果需详细记录，同时对于管道内空气可能发生变化的状况，需再次进行气体检测。

有限空间作业气体浓度要求硫化氢（H_2S）最高容许浓度为10mg/m^3，空气中氧（O_2）含量不低于19.5%，一氧化碳（CO）的爆炸下限为12.5%，最高容许浓度为20mg/m^3，可燃气体（LEL）在空气中含量低于10%。

（4）作业人员应检查各自的个人防护器材是否齐全和完好，包括正压式空气呼吸器（见图13-4）、防爆手电、手套、安全鞋、安全绳、安全帽、防护服和安全带等。

只有在上述步骤完成并符合下井基本条件后，作业人员方可开始下井作业流程。下井前作业人员必须穿戴悬挂双背带式安全带（图13-5），它是在作业人员腿部、腰部和肩部都佩戴绑带，并能将其在悬空中拖起的防护用品。除此以外，还要佩戴好安全帽和防刺穿鞋等各种个人装备，在安全带上系连直通路面的安全绳。条件允许时，配置无线通信设备，方便上下的沟通，不允许以手势或喊话代替通信交流。由于管道内作业环境黑暗或自然光线不足，佩戴式或简易式的照明设备不可缺少，须采用防爆型且供电电压不得大于12V，照明亮度不小于50lx的灯具。当一系列准备工作妥当后，必须填写下井作业票（见附录5），下井作业票必须做到内容齐全、真实，下井作业票经过施工负责人和安全员签字批准后，作业员即可进入井内工作了。

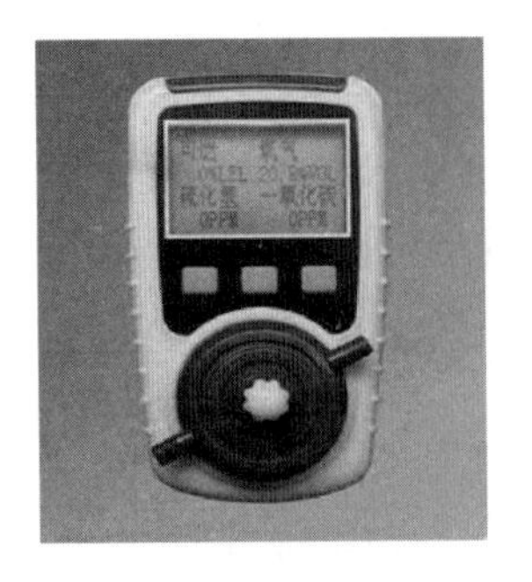

图 13-3　便携式气体检测仪

图 13-4　正压式空气呼吸器

图 13-5　悬挂双背带式安全带

施工期间每半小时须用多功能气体测试仪检测是否正常（污水管道必须连续监测），以判断作业环境有无毒气等情况，或下井作业人员随身携带毒气检测仪，如有异常时立即采取必要的应急措施。在有毒有害气体较严重的作业现场或者作业时间较长的项目，应采取连续监测的方式，随时掌握气体情况，排放规律并相应采取有效的防护措施，一旦气体超标立即停止作业，保证下井作业人员的安全。连续监测可采用两种方式：可采取专业监测人员现场连续监测的方式，也可采用作业人员随身佩戴微型监测仪器报警监测方式。一旦井内产生有毒有害气体随时报警，作业人员及时撤离。

下井人员通常按 1～3 人为一组，井上留 2 名监护人、1 名配合人和 1 名指挥人员，井上人员应密切注意井下情况，不得擅自离岗。人员井下连续作业时间不得超过 1 小时，需安排人员轮流进行井下作业。当井下人员发生不测时，必须佩戴安全防护器材及时进行救助，确保井下操作人员的生命安全，不可盲目救援。进行下井作业时，安全员必须在现场看护。

13.2.3　封堵作业

管道封堵作业应根据计划封堵管道的管径来选择相应的封堵方法，选择相适应的设备和材料，针对不同的封堵方式，其安全措施均不相同。在进行管道封堵前，应根据封堵后管道的水位进行安全计算，在安全计算不符合的条件下，严禁进行管道封堵（具体见第 5 章和第 6 章相关内容）。

1. 气囊封堵

气囊封堵是管道封堵最便捷的方法，但同样存在较大的安全隐患，气囊爆裂会造成人员溺水、气爆冲击和强水流撞击。因此采用气囊封堵时，应注意以下事项：

(1) 选用正规厂家的质量合格气囊；

(2) 封堵前应先检查管道的内壁是否平整光滑，有无突出的毛刺、玻璃、石子等尖锐物，如有立即清除掉，以免刺破气囊；

(3) 封堵前应仔细检查气囊有无破损，严禁使用存在漏气的气囊封堵，检查压力表及安全阀是否完好，气嘴和管接头的密封是否完好，气泵和发动机运转是否正常，气囊牵引绳是否完好无损伤；

(4) 潜水员穿好潜水装备，调好对讲系统，进入管道做第一次水下探摸，并检查管道内是否有杂物毛刺，并清理至符合气囊安装条件；

(5) 封堵时，应按照规定的气压充气，严禁超压充气；

(6) 充气时，井口严禁站人；

(7) 气囊封堵好后，应采用固定绳或挡板进行固定，并密切关注绳索变化及水位变化情况，绳索不能出现移滑现象，上下游水位差不要超过 4.5m；

(8) 气囊堵塞到位后，置塞井的地面上应留有专人值守，密切关注气囊压力和水位变化情况，压力低于限值时，必须及时充气至规定范围。水位高于限值时，则需及时排水或采取其他措施降低水位。

2. 墙体封堵

墙体封堵时，也应遵循以下安全要点：

(1) 墙体封堵工作通常由专业潜水员来实施，特别管道内水深超过 300mm 时，严禁未经过专业培训的无证人员作业；

(2) 墙体封堵不像气囊，即封即用，它必须留有足够的养护期，等墙体水泥完全固化，结构完全稳定后才能使用，过早使用挡水，极易造成墙体倒塌，从而危及管内作业人员和设备的安全；

(3) 墙体建成并封堵截断来水时，必须安排人员定期检查渗漏情况并尽快予以处置堵漏，长时间的渗漏会导致渗漏点的规模增大，最终引起墙体垮塌；

(4) 墙体拆除时的安全非常重要，特别是水头落差较大的封堵，潜水员下井务必先打开导流孔，让落差为零时再实施破墙拆除行动。

除了墙体封堵和气囊封堵外，其他类型的封堵方法，同样存在类似的安全隐患，故在整个封堵期间，都需要人员值守，按照事先制定好的事故或险情处置预案，及时处置现场发生的各类安全问题。

13.3 事故应急处置

多数案例证明，安全事故的发生大部分是由于施工人员安全防范意识淡、自我保护能力差所造成的。同时也暴露出一些企业在安全生产管理上存在漏洞和薄弱环节，以致出了大事才后悔莫及。主要表现在：安全生产责任制未落实，安全责任不明确、安全管理不到位、安全措施不落实；施工组织和管理不善，未制定和落实施工方案及相应的安全防范措施，盲目施工、违章作业；施工现场监督不力，未按规定办理危险场所作业审批手续，也未落实专人监护；缺乏针对性的安全教育和培训，作业人员普遍缺乏安全防护方面的必要知识；安全投入不足，设备设施老化；作业现场缺乏必要的防护器材和应急救援装备。

13.3.1 应急处置流程（图 13-6）

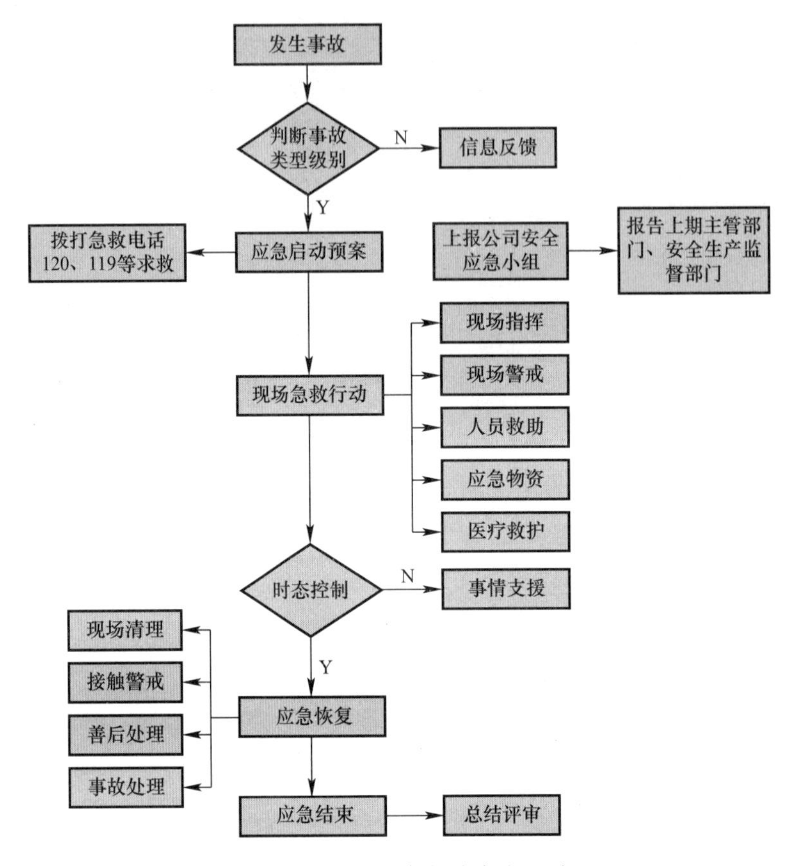

图 13-6 应急准备与响应流程图

13.3.2 事故伤害应急救援方法

在生产过程中，由于作业员自身的原因和工况的影响，难免发生人员伤害事故。在遇到人员受伤害时，必须迅速采取急救措施，否则就会使事故扩大，造成严重后果。从事排水管道养护的人员，特别是一线工作者，应该掌握一些常见伤病的急救知识，并开展针对性的演练，以免伤害事件发生时束手无策。

1. 创伤止血救护

出血常见于割伤、刺伤、物体打击和辗伤等。如伤者一次出血量达全身血量的 1/3 以上时，生命就有危险。因此，及时止血是非常必要和重要的。遇有这类创伤时不要惊慌，可用毛巾、纱布、工作服等立即采取止血措施。如果创伤部位有异物并不在重要器官附近，可以拔出异物，处理好伤口。如无把握就不要随便将异物拔掉，应立即送医院，经医生检查，确定未伤及内脏及较大血管时，再拔出异物，以免发生大出血措手不及。

2. 烧伤处理

在生产过程中有时会受到一些明火、高温物体烧烫伤害。严重的烧伤会破坏身体防病的重要屏障，血浆液体迅速外渗，血液浓缩，体内环境发生剧烈变化，产生难以抑制的疼痛。这时伤员很容易发生休克，危及生命。所以烧伤的紧急救护不能延迟、要在现场立即进行。基本处置原则是消灭热源、灭火、自救互救。烧伤发生时，最好的救治方法是用冷水冲洗，或伤员自己浸入附近水池浸泡，防止烧伤面积进一步扩大。

衣服着火时应立即脱去，用水浇灭或就地躺下，滚压灭火。冬天身穿棉衣时，有时明火熄灭，暗火仍处在燃烧状态，衣服如有冒烟现象应立即脱下或剪去，以免继续烧伤。身上起火不可惊慌奔跑，以免风助火旺，也不要站立呼叫，免得造成呼吸道烧伤。

烧伤经过初步处理后，要及时将伤员送往就近医院进一步治疗。

3. 吸入毒气急救

一氧化碳、二氧化碳、二氧化硫、硫化氢等超过允许浓度时，均能使人吸入后中毒。如发现有人中毒昏迷后，救护者千万不要贸然进入检查井、管道和密闭空间内施救，否则会导致更多人中毒的严重后果。遇此种情况，地面上的施救者一定要保持清醒的头脑，理性科学采取施救措施，切不可盲目行动。若伤者佩戴安全带，且所处位置具备上升至地面通道，施救者需当机立断将伤者拖拽至地面上或具有新鲜空气的空间。若无佩戴安全带或拖拽出现障碍，首先对中毒区进行通风，待有害气体降到允许浓度时，方可进入现场抢救，这时施救者一定要戴上防毒面具。中毒者抬至空气新鲜的地点后，立即通知救护车送医院救治。

4. 触电急救

遇有触电者施救人员首先切断电源，若来不及切断电源，可用绝缘物挑开电线。在未切断电源之前，救护者切不可用手拉触电者，也不能用金属或潮湿的东西挑电线。把触电者抬至安全地点后，立即进行人工呼吸和心脏按压（图 13-7）。

人工呼吸法是用人工方法，使空气有节律地进入和排出肺脏，达到维持呼吸，解除组织缺氧的目的。常用方法有口对口人工呼吸法、仰卧压胸法、仰卧压背法等。进行人工呼吸前，应先解开伤员领扣，紧身衣服、裤带，清除口腔的泥土、杂草、血块、分泌物或呕吐物等。有假牙者应取出，保持呼吸道通畅。口对口人工呼吸的方法是：将伤员下颌托起，捏住鼻孔，急救者深吸气后，紧贴对准伤员的口，用力将气吹入，看到伤员胸壁扩张后停止吹气，之后迅速离开嘴，如此反复进行，每分钟约 20 次。如果伤员的口腔紧闭不能撬开时，也可用口对鼻吹气法。

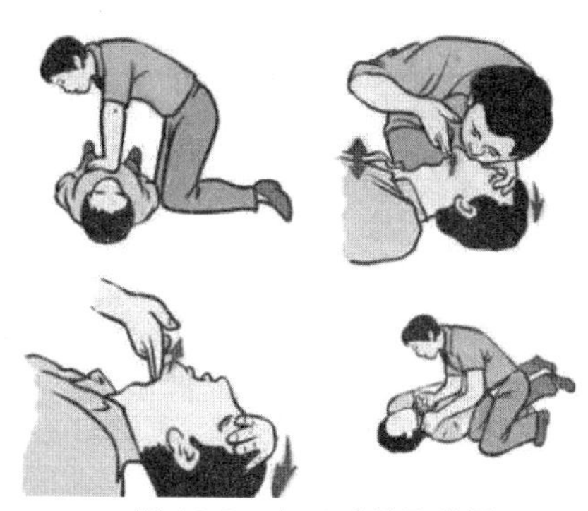

图 13-7　人工呼吸示意图

心脏按压术是将触电者仰卧于平地上，救护人将双手重叠，将掌根放在伤员胸骨下 1/3部位，两臂伸直，肘关节不得弯曲，凭借救护者体重将力传至臂掌，并有节奏性冲击按压，使胸骨下陷 3～4cm。每次按压后随即放松，往复循环，直至伤员自主呼吸为止。

5. 手外伤处理

在工作中发生手外伤时，首先采取止血包扎措施。如有断手、断肢应立即拾起，把断手用干净的手绢、毛巾、布片包好，放在没有裂缝的塑料袋或胶皮带内，袋口扎紧。然后在口袋周围放冰块雪糕等降温。做完上述处理后，施救人员立即随伤员把断肢迅速送医院，让医生进行断肢再植手术。切记千万不要在断肢上涂碘酒、酒精或其他消毒液。这样会使组织细胞变质，造成不能再植的严重后果。

6. 骨折处置

骨骼受到外力作用时，发生完全或不完全断裂时叫做骨折。按照骨折端是否与外相通，骨折分为两大类：即闭合性骨折与开放性骨折。前者骨折端不与外界相通，后者骨折端与外界相通，从受伤的程度来说，开放性骨折一般伤情比较严重。遇有骨折类伤害，应做好紧急处理后，再送医院抢救。

为了使伤员在运送途中安全，防止断骨刺伤周围的神经和血管组织，加重伤员痛苦，对骨折处理的基本原则是尽量不让骨折肢体活动。因此，要利用一切可利用的条件，及时、正确的对骨折做好临时固定、临时固定应注意以下事项：

（1）如有开放性伤口和出血，应先止血和包扎伤口，再进行骨折固定；

（2）不要把刺出的断骨送回伤口，以免感染和刺破血管和神经；

（3）固定动作要轻快，最好不要随意移动伤肢或翻动伤员，以免加重损伤，增加疼痛；

（4）夹板或简便材料不能与皮肤直接接触，要用棉花或代替品垫好，以防局部受压；

（5）搬运时要轻、稳、快，避免震荡，并随时注意伤者的病情变化。没有担架时，可利用门板、椅子、梯子等制作简单担架运送。

7. 眼睛伤处置

发生眼伤后，可做如下急救处理：

（1）轻度眼伤如眼进异物，可叫现场同伴翻开眼皮用干净手绢、纱布将异物拨出。如眼中溅进化学物质，要及时用水冲洗；

（2）严重眼伤时，可让伤者仰躺，施救者设法支撑其头部，并尽可能使其保持静止不动，千万不要试图拔出插入眼中的异物；

（3）见到眼球鼓出或从眼球脱出的东西，不可把它推回眼内，这样做十分危险，可能会把能恢复的伤眼弄坏；

（4）立即用消毒纱布盖上，如没有纱布可用刚洗过的新毛巾覆盖伤眼，再缠上布条，缠时不可用力，以不压及伤眼为原则。

做出上述处理后，立即送医院再做进一步的治疗。

8. 脊柱骨折处理

脊柱骨俗称背脊骨，包括颈椎、胸椎、腰椎等。对于脊柱骨折伤员如果现场急救处理不当，容易增加痛苦，造成不可挽救的后果。特别是背部被物体打击后，均有脊柱骨折的可能。对于脊柱骨折伤员，急救时可用木板、担架搬运，让伤员仰躺。无担架、木板需众人用手搬运，抢救者必须有一人双手托住伤者腰部，切不可单独一人用拉、拽的方法抢救伤者。否则，把受伤者的脊柱神经拉断，会造成下肢永久瘫痪的严重后果。

13.4 文明施工

13.4.1 文明施工的含义

文明施工是指保持施工场地整洁、卫生，施工组织科学，施工程序合理的一种施工活动。实现文明施工，不仅要着重做好现场的场容管理工作，而且还要相应做好现场材料、设备、安全、技术、保卫、消防和生活卫生等方面的管理工作。环境保护与文明施工是城市内施工必须进行重点关注的内容。排水管渠维护施工是面向社会、服务广大老百姓的一项工作，在实施过程中必然会涉及交通通道、周围建筑的安全、环境保护的实施等工作，这些都与社会和人民生活息息相关。因此，在施工期间，做到文明施工是社会的需要，也是为人民服务的具体体现。搞好文明施工也从侧面反映了取信于民、满足社会需要的意义所在。

然而，要搞好文明施工，并不是轻而易举的事，不同的施工单位，它们对文明施工做到的程度并不一致。因此，一个工地的文明施工水平是该工地乃至所在企业各项管理工作水平的综合体现，在努力去完成文明施工的内容和要求的同时，也将促进施工单位的管理水平逐步向标准化、规范化靠拢。

13.4.2 可能产生的环境问题

由于涉及排水管道疏通清淤等作业，与管道内的黑臭污泥和污水打交道，又常在城镇人口密集区域作业，不可避免地会对自然环境和居住环境产生一定影响，主要有以下情景或环节值得防范和注意：

（1）使用L形杆测试管道埋深、管道位置、管径等信息时从检查井中携带出来的漂浮物等垃圾极易污染地面，应在出井口时将杆擦干净，或在地面铺设塑料布；

（2）高压冲洗车作业时，其喷头在抽离井口时极易带出污泥和污水而污染地面；

（3）管道封堵时，未采取临时调水措施或排水不及时，极易导致上游冒溢，污染地面；

（4）管道临时排水时由于临排管的破裂，导致的污水横流问题，不但弄脏路面，而且流入雨水口的污水会污染水体；

（5）管道清淤时从检查井中清捞出的垃圾的堆放不当，运输过程中的跑、冒、滴、漏；

（6）小区内部管道清理疏通时产生的异味四溢会给居民带来不适；

（7）施工过程中生产废料以及作业人员产生的生活垃圾等；

（8）施工现场疏通车、吸污车和发电机运行时形成的噪声。

13.4.3 文明施工的内容和要求

文明施工是现场施工人员展现给外界的最直观表现，往往直接影响着市民以及主管部门对施工单位的综合评价。项目部成立以项目经理为组长的施工现场文明施工领导小组，负责文明施工管理工作，并结合实际情况制定文明施工管理细则，报现场监理工程师批准后实施。

结合项目的施工特点，文明施工的保证措施包含以下方面：

（1）项目施工前与建设单位以及工程实施范围内涉及的排水户等单位进行沟通，确保可以顺利的到达施工现场，按照建设单位的要求佩戴相应的施工证明卡或者工作证；

（2）在施工区域放置铭牌的要求在各国都适用，通常要求放置在明显地方，便于检查监督，铭牌上的内容各不相同，一般包括项目名称、施工单位、业主单位、施工内容、施工时间等相关内容（图 13-8），除此以外，还有的国家或地区要求张贴施工许可、风险评估等文件和操作人员的执业资质（图 13-9）；

图 13-8　施工铭牌样式

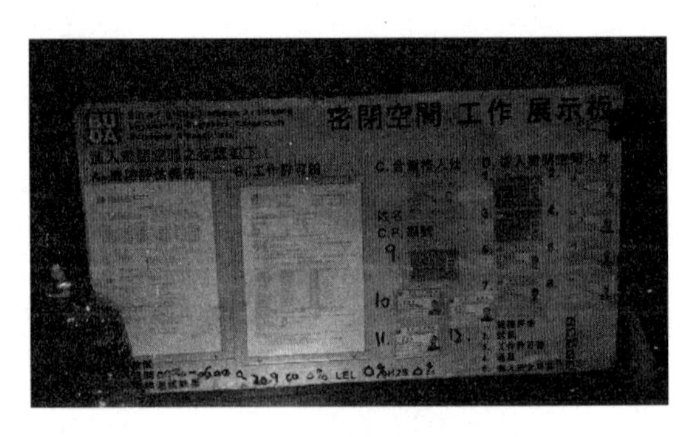

图 13-9　中国香港地区施工铭牌

（3）施工现场布局合理，占道封闭措施有序到位，严格按照批准的占道施工要求开展占道施工，施工区域来车方向提早做好警示标示，现场施工都安排在封闭区域内进行；夜间施工时在施工现场周围放置安全警示灯，并做好必要的照明措施，提醒过往行人和车辆注意；

（4）现场施工人员和车辆穿戴统一，各个施工班组防护装备穿戴整齐，班组长、安全员等现场管理职责员工臂章佩戴规范，切实履行各自职责。施工现场干净整洁、公司标牌张贴统一。施工现场使用的各类设备工具放置整齐，设备干净整洁，将公司特有的精神面貌和工作状态展现在市民面前；

（5）进行小区等排水户调查时，应提前与物业管理单位协商，文明礼貌有序开展施工，尽量不阻挡车辆和人员通行，在确保施工质量和进度的前提下，避免在居民休息时段施工，尽最大可能减少对居民的影响；

（6）由于施工原因产生的各类管道内以及生活垃圾在施工完成后，堆放时间不宜过久，要及时地进行处理，恢复施工前原有的状态；

（7）当遇到井盖埋没或存在遮压物情景，需要移开遮压物或少许开挖地面时，应取得相关单位和个人的同意，确有困难时，项目部应将具体情况报告建设单位，请求协助解决。

文明施工的基本内容和要求应该从工程实施前、实施中和工程结束后这三方面着手，尤其是实施过程中应做大量的便民利民工作。

1. 工程实施前

必须认真做好各项施工准备工作，在选用维护手段、施工方法、制定施工方案时，必须把文明施工作为主要内容之一，对于重要管线或复杂地段，应单独制定专项技术措施，并经上级技术主管部门审定。

在对原有管线进行翻修、改建时，应了解施工区域内的各种管线分布情况，核准管位，向管线管理单位提出要求管线监护的要求，取得他们的认可，施工技术员应按有关规定落实可行的保护措施，并向全体操作人员进行详细的书面交流。

必要时召开与施工有关的及施工影响范围内的单位、街道等参加的配合会，通报工程概况，征求关于施工中如何实施便民利民的措施意见，以及希望各方配合支持的要求，取得社会的理解和帮助。

2. 工程实施中

施工现场必须挂牌。牌内必须标明工程名称及范围、施工单位、施工时间、负责人姓名和监督电话等。牌应悬挂在施工路段两端或出入口醒目的位置。施工区域与非施工区域要有明显的分隔措施，并按规定使用安全防围和交通标志。不封锁或半封锁交通的施工地段要保证车辆通行宽度的车行道和人行道，并落实养护管理措施，保证道路平整，无坑塘无积水；封锁交通的施工地段（特殊情况，经有关部门批准），要有特种车辆或沿线单位进出车辆的通道和人行通道。

工程范围内要有切实可行的临时排水设施，并要解决好该区域的排水流向和出路，沿途单位和居民区的雨、污水管的出水，对于因施工带来的影响（如引起出水不畅或受阻等），均应有相应的补救措施。施工中需要封堵原有排水管道口，必须按照施工组织设计的安排和计划进度要求实施，并做好记录，按时拆除。封堵后，还必须要解决排水的过渡措施，保证原使用单位的正常生产和生活。排水管渠沟槽的开挖，每隔一定间距（特别是街坊、单位的出入口）均应设置跨槽便桥，并有安全措施，如遇到有暴雨等特殊情况引起沟槽淹没，施工单位应及时派值班员和竖立标志，以确保行人、行车安全。

施工现场的平面布置应合理、整洁、调理清楚；各类物资、机具、材料及土方等堆放整齐和集中；生活区卫生、文明、管理制度落实。办公室的图标、施工情况、总平面图显示清楚、资料齐全、整洁可靠。

定期开展文明施工管理活动和建立检查评议制度，并有记录。不定期地开展附近单位、区民的征询活动，主要帮助解决文明施工方面的问题。发生事故，必须按规定及时处理。

3. 工程结束后

做好完工清场工作，为竣工验收、交接做好一切准备工作。

检查原有排水管道口封堵，拆除情况，竣工后，确属不能拆除的，应在竣工图上注明，并向接管单位办理交接手续。做好原有道路修复、交接手续。

回访施工区域沿线的单位或个人，征求他们的意见，以便总结该工程文明施工工作，积累经验，吸取教训，为以后提高文明施工工作水平打好基础。

13.4.4 环境保护的内容和要求

每一处管道养护项目都会处在不同的环境，施工单位需针对项目的整体施工特点，在现场开展施工前，应向作业人员指明产生对环境影响的关键环节，做好各种保证措施，主要包括以下方面：

（1）项目施工前做好与相关主管部门、企事业单位、居民小区的沟通和协调，获得他们的理解和支持；

（2）在进行现场施工时，做好各类垃圾的收集和整理，现场使用的工具特别是检查井清捞垃圾后的工具，要将携带的悬浮物等垃圾装袋存放做好隔水措施，不可随意弃置在施工现场附近；

（3）各类水质检测测试完成后的水样要集中收集，然后统一处理，不可随意倾倒进入雨水系统中；

(4) 进行管道封堵时一定要评估管道上游的排水状况，根据流量大小合理选择对应的排水泵，并应安排专人不定时地查看封堵部位上游水位，当发现上游冒溢风险时，及时加大抽水速度，减少不必要的风险；

(5) 对于长距离的临时排水管或者是铺设景观植物附近的排水管，选择高质量的排水管，不定时检查水管接口处以及水管表面是否发生渗漏，及时将渗漏点封堵，减少管道的排水影响周边环境；

(6) 按照通沟污泥处置方案，项目开始前与业主单位沟通确定管道内污泥和垃圾的弃置地点，所有从管道中清捞处的垃圾在进行必要的泥水分离后统一弃置到规定的地点，不可与其他生活垃圾随意弃置。现场施工时对于从管道中清捞出的低含水率的垃圾要装入蛇皮袋保存，现场堆放时应做好必要的防水隔水措施，并将流出污水排入原有排水管道中。施工完成后要使用高压射水冲洗堆放垃圾的地面；

(7) 施工现场产生的各类生活垃圾和工程垃圾，在施工完成后统一进行收集并集中处理；

(8) 优先选用静音发电机来进行夜间施工，当无法满足条件时，应尽量将噪声较大的设备应用白天施工，减少噪声对周围居民的影响；

(9) 其他可能的环境保护问题按照各地方政府的相关要求开展实施。

思考题和习题

1. 以本单位为例，简要叙述安全管理的组织架构。

2. 项目经理、安全员和班组长各自的安全职责是什么？

3. 人员下井作业前一般应测量哪几种有毒有害气体浓度？其限值是多少？

4. 当发现气囊有破损并开始漏气时，应采取哪些应急处理措施？

5. 当你在地面上发现井下一名员工晕厥时，请问接下来该采取哪些步骤来处置当下的紧急事件？

6. 施工现场所挂的铭牌通常包括哪些内容？

7. 施工区的围挡应该怎样布置？请绘制草图予以表示。

8. 在排水管道疏通过程中，哪些环节易造成对环境的影响？

9. 选择一个真实的排水管道疏通清洗项目，阐述其可能存在的安全隐患有哪些。

10. 利用人体模型，完成人工呼吸全过程。

11. 实地选择一个检查井，打开井盖，用气体检测仪测定各项指标，并填写下井作业票。

附录 1　排水管道图样图

排水管道图

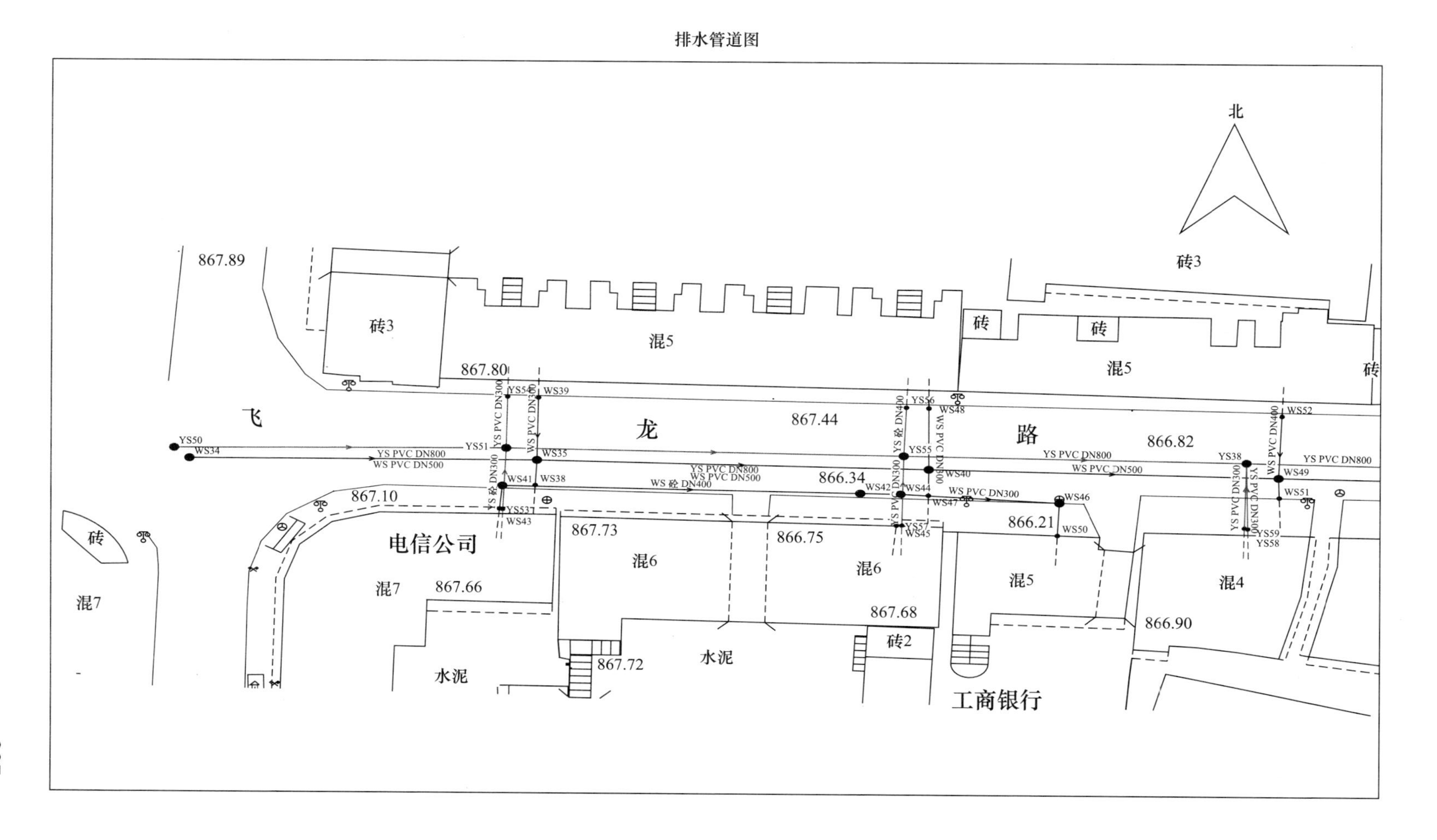

附录 2　排水管道探测草图样图

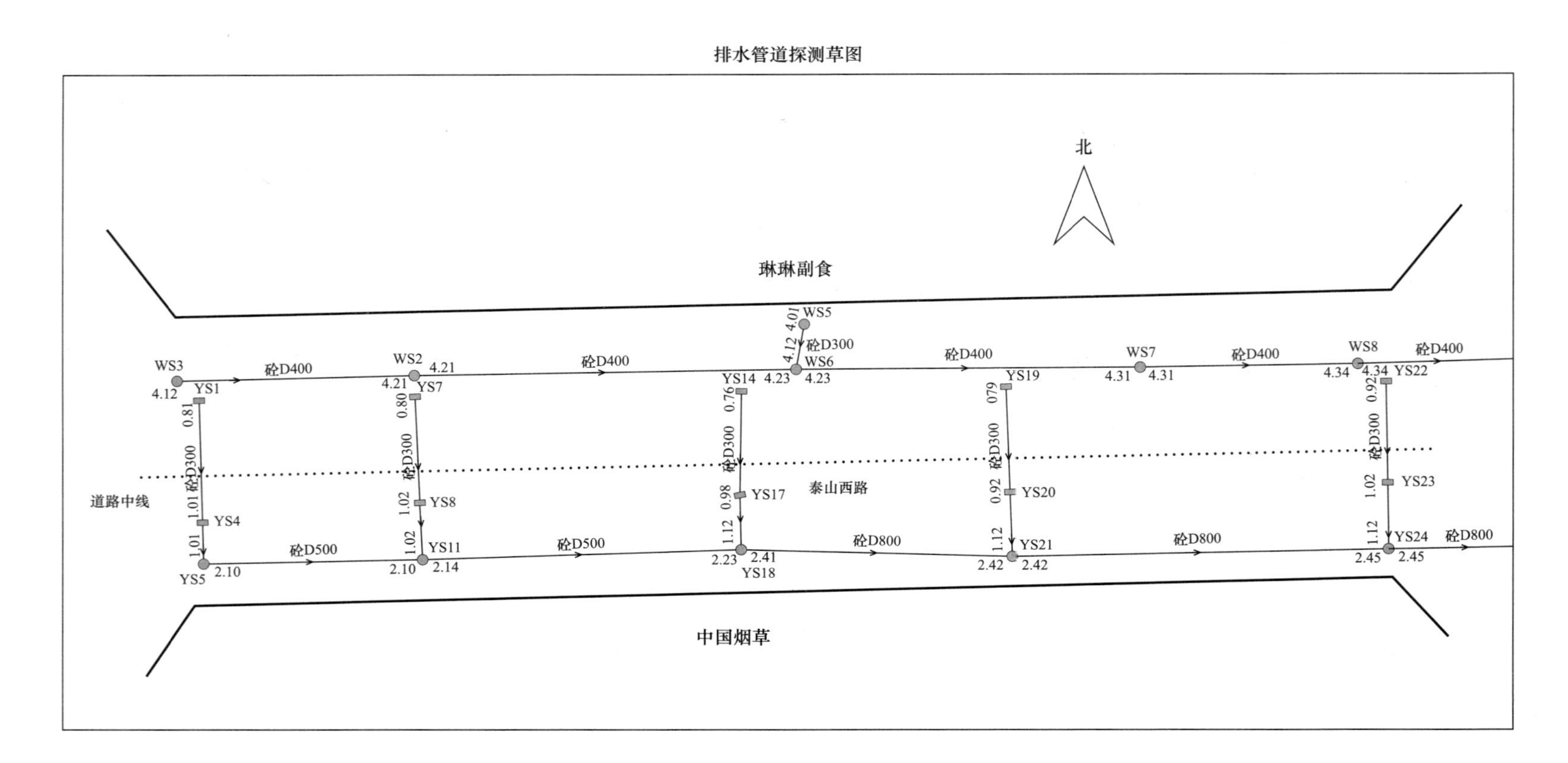

附录3 排水管道代码、图层、线型等

排水管道种类、代号、代码与颜色表 **附表3-1**

管道中类	中类代码	管道小类	小类代码	管道层名	标识符	内容	色值
排水管道	PS	雨水管道	YS	雨水管道层	YSLine	雨水管道	深蓝（0，0，255）
				雨水管道点层	YSPoint	雨水管道点符号	深蓝（0，0，255）
				雨水管道面层	YSAraa	雨水管道面	深蓝（0，0，255）
				雨水辅助点层	YSFZPoint	雨水管道辅助点	黑（0，0，0）
				雨水辅助线	YSFZLine	雨水管道辅助线	黑（0，0，0）
				雨水注记层	YSMark2	雨水管道注记	深蓝（0，0，255）
				雨水点号层	YSText	雨水管道点号	黑（0，0，0）
		污水管道	WS	污水管道层	WSLine	污水管道	褐（76，38，47）
				污水管道点层	YSPoint	污水管道点符号	褐（76，38，47）
				污水管道面层	WSAraa	污水管道面	褐（76，38，47）
				污水辅助点层	WSFZPoint	污水管道辅助点	黑（0，0，0）
				污水辅助线	WSFZLine	污水管道辅助线	黑（0，0，0）
				污水注记层	WSMark2	污水管道注记	褐（76，38，47）
				污水点号层	WSText	污水管道点号	黑（0，0，0）
		合流管道	HS	雨污合流管道层	HSLine	雨污合流管道	棕色（127，47，79）
				雨污合流管道点层	HSPoint	雨污合流管道点符号	棕色（127，47，79）
				雨污合流管道面层	HSAraa	雨污合流管道面	棕色（127，47，79）
				雨污合流辅助点层	HSFZPoint	雨污合流管道辅助点	黑（0，0，0）
				雨污合流辅助线	HSFZLine	雨污合流管道辅助线	黑（0，0，0）
				雨污合流注记层	HSMark2	雨污合流管道注记	棕色（127，47，79）
				雨污合流点号层	hSText	雨污合流管道点号	黑（0，0，0）
管线背景层					DXT	带状DLG数据背景	浅灰色（0，252，0）
管线图框					GXTK	管线图框	黑（0，0，0）

管线线型及图例 **附表3-2**

管线类型	线类型	线型	符号	备注
非空管、线缆	实线	PL1	————————	连续实线，用于一般地下管线
空管	虚线	PL2	— —— —— —— —	线长3mm，间隔1mm
管沟（廊）边线	虚线	PL3	— — — — — — —	线长2mm，间隔1mm
架空管线	虚线	PL4	- - - - - - - - - -	线长1mm，间隔1mm
非开挖管线	点划线	PL5	—·——·——·——·—	线长2mm，间隔1mm

管线类型	线类型	线型	符号	备注
井内连线	不可见	PL6		用于保证管线连通性
虚拟连线	不可见	PL7		用于保证管线连通性
废弃管线	组合线型	PL8	——×——	标记间隔 7mm
地上管线	点划线	PL9	-·-·-·-·-·-	线长 7mm，间隔 1mm
辅助线	虚线	PL10	— — — — — — —	线长 2mm，间隔 1mm

注：长途管线应符合上述线型形状，按 0.4mm 基本线划粗细在管线图上表达，城市管线按 0.3mm 基本线划粗细表达。

排水管道要素代码及符号规格 **附表 3-3**

排水管道要素名称	排水管道要素代码	符号	符号规格（mm）	定位点
排水	5440000	——	连续实线，用于排水管线	
雨水	5440100			
污水	5440200			
合流	5440300			
其他排水	5449800			
排水特征点及附属设施	5449900			
检查井	5449901	⊕	2.0	几何中心
雨篦	5449902		2.0×1.0	几何中心
溢流井	5449903		2.0+1.0	圆的几何中心
闸门井	5449904		2.0×2.0	矩形的几何中心
跌水井	5449905		2.0	几何中心
通风井	5449906	◎	2.0	几何中心
冲洗井	5449907		2.0	几何中心
沉泥井	5449908	⊗	2.0	几何中心
渗水井	5449909		2.0	几何中心
出气井	5449910		2.0	圆的几何中心
水封井	5449911		2.0	几何中心
排水泵站	5449912		3.0×2.0	几何中心
化粪池	5449913		2.0	几何中心
净化池	5449914		2.0×2.0	几何中心
进水口	5449915	>	2.0∠60°	角顶中心
出水口	5449916	<	2.0∠60°	角顶中心
阀门	5449917		1.6+1.0	圆的几何中心
阀门井	5449918	⊕	2.0	几何中心
污水井	5449919	⊕	2.0	几何中心
雨水井	5449920	⊕	2.0	几何中心
转折点	5449951	○	1.0	几何中心

续表

排水管道要素名称	排水管道要素代码	符号	符号规格（mm）	定位点
一般管线点	5449952	○	1.0	几何中心
预留口	5449953	○- - - - -	2.0+6.0	圆的几何中心
非普查	5449954	○- — — —	1.0+6.0	圆的几何中心
井边点	5449955	○	1.0	几何中心
偏心点	5449956	○	1.0	几何中心
地下井室	5449957	○	1.0	几何中心
出入地点	5449958		1.0+2.0	圆的几何中心
沟边点	5449959	○	1.0	几何中心
变径	5449960		1.0	圆的几何中心
三通	5449961	○	1.0	几何中心
四通	5449962	○	1.0	几何中心
多通	5449963	○	1.0	几何中心

排水管道数据分层及命名表 **附表 3-4**

排水管道类别	数据分层	几何特征	数据表名
XX	管道点	点状	XXP
	管道线	线状	XXL
	管道面	面状	XXA
	管道辅助点	点状	XXFZP
	管道辅助线	线状	XXFZL
	管道注记	注记	XXM
	管道点注记	注记	XXT

注：XX—排水管道小类代码。

附录 4　排水管道点成果表样表

工程名称：　　　　　　　　　　　　图幅号：

图上点号	物探点号	连接方向	特征名称	管类	材质	管径	埋深方式	平面坐标		地面高程	埋深	权属单位	养护单位	建设年代	备注
								X	Y						

调查者：　　　　　　　　记录者：　　　　　　　　检查者：

附录5　下井作业票样式

下井作业票

<table>
<tr><td>作业单位</td><td></td><td>作业票填报人</td><td></td><td>填报日期</td><td></td></tr>
<tr><td>作业人员</td><td colspan="2"></td><td>密闭空间外监护人员</td><td colspan="2"></td></tr>
<tr><td colspan="6">作业时间、地点、任务</td></tr>
<tr><td>管径</td><td></td><td>水深</td><td></td><td>潮汐影响</td><td></td></tr>
<tr><td>工厂污水排放情况</td><td colspan="5"></td></tr>
<tr><td>防护措施</td><td colspan="5">1. 提前开启井盖自然通风情况（井号和时间）____________
2. 井下降水和照明情况____________
3. 毒气检测仪型号：____________检测人员：____________
初始检测时间：________ {CO ________ H_2S ________ O_2 ________ LEL ________}
作业前检测时间：________ {CO ________ H_2S ________ O_2 ________ LEL ________}
下井作业人员是否随身携带毒气检测仪：是□/否□____________
4. 拟采取的防毒、防爆手段（穿戴防护装具、人工通风情况）____________
____
5. 安全措施：安全绳□/安全帽□/安全带□/正压呼吸器□/其他□
____________</td></tr>
<tr><td>作业人员身体状况（本人签名）</td><td colspan="5"></td></tr>
<tr><td colspan="3">现场负责人意见

（签字）</td><td colspan="3">安全员意见

（签字）</td></tr>
<tr><td>附注</td><td colspan="5"></td></tr>
</table>

附录6　常见有毒有害、易燃易爆气体限值

<table>
<tr><th>气体名称</th><th>相对密度
(取空气相对密度为1)</th><th>最高容许浓度
(mg/m³)</th><th>时间加权
平均容许浓度
(mg/m³)</th><th>短时间接触
容许浓度
(mg/m³)</th><th>爆炸范围
(容积百分比%)</th><th>说明</th></tr>
<tr><td>硫化氢</td><td>1.19</td><td>10</td><td>—</td><td>—</td><td>4.3～45.5</td><td>—</td></tr>
<tr><td rowspan="3">一氧化碳</td><td rowspan="3">0.97</td><td>—</td><td>20</td><td>30</td><td rowspan="3">12.5～74.2</td><td>非高原</td></tr>
<tr><td>20</td><td>—</td><td>—</td><td>海拔2000～3000m</td></tr>
<tr><td>15</td><td>—</td><td>—</td><td>海拔高于3000m</td></tr>
<tr><td>氰化氢</td><td>0.94</td><td>1</td><td>—</td><td>—</td><td>5.6～12.8</td><td>—</td></tr>
<tr><td>溶剂汽油</td><td>3.0～4.0</td><td>—</td><td>300</td><td>—</td><td>1.4～7.6</td><td>—</td></tr>
<tr><td>一氧化氮</td><td>1.03</td><td>—</td><td>15</td><td>—</td><td>不燃</td><td>—</td></tr>
<tr><td>甲烷</td><td>0.55</td><td>—</td><td>—</td><td>—</td><td>5.0～15.0</td><td>—</td></tr>
<tr><td>苯</td><td>2.71</td><td>—</td><td>6</td><td>10</td><td>1.45～8.0</td><td>—</td></tr>
</table>

主要参考文献

［1］《城镇排水管渠与泵站运行、维护及安全技术规程》CJJ 68-2016.

［2］《城镇排水管道维护安全技术规程》CJJ 6-2009.

［3］《室外排水设计标准》GB 50014-2021.

［4］《城市地下管线探测技术规程》CJJ 61-2017.

［5］《城镇排水管渠污泥处理技术规程》T/CECS 700-2020.

［6］《排水管渠维修养护技术规范》DB 4401/T 28-2019.

［7］《城市排水防涝设施数据采集与维护技术规范》GB/T 51187-2016.

［8］《城镇排水水质水量在线监测系统技术要求》CJ/T 252-2011.

［9］广州市水务局．广州市城镇排水设施维护管理质量抽查考核办法（试行）实施细则，广州市水务局，2010.

［10］张悦，唐建国主编．城市黑臭水体整治——排水口、管道及检查井治理技术指南（试行）释义［M］．北京：中国建筑工业出版社，2016.

［11］建设部人事教育司．下水道养护工［M］．北京：中国建筑工业出版社，2005.

［12］陈献忠．市政排水养护技术与安全管理．北京：中国建筑工业出版社，2009.

［13］朱军．排水管道检测与评估．北京：中国建筑工业出版社，2018.

［14］宋解胜．上海排水管道养护检查技术和养护监管机制［J］．中国市政工程，2012.

［15］高廷耀，顾国维，周琪主编．水污染控制工程［M］．北京：高等教育出版社，2007.

［16］石路主编．市政工程潜水员培训手册［M］．上海：上海交通大学出版社，2019.

［17］中国混凝土与水泥制品协会排水管工作部．2017 年度混凝土和钢筋混凝土排水管行业发展报告，中国混凝土与水泥制品协会，2017.

［18］周建忠，罗本福，蒋岭．新型城市污水截流井介绍［J］．西南给排水，2007.

［19］朱保罗．国内外排水管养护技术比较［J］．上海水务，2007.

［20］朱保罗．排水管道常用封堵方法介绍［J］．给水排水，2007.